세상을 바꾼 경이로운 식물들

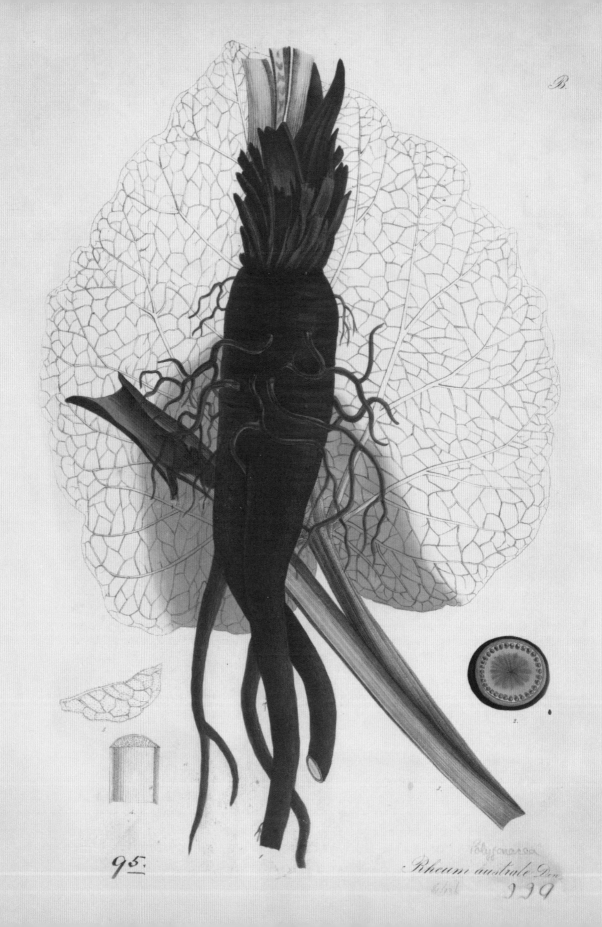

95.

Polygoneae

Rheum australe Don

999

영국 큐 왕립식물원이 보유한 205개의 아름다운 이미지로 보는
놀랍고 신비로운 식물의 역사

세상을 바꾼
경이로운 식물들

헬렌 & 윌리엄 바이넘 지음
김경미 옮김
이상태 감수

사람의무늬

차례

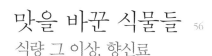

고통을 바꾼 식물들 82
약용 식물

기술을 바꾼 식물들 112
물질세계

서문

유용성과 아름다움

맞은편 가시마(*Dioscorea csculcnta*)에는 감자 그기의 식용 덩이줄기가 달려 있다. 가시마는 여전히 아시아 일부 지역의 주요 식량원이며, 다른 지역에까지 확산되어 있다. 이 수채화는 윌리엄 록스버러 경(Sir William Roxburgh, 1751–1815)이 의뢰해 그린 것이다. 전직 외과의사에서 식물학자가 된 그는 인도에 있는 영국 동인도회사에서 일했으며 인도의 식물상(相)이 가진 경제적 잠재력을 개발하기 위해 노력했다.

〈세상을 바꾼 경이로운 식물들〉은 지구를 아름답게 꾸미고 있는 식물계의 유용성과 아름다움, 다양성과 순수한 경이로움을 기념하는 책이다. 수천 년 동안 인간은 의식주, 운송 수단, 의약품의 많은 부분을 식물에 의존해 왔다. 방랑하던 인류의 조상들은 먹이를 찾는 다른 동물들처럼 자연이 제공하는 것을 먹었다. 하지만 마지막 빙하기가 지나고 사람들이 특정 식물의 기능과 가치를 깨닫기 시작하면서, 인간의 힘으로 하는 식물 재배와 새로 생긴 정착 습관을 통해 새로운 시대를 열었다. 오늘날 우리는 현대 석유화학 산업 제품의 편리함을 누리고 있지만, 식물의 필요성은 여전히 절실하다. 식물은 모든 먹이사슬의 기본으로, 인간이 가진 대단한 재능으로도 이를 바꾸지는 못했다. 그리고 점차 도시화되고 있는 세계에서 도시를 위한 녹지로서, 도시 거주자들의 영혼을 달래는 위안자로서 식물이 가진 능력은 더없이 중요하다. 현재는 인간의 손이 닿지 않은 야생은 극히 드물며, 그렇기에 식물은 전에 없이 더 소중하다.

이처럼 식물이 가진 유용성과 아름다움의 현대적인 결합은 그 뿌리가 깊다. 그 역사는 인간이 오랫동안 식물과 관련을 맺어온 방식을 보여준다. 예컨대, 순전히 실용적인 이익에 감사하는 것부터 식물이 주는 감각의 자극과 감정의 동요에 반응하는 것에 이르기까지 말이다. 식물은 문화 발전, 심지어 제국의 발전을 위한 수단이 되었고, 숭배되고 신격화되었다. 식물의 모양, 색, 향이 어떤 이들에게는 집착에 이를 정도로 반드시 소유하고 싶고, 나아가 재배하고 싶은 욕망을 불러일으켰다. 튤립, 장미, 난초의 경우를 생각해보면 쉽게 이해할 수 있다. 어떤 식물은 단지 살기 위해 먹는 것 이상의 고상한 취미로 격상시켰다. 에센셜 오일(정유[精油])과 수지(樹脂)는 우리 몸을 향기롭게 해주었으며, 일부 화학 성분은 의학적으로 매우 효과적임이 입증되기도 했으나 체내 신경 계통의 화학 반응을 의외의 방향, 어쩌면 위험한 방향으로 유도하기도 했다.

'녹색의 왕국'(식물의 왕국)은 그 자체로 경이롭다. 식물은 태양 에너지를 흡수하는 능력을 가지고 있으며 그 에너지를 이용하여 세포 내에서 화학 작용을 일으킨다. 즉, 물과 이산화탄소가 결합되어 포도당을 생성하고 산소를 배출한다. 광합성이라고 불리는 과정이다. 식물이 이런 연금술을 할 수 있는 이유는, 선대의 식물 역사 어느 지점에서 단세포 생물의 한 유형이 광합성을 하는 시아노박테리아(남세균)를 받아들였고, 새로운 숙주 안에서 이것이 광합성 반응을 하는 화학 분자인

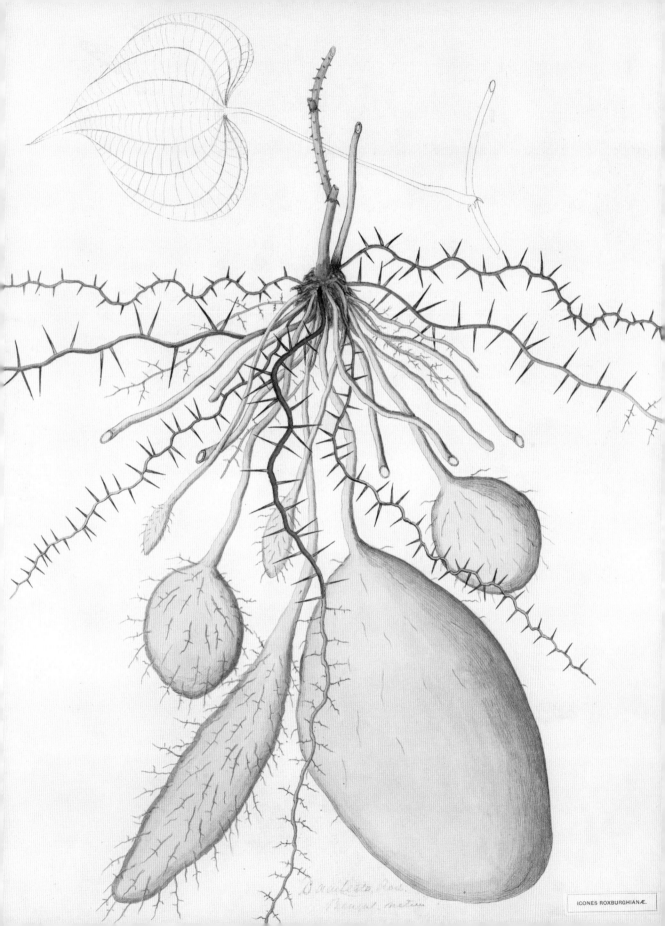

D. aculeata, Rox.
Bengal native

왼쪽 위 수확한 찻잎은
다원(茶園)에서 운송을 위해
가공과 건조를 거친 다음, 벽돌
모양으로 압축된다. 이 벽돌 모양의
차는 이동을 위해 대개 대나무로
포장되었으며 화폐나 선물로
사용되기도 했다.

오른쪽 위 새로운 풍경의 창조:
1894년 인도네시아, 자바 섬.
보고르 식물원에 있는 호주산 흰
유칼리나무(*Eucalyptus alba*) 농장.

엽록소를 함유한 엽록체가 되었기 때문이다. 엽록소가 초록색 색소이므로 식물은
압도적으로 초록색을 띤다.

엄청나게 긴 지질학적 시대 중 측정 가능한 시기를 통해 식물이 보여준 각기
다른 진화 형태는 식물이 회전하는 행성(지구)에서 수동적인 탑승객 이상의 존재
라는 것을 증명했다. 오늘날 식물은 담수와 미네랄을 형성하고 재생함으로써 지
구의 대기와 표면을 바꾸고, 지구를 좀더 살기 좋은 곳으로 만든 능동적인 세력의
하나로 평가된다. 약 2억 9천만 년 전, 일부 식물이 종자를 생산하기 시작하면서
유성 생식의 혜택을 가져왔다. 1억 4천만 년 전쯤에는 최초의 꽃식물(속씨식물)이
진화하고 있었다. 그로부터 지질학적으로 비교적 짧은 시간(약 6,000~7,000만 년)이
지나자 꽃식물이 주를 이루면서, 그 종류와 서식지가 다양해졌다.

꽃과 함께 색깔도 등장했다. 그러자 녹지가 눈부신 색조로 장식되었다. 이는
인간의 즐거움을 위해서가 아니었다. 식물에 대한 우리의 열광이 시작되기 오래
전, 꽃식물은 수정을 위해 대개 이 꽃에서 저 꽃으로 꽃가루 운반을 돕는 다른 생
물체들과 함께 진화했다. 식물은 공룡의 멸종과 포유류의 출현을 초래한 집단 멸
종에서 살아남은 것으로 보이지만, 세계의 식물 개체군에도 중요한 변화가 있었
다. 약 6,500만 년 전, 대륙판이 현재의 위치와 비슷한 형태로 갈라지고, 이어서 기

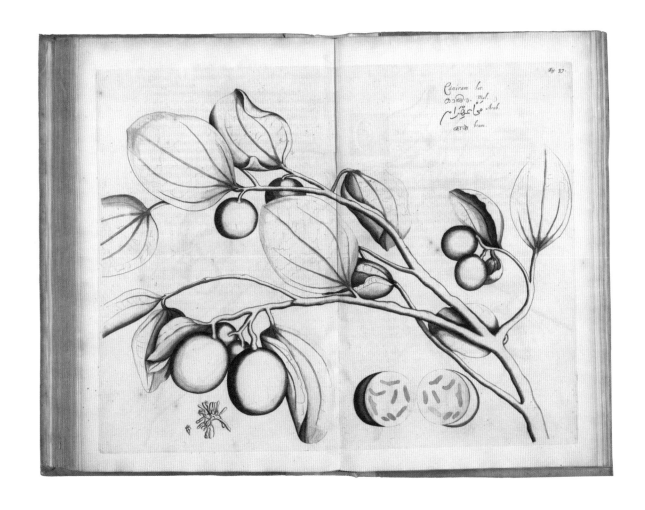

후가 오르내리면서 좀더 최근 지질 시대에 속하는 빙하기가 잇따라 왔다. 건조지의 식물이 증가하는 동안에 풀은 승자, 숲은 패자였던 것 같다.

이것이 마지막 빙하기가 끝난 약 12,000년 전 우리의 유산이었으며, 이 책은 인간이 수렵과 채집에서 농업으로 전환할 무렵 지구의 다양한 식물계를 다루고 있다. 우리가 이와 같은 식물의 일부를 어떻게 이용해 왔으며, 그 이후 인간과 식물계의 경관(景觀) 사이에 어떤 관계가 구축되어 왔을까? 식물은 우리의 삶에 어떤 식으로 영향을 주고 우리는 식물의 삶에 어떤 식으로 영향을 주는 것일까? 이 책에서는 각각의 식물이 일련의 범주 중 하나에 속해 있기는 하지만, 매우 효율적으로 동시에 여러 가지 일을 할 수 있고, 또 우리와 관련된 여러 부문에 등장할 수 있다는 점에서, 각각의 식물이 식물계의 경이로움을 보여준다고 불 수 있다.

첫 번째 '삶을 바꾼 식물들'에서는 세계의 다양한 지역에서 인류에게 삶의 정착을 가져다 준 식물을 다룰 것이다. 여기에는 밀, 쌀, 옥수수 등의 기본 식량이 포함된다. 두 번째로 '맛을 바꾼 식물들'에서는 유용한 부추속 식물(마늘, 양파 등)과

헨드릭 판 레이더(Hendrik van Rheede)의 〈호르투스 말라바리쿠스〉('말라바르의 정원', 1678~93)에 나오는 씨가 달린 아시아 마전자나무(*Strychnos nux-vomica*)의 가지. 이 식물은 아유르베다 의술(인도의 전승의학)에서 오랫동안 사용되었다.

TULIPE

맨 위 J. J. 그랑빌(J. J. Grandville)의 〈살아 움직이는 꽃〉에 나오는 '튤립' (1847). 그림 속 옷은 줄무늬가 나타나는 '브레이킹 바이러스'에 감염된 꽃에 대한 애착을 잘 보여준다.

위 피에르 조제프 부코(Pierre-Joseph Buc'hoz, 1731 –1807)가 그린 해바라기(*Helianthus annuus*). 의사에서 식물학자가 된 그의 삽화는 중국과 일본 기법에 영감을 받았다.

맞은편 18세기 후반 또는 19세기 초 대나무(*Bambusa balcooa*)를 그린 수채화. 이 대나무의 견고한 줄기는 길이가 30미터에 이르기도 하며, 원산지인 인도 북동부, 네팔, 방글라데시에서는 비계(飛階)와 사다리를 만드는 데 유용하게 쓰인다.

같이 기본적인 것에서부터 향신료와 사프란의 사치스러운 풍미에 이르기까지, 우리의 식단을 활기차고 풍요롭게 했던 식물에 대해 알아볼 것이다. 세 번째 '고통을 바꾼 식물들'에서는 식물의 활성 물질 사이에는 대개 적절한 균형이 있어 생명을 구하는 약이 될 수도 있고, 복용량이 달라지면 위험한 독이 될 수도 있다는 점을 상기시켜준다. 여기에 나오는 식물과 그 생산물은 다양한 치유 방법과 많은 현대 약전(藥典)의 기본이 되는 중요한 식물의 실례이다. 네 번째로 '기술을 바꾼 식물들'에서는 우리의 물질세계를 만드는 데 도움을 준 식물을 다룬다. 선박, 주택, 의류, 가구, 심지어는 무기에 이르기까지, 식물은 실용적이면서 만족감을 주는 견고한 가공품이 될 수 있다.

다섯 번째로 '경제를 바꾼 식물들'에서 설명하고 있듯이, 차, 커피, 야자유, 고무 등 일부 식물의 생산물은 그 수요가 전 세계적이다. 이와 같은 작물을 재배할 농장을 만들기 위해 토지가 개간되었고, 각각의 작물은 그 생산물이 재배, 구입, 거래, 판매, 소비에서 우리의 생활 방식을 바꾼 것과 마찬가지로 일련의 환경도 확실히 변화시켰다. 환금작물의 영향력은 세계 시장과 자금을 좌우할 정도로 여전히 강력하다.

여섯 번째 '풍경을 바꾼 식물들'에서는 세계의 몇몇 지역에 흔치 않은 옷을 입혀주고 심지어 그 지역의 상징이 되기도 하는 식물을 보여준다. 가령, 캘리포니아의 거대한 삼나무, 호주의 유칼리나무, 염분에 내성이 있는 열대 해안 지역의 맹그로브 등이 있다. 각각의 식물에는 역사 속의 역할과 현재의 역할이 있다. 일부 식물의 경우, 현재의 역할이 긍정적인 기여를 의미할 수도, 침투외래종으로서 부정적인 영향을 의미할 수도 있다.

일곱 번째 '숭배와 흠모의 식물들' 그리고 여덟 번째 '경이로운 식물들'을 통해 우리는 식물 세계의 숭고함과 경이로움을 기념한다. 이 세계에서는 식물이 유용성만으로 중요한 위치에 서지 못한다. 이러한 식물은 또한 우리의 역사뿐 아니라 그 역사의 시각적 기록을 만들어 왔다. 대추야자나무와 연꽃 봉오리는 서남아시아와 남아시아의 석상에 등장한다. 약초는 부득이 그림으로 확인해야 했는데, 그로 인해 점차 탁월한 예술성에 도달하게 되었다. 난초, 튤립, 장미가 가진 명백한 시각적 아름다움은 다양한 문화에 속한 예술가들로 하여금 자연이 가진 찰나의 순간을 포착하여 영원히 남길 수 있도록 영감을 주었다. 그런 이유로 이 책에는 식물의 역사와 인간의 역사, 그리고 식물 자체의 장엄함을 기리는 식물의 이미지가 풍성하게 담겨 있다.

ICONES ROXBURGHIANÆ.

No.1402 (Bambos) Balcooa Roxb.

삶을 바꾼 식물들

정착과 농경 생활

위 페포계 호박(*Cucurbita pepo*)의 덩굴손. 어린잎. 꽃봉오리는 모두 먹을 수 있으며, 영양가가 높은 씨 주변의 과육이 커질 때까지 키웠다.

마지막 빙하기가 지나고 지구가 따뜻해지면서 수렵 생활에서 농경 생활로 전환된 사건은 인류 역사상 가장 큰 변화 중에 하나다. 이 변화는 오랫동안 유지되었지만 결코 필연적인 과정은 아니었다. 초기 농부들은 수렵 생활을 하던 조상들보다 대부분 영양 상태가 좋지 않았다. 그리고 동물을 기르고, 많은 사람들이 모여 살며 접촉하고 지낸 결과(고의적이든 아니든) 병에 걸리기 쉬웠다. 그럼에도 오늘날 대부분의 문화가 발전한 주요 이유는 농업이 가진 영속성 덕분이다.

호주 대륙은 원주민 사이에 농업이 정착되지 못한 유일한 곳이었다. 아시아, 유럽, 아메리카, 오세아니아에서 농업은 자주적으로 생겨났으며 곡물, 콩과 식물, 덩이줄기 등의 서로 다른 식물군(조상 작물)을 가지고 있었다. 이는 정확히 '어떤 식물'이 '어느 곳'에 있었느냐의 문제이다. 렌즈콩, 감자, 마, 빵나무 열매를 비롯한 많은 식물이 전 세계 식단의 기본을 형성했다. 그리고 기술과 종자 역시 이동했다. 과일, 채소, 허브 같은 식물도 정원에 추가되었다. 인간에 의해 만들어진 수렵 채집인으로서의 강한 이미지에, 정착된 삶을 나타내는 예술과 공예품이 추가되었다. 저장, 가공, 요리는 현실적인 물질 문화에 새로운 충동을 불어넣었다. 신들이 연례 파종을 주관한다는 믿음이 생겼고, 그 뒤에 오는 수확은 칭송과 두려움의 대상이 되었다. 그렇게 해서 삶은 새로운 리듬 속에서 움직였다. 농부들은 농작물을 재배하고 가축을 기르기 위해 토지를 개간하고 다지면서 서서히 풍경을 변화시켰다.

VITIS VINIFERA *aurutus*
Aleatico di Firenze

결정적으로 농부들은 자신들이 의지했던 식물 또한 바꾸었다. 식물이 '경작화'되면서 야생 조상으로부터 근본적으로 다양해졌다.

곡류를 예로 들어 보자. 고고학적 증거에 의하면, 인간은 밀, 쌀, 옥수수 등 많은 야생 풀을 의도적으로 심기 전부터 이러한 식물의 종자를 채취했다. 목적을 가지고 야생 식물을 경작하면서부터, 초기 농부들은 무작위로 다양한 식물 중에서 자신들의 필요에 더 부합하는 것을 선별하기 시작했다. 이삭이 온전한 밀이나 쌀의 줄기를 베어 곡물을 탈곡하는 것이 땅에 떨어진 이삭을 줍는 것보다 훨씬 효율적이었다. 다양한 유전 변이가 동일한 환경 조건(봄비 또는 따뜻한 햇빛)에서 발아한 종자에서 일어났는데, 어떤 것은 야생 상태에 비해 훨씬 뛰어났다. 곡물 재배자들은 더 풍미 있고 곡물이 알찬 모체의 종자를 선별하여 심었다. 이러한 줄기는 자라면서 커진 머리를 잘 지탱할 수 있도록 더 두꺼워졌다.

보기에 평범한 곡물과 콩 식물, 뿌리와 덩이줄기 같은 조상 작물은 인류의 삶에 변화를 가져온 식물이었다. 이번 장에서는 이들 식물의 녹말과 단백질에 올리브 열매와 오일, 포도 과육과 과즙, 밀로 구성된 지중해 3인조가 추가되었다. 이 식물들은 초기 농업이 폭넓은 식단과 기술을 망라하고 있다는 것을 상기시킨다. 모두 땅에 대한 적응과 목적을 위한 끊임없는 도전을 대표했다. 농업은 우리 생활의 일부였다.

왼쪽 위 오세아니아 빵나무 열매와 동류인 잭푸르트(*Artocarpus heterophyllus*)는 인도 서고츠산맥이 원산지로 추정되며, 채소와 과일, 심지어는 쌀 대용으로 사용되기도 한다. 잭푸르트는 인도의 중요한 식량원으로 특히 빈곤층에게 중요했다. 열대지방에서 이용이 증가하는 것도 주목할 만하다.

오른쪽 위 피렌체의 알레아티코 포도(*Vitis vinifera*). 알레아티코 포도는 14세기부터 독특한 품종으로 알려졌다. 엘바 섬에서 자라는 이 포도는 디저트 와인처럼 풍부한 뮈스까(Muscat, 스위트 디저트 와인을 만드는 포도 품종)를 만드는 데 사용되며 나폴레옹이 이 섬에서 유배 생활을 하는 동안 즐겨 마셨다고 한다.

밀, 보리, 렌즈콩, 완두콩

Triticum spp., Hordeum vulgare, Lens culinaris, Pisum sativum

비옥한 초승달 지대의 원조 식량

위 존 리아(John Rea)의 〈완벽 선문집〉(1665) 권두 삽화에 나오는 꽃의 여신 플로라. 곡물의 여신 케레스. 과실의 여신 포모나. 리아(1667년 사망)는 묘목업자이자 정원 디자이너였으며 직접 개발한 튤립으로 유명했다.

맞은편 〈베나리 화집〉(1879)에 나오는 깍지째 먹는 완두콩. 16세기까지 완두콩은 빈곤층의 건조 식품이었고, 정원의 신선한 채소는 루이 14세의 궁정에서 유행했던 고급 식재료였다. 통조림 가공 기술과 냉동 기술이 발달하면서 채소를 어디에서나 볼 수 있게 되었다.

케레스, 가장 너그러운 여인이여,
밀, 호밀, 생령, 귀리, 완두콩이 있는 당신의 풍요로운 초원이여.
— 윌리엄 셰익스피어, 《템페스트》 4막 1장

밀과 보리, 렌즈콩과 완두콩은 서남아시아 신석기혁명의 대표적인 곡물과 콩류이다. 또한 신생대 제4기인 완신세(完新世)가 시작되던 약 11,500년 전의 기후변화와 식물에 맞게 인간의 생활 방식을 적응할 수 있도록 해준 가장 중요한 식물이기도 하다. 인류의 선조는 농업 경제를 정착시킨 대단한 발명가라기보다는, 환경에 좌우되고 생존이 요구되던 당시에 몇 가지 되지 않는 주요 작물에 의지하며 최대한 잘 적응했다고 볼 수 있다.

이와 같이 가장 중요한 기초 작물(지금도 중요한 병아리콩과 아마, 지금은 잊혀진 쓴살갈퀴를 포함하여)의 야생 조상은 정식으로 재배하기 오래전부터 그 지역에 사는 사람들의 영양 공급에 도움을 주었다. 유목민과 준유목민은 야생 밀과 보리를 채집했으며, 적어도 23,000년 전부터는 밀과 보리의 씨앗을 빻고 구웠다. 채집이 끝나면 긴 사전 경작이 뒤따랐고(대략 14,500~10,600년 전) 동시에 작은 먹잇감 사냥이 증가했다. 완전하게 작물화된 농작물은 지금부터 대략 10,600~8,800년 전부터 등장했다.

어딘가에 사는 알뜰한 농부가 앞서 수확에서 최고의 씨앗을 주움으로써 생활 방식이나 식물에 빠른 변화를 가져오는 영광스러운 순간은 단 한 번도 없었다. 그 대신, 독립적으로 경작하거나 야생종을 다시 들여오는 일이 많았고, 농업이 영구히 정착됐다고 보기 이전에 사람들끼리 노하우와 재배 품종을 교환했다. 만약 다른 생활 방식이 맞았다면, 사람들은 농업을 팽개치고 유목 생활을 택했을 것이다. 동물을 이용하여, 우유와 고기로는 얻을 수 없는 식물 섬유소를 가공하거나 새로운 지역으로 이동했을 것이다.

보관이 가능해지고 계획적인 경작으로 과잉 생산분이 생기면서 메소포타미아, 이집트, 레반트(현재 레바논, 시리아, 이스라엘이 있는 동부 지중해 연안)의 '비옥한 초승달 지대'에 농업 도시 문명 출현의 불씨가 지펴졌다. 이 경우에 있어서 문명은 또한 한정된 규모의 수렵 채집인 무리가 가진 평등주의 가치를 버리고, 대도시에 사는 수십만 거주자가 유산계급과 무산계급이라는 분명한 사회 계급으로 평가되는 새로운 방식을 요구했다. 대규모 집단은 행정과 관료주의를 필요로 했으며, 문자 언

nat. pict. in horto Benary.

Chromolith. G.Severeyns. Bruxelles.

ERNST BENARY, ERFURT.

A.B. Triticum Spelta. C. Triticum polonicum.
Spelz.   Polnischer Weizen.

Blé de Miracle

왼쪽 위 스펠트밀(왼쪽)과 폴란드 참밀(오른쪽)은 모두 미네랄과 비타민이 풍부한 커다란 낟알을 가지고 있으며, 특산물로 재기하는 데 성공했다. 스펠트밀은 껍질을 제거하기 위해 추가 공정이 필요하며, 폴란드 참밀은 부서지는 경향이 있기는 하지만, 일반적으로 재배되는 밀의 수확량과 병 저항성을 개선할 수 있는 유전적 가능성이 있다.

오른쪽 위 '기적의 밀' 또는 '마카로니 밀'(Triticum turgidum subsp. turgidum)은 고대 탈부립 품종으로, 약 1만 년 전부터 경작되었고, 서남아시아가 원산지인 것으로 추정된다.

어와 같은 기술 발달을 가능하게 했다. 동시에, 가족보다 많은 수의 사람들을 위해 말 안장처럼 생긴 맷돌 앞에 무릎을 꿇고 맷돌을 돌리며 긴 시간을 보낸 덕에 무릎과 발가락 뼈에 흔적이 남았다. 우리는 여분의 곡물 덕분에 가능했던 예술적, 기술적 성취와 기념비적 건축물을 여전히 경이로워한다. 그리고 우리는 메소포타미아인이나 이집트인의 식생활에 대한 단서를 얻기 위해 요리책(기원전 1,700년의 점토판)에 남아 있는 파편이나 고분 벽화를 자세히 들여다보기도 한다.

특히 밀(Triticum spp.)로 만든 빵과 파스타가 생존을 위해 불가피한 것이 되면서 곡물을 대량 생산하는 농업이 생겨났을 거라고 유추할 수 있다. 밀의 초기 종두 가지인 외알밀(T. monococcum)과 에머밀(T. dicoccum) 재배는 고대의 밀 재배자들에게 수확 후 필요하면 탈곡할 수 있도록 통통한 낟알이 대부분 줄기에 붙어 있는, 이삭이 큰 밀을 재배할 수 있는 기회를 주었다. 크기도 중요하지만 익은 후에 이삭이 잘게 부서지지 않게 해주는 튼튼한 잎대(곡물과 이삭을 연결해주는)를 만들어주는 변이가 아마 더 중요했을 것이다. 심지어 탈곡을 해서 파스타에 선호되는 경

18

질 소맥(*T.durum*)이나 브레드 소맥(*T.aestivum*) 같은 탈부립(곡물의 껍질인 왕겨가 벗겨 나간 낟알)이 나오는 것이 껍질 제거를 위해 막자 사발에 넣고 빻아야 하는 미탈부 립이 나오는 것보다 더 나았다. 밀은 자유롭게 자연 교배한다. 그 결과 나온 대단 히 복잡한 게놈 덕분에 우리는 300만 년이 된 밀(*Triticum spp.*)과 운 좋게도 만날 수 있었다. 그중 일부는 아주 최근에 나왔지만 말이다. 브레드 소맥은 두 번의 교 배를 거친 후 약 8,000년 전에 세상에 나왔다. 그중 두 번째는 염소풀(*Aegilops*)과 경작용 에머밀 간의 교배였다.

보리(*Hordeum vulgare*)는 빵뿐 아니라 양조에도 널리 사용되었다. 외알밀, 에머 밀과 비슷한 시대에 경작된 통통한 여섯 줄 보리가 초기 정착지에 나타난 것은 지

잎이 무성한 일년생 식물인 렌즈콩은 호냉성 작물로 어느 정도의 건조한 기후도 견딜 수 있다. 프랑스 오트루아르 지역의 퓌 렌즈콩(Puy lentils, 채소계의 캐비어)으로 알려진 이 콩은 품종과 지역을 인정받는 '원산지 명칭 보호' 인증을 받았는데, 이는 고대의 보잘것없는 콩과 식물에 있어서 대단한 위업이다.

보리 이삭의 길다란 까끄라기
(곡물의 겉껍질에서 뻗어 나온
뻣뻣한 수염)가 보기 좋다.
까끄라기는 광합성을 하며 성장
중인 씨에 탄수화물을 공급한다.

금으로부터 약 8,000년 전이다. 서남아시아의 고대 경제에서 보리는 밀보다 중요했다. 보리는 내한성이 강해서 추위와 습기를 잘 견뎠는데, 이는 경작 후 일어난 변이가 백분병에 내성이 생기도록 해줬기 때문이기도 하다. 서남아시아에서 서식하는 생물을 멸종시킨 한파가 계속되는 동안, 보리의 회복력은 제 역량을 발휘했다. 빗물에 의존하는 언덕 비탈과 강변이나 호숫가에서 소규모로 자라는 작물이었던 보리는 골짜기 밑에 발달한 경작지에서 집중적으로 재배되었다. 밀은 여전히 수요가 높은데, 맛있고 부드러운 빵을 만들기 때문이다. 먹고 살만한 시절에는 보리가 빈곤층을 위한 먹거리로 강등되었다.

빵과 맥주에 이용되는 것 외에, 곡물은 콩류와 섞어 죽을 만들기도 한다. 렌즈콩(*Lens culinaris*)과 완두콩(*Pisum sativum*)의 야생 조상은 곡물 밭에서 잡초투성이 불청객이었을 것이다. 하지만 이 콩류는 자신들이 차지했던 땅에 보상 이상의 것을 제공했다. 콩에 함유된 아미노산, 특히 렌즈콩에 함유된 리신이 상당량의 곡물 탄수화물을 추가하였다. 렌즈콩의 원산지인 터키 남동부와 시리아 북부에서 식물이 종자를 유지하기 시작하고 휴면기의 필요성이 사라진 것은 지금으로부터 11,000~9,000년 전이었던 것으로 추정된다. 지면을 덮는 대신 수직으로 자라는 직립 식물이 나오면서 또 한 번의 발전이 있었다. 좀더 커다란 종자들은 나중에 나타났다. 작물화된 완두콩(대략 기원전 8,000년) 역시 종자를 유지했는데, 그로 인해 크기가 더 커지고 두껍고 거친 종피가 없어지면서 발아 전 필수 휴면기가 사라지고 맛은 더 좋아졌다.

비옥한 초승달 지대에서 재배되던 작물의 종자와 재배 방법이 무역로와 제국의 성쇠를 따라 퍼져 나갔다. 완두콩은 생으로 먹을 수 있게 재배되지 않았지만, 계절에 상관 없이 먹을 수 있도록 건조되었다. 렌즈콩보다 더 혹독한 환경에 적응할 수 있었기 때문에, 완두콩은 유럽 전역으로 퍼져 나갔다. 완두콩 수프는 그리스와 로마 시대 식단의 일부였다. 그리스인과 로마인은 취향과 예산에 따라 소시지와 향신료를 추가한 고유의 식단을 가지고 있었다. 로마가 가진 제국으로서의 힘은 대체로 밀가루로 만든 빵 덕분이었다. 이탈리아 중부 오스티아(Ostia) 항구에 있는 로마제국의 광활한 곡창 지대는 시칠리아, 북아프리카, 이집트에서 가져온 곡물로 가득 찼는데, 이 수확물을 로마로 가져가기 위해 전용 함대와 해군이 필요할 정도였다. 렌즈콩과 완두콩은 인도에서 그 진가를 알아봐주는 새로운 서식지를 찾았다. 채식이 우세한 지역에서는 콩 단백질이 특히 더 값졌다.

밀은 신석기혁명 도래에 한몫을 했으며, 전 세계 평지의 많은 부분을 차지하는 목초지와 삼림지를 경작지로 전환시켰다. 1950년대와 1960년대, 쌀과 함께 밀은 녹색 혁명의 중심이었다. 다시 우연한 변이—호르몬 지베렐린(고등식물의 생장 호르몬)에 대한 새로운 반응으로—가 일어나 더 큰 이삭을 가진 반왜성 품종이 생겨났다. 이 식물들은 습하거나 바람에 잘 쓰러지지 않을 뿐 아니라 비료를 쓰면 효과가 좋아서 수확량이 6배까지 증가했다. 실로 삶을 바꾼 식물이었다.

쌀, 조, 대두, 녹두

Oryza sativa, Setaria italica and Panicum miliaceum,
Glycine max, Vigna spp.

아시아의 자산

Gin khao reu yung? [밥 먹었어?]
– 태국의 인사말

맞은편 대두(*Glycine max*, 이 책에서는 린네식 이명인 *Dolichos soja*를 따른다)의 콩 한 알과 털이 수북한 덩굴, 꼬투리. 꼬투리가 아직 초록색일 때 수확한 덜 자란 콩만 '에다마메'(일본, 풋콩 또는 풋콩을 삶은 것)와 '마오또우'(중국, 풋콩, 청대콩)로 먹을 수 있다.

중국에 대규모 홍수가 나서 사람들은 넘치는 물을 피해 산으로 올라가야만 했다. 사람들이 다시 집으로 돌아왔을 때, 모든 식물이 물에 떠내려가고 먹을 것이 거의 없었다. 사람들이 살려고 애쓰고 있을 때, 개 한 마리가 꼬리에 노란색 긴 씨앗 뭉치를 묻히고 지나갔다. 사람들은 그 씨앗을 심었고, 이 작물을 수확하면서 기아가 사라졌다. 이 중국 설화는 아시아의 몬순지대(보통 인도, 인도네시아 등의 지역을 가리키며 중국 동부와 한반도 및 일본을 포함할 때도 있음)에서 쌀을 숭배하는 많은 전설 가운데 하나다.

오늘날 세계 인구의 절반이 쌀을 먹고 있으며, 역사상 다른 어떤 작물보다 쌀을 먹는 사람이 많을 것이다. 대부분의 쌀은 작물화된 아시아 벼(*Oryza sativa*) 품종이다. 서아프리카의 벼(*O. glaberrima*)는 훨씬 적은 인구가 먹기는 하지만, 새 교배종을 찾는 식물 육종가들의 흥미를 끌고 있다. 아시아의 주요 작물 역사에서, 조와 기장은 좀더 춥고 건조한 중국 북부에서, 많은 물을 필요로 하는 쌀은 중국 남부에서 많이 볼 수 있었다. 각각은 찾아다녀야 볼 수 있는 곡물이었다가 야생 식물로 경작되었고, 이윽고 작물화되었다. 식량 및 양조를 위한 곡물로 가장 널리 사용되던 쌀은 마침내 아시아의 입맛을 통일했다.

필수 탄수화물과 식물성 단백질이 결합된 곡류는 아시아 신흥 농업에 다양한 지형을 만들었다. 중국, 서남아시아, 동아시아에서는 대두와 대두로 만든 다양한 발효 식품이 쌀과 함께 주요 식량이 되었다. 인더스 계곡 범람원에 위치한 비옥한 초승달 지대가 하라파 문명(인더스 문명)의 융성을 뒷받침했다. 훨씬 남쪽 지역에는 서남아시아의 작물들이 훨씬 덜 진출해 있었다. 신석기시대 인도 남부의 데칸고원에서 식량 창고를 채운 것은 녹두(*Vigna radiata*), 흑녹두(*V. mungo*), 말콩(*Macrotyloma uniflorum*), 소립종 조(*Brachiaria ramosa, Setaria verticillata*)였다. 이어서 갠지스 평야의 쌀이 주요 식량이 되었다. 녹두가 현재 이들 식량 가운데 가장 보편적으로 재배된다. 녹두는 가루로 갈아서 인도 남부의 팬케이크인 '도사'(dhosa)를 만들기도 하고, 동쪽으로 가면 녹두를 발아시킨 숙주나물을 요리에 많이 사용하기도 한다.

DOLICHOS SOJA L.
Die Soja.

벼 이삭 그림.
1817년 인도 캘커타에서 자넷 허튼 부인(Mrs Janet Hutton)이 그리거나 수집한 것이다. 그녀는 당시 동인도회사 상인이었던 남편 토마스 허튼과 캘커타에 살았다.

작물화된 쌀 품종 중에, 가장 중요한 두 가지는 자포니카 품종(*japonica*)과 인디카 품종(*indica*)이다. 길이가 짧고 점성이 있는 자포니카 품종은 요리 후에 응집력이 높아져 길이가 길고 퍽퍽한 인디카 품종보다 그릇에 담아 젓가락으로 먹기에 더 적당하다. 빙하가 사라져 날씨가 따뜻해지고 비가 내리기 시작하면서, 벼 원종의 자연 서식지가 남쪽의 빙하시대 피난처에서부터 열대 및 아열대의 중국 남부, 남아시아, 동남아시아에 이르는 광활한 지역으로 확대되었다. 이곳에서 작물화된 벼의 야생 원종인 다년생의 오리자 루피포곤(*O. rufipogon*)은 6,000년 전 작물화 과정이 완성되기 전에 채집되고 경작되었다. 그 결과 나온 일년생 벼는 수확량이 더 많았으며(특히 관개시설이 갖춰졌을 때) 커다란 쌀알이 수확될 준비가 된 길다란 줄기에 달려 있었다. 비옥한 초승달 지대의 작물들과 마찬가지로, 이곳의 작물화 과정도 넓은 지역에 걸쳐 한 번 이상 일어났다. 교배 시에는 상이한 장소에서 서로 다른 특징을 가진 작물을 선별하여 교배했을 것이며, 여기에는 야생종과의 교배도 포함되었을 것이다.

양쯔 강 유역 중류와 하류 지역에서는 자연을 모방한 최적의 인공 재배 환경을 제공하기 위해, 습식으로 쌀 생산을 하는 전형적인 논들이 발달했다(대략 기원전 4,200~3,800년). 범람하기 쉬운 이 논들은 노동집약적으로 농사를 지었지만, 쌀 수확량이 크게 늘면서 빠른 인구 성장의 요인이 되었다. 논에는 제방을 쌓고 물을 채웠으며, 물이 빠지는 것을 막기 위해 경반(硬盤, 단단해진 토양층)을 만들었다. 모판

Tab. XIX.

Panicum italicum.
Kolbenhirse.

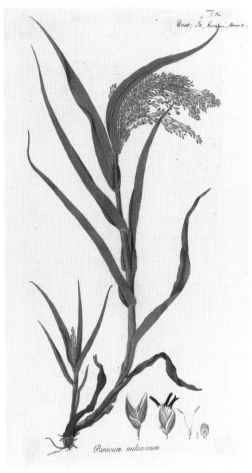

Panicum miliaceum.

에 벼종자를 심은 다음에 손으로 수전(水田)에 옮겨 심었다. 이 고된 작업의 일부를 물소가 도왔다. 습식으로 쌀을 재배하는 전 세계의 많은 지역에서 이러한 방식은 거의 변하지 않았다. 후에 메콩 강 삼각주의 올벼(제철보다 일찍 여무는 벼)를 도입하면서 계단식 논이 경사지로 확대되었으며 저지대에서는 이모작을 했다.

　작물화의 초기 중심지에서, 벼를 심은 논은 철기시대에 이르러 서서히 아시아에서 가장 중요한 경작지가 되었다. 남아시아에서는 쌀의 독자성에 관한 논의가 계속되고 있다. 또 하나의 벼 원종인 일년생 오리자 니바라(*Oryza nivara*) 종이 갠지스 평야에서 경작은 되었지만 작물화되지는 않았을 가능성이 있다. 이 인디카 종은 당시 새로 유입되어 작물화된 자포니카 종과 교배되었다. 오랫동안 인디카 품종으로 추정되어 온 바스마티 쌀(*basmati*)에서 은은한 향이 나는 이유는 자포니카 종을 조상으로 두었기 때문이다.

　조는 주로 다른 곡물이 잘 자라지 못하는 곳에서 중요한 작물로 남았다. 갈아서 가루로 만든 조는 단백질, 특히 비타민 B가 풍부하여 영양가가 많지만, 최적의

왼쪽은 조(*Setaria italica*, 옛 학명은 *Panicum italicum*), 오른쪽은 기장(*Panicum miliaceum*). 조는 기장과 다른 속에 속하는 소립종 곡물이다. 서로 밀접한 관련은 없지만 비슷한 재배 조건을 가지고 있다. 아메리카의 전통적인 빗자루는 일반적으로 '수수'라는 이름으로 알려진 또 다른 풀(*Sorghum vulgare*)로 만든다.

조건에서도 다른 곡물의 수확량을 따라잡지 못했다. 초기에 조의 채집과 경작은 황허 강(상류) 주변에서 이루어졌지만 심한 건조기(18,000~10,000년 전)에 조를 경작하는 농부들은 남쪽의 다디완 지역으로 이동했다. 이 지역과 황허 강을 따라 훨씬 동쪽에 있는 지역에서 종자가 더 크고 수확량도 더 많은 작물화된 기장과 조로 인해 수준 높은 정착 문화가 연속해서 생겨났다. 하지만 도시국가로 발전하지는 못했다. 밀이 더 널리 확산되면서, 밀 농사는 남쪽에서 서서히 확산 중인 쌀 문화와 함께 가장 효율적으로 여겨졌다. 밀과 함께 유입된 후, 두 가지 종의 조, 쌀, 대두는 '오곡', 즉 중국의 5대 곡물로 알려졌다.

대두(Glycine max)는 동북아시아에서는 흔한 원형의 덩굴식물 돌콩(Glycine soya)에서 유래한다. 일본과 중국 황허 강 주변의 초기 경작자들은 누워 있는 이 덩굴식물을 꼬투리에 커다란 씨가 담긴 직립 식물로 만들어야 했다. 일단 재배가 시작되자, 대두는 토양이 비옥하지 않은 곳에서도 수확되는 능력이 있었다. 주나라(기원전 1,026~256년) 때부터 대두는 흉작에 대비한 식품으로 경작되고 저장되었지만, 가공되지 않은 상태에서는 높은 평가를 받지 못했다. 간장, 된장, 렐리시를 비롯한 발효 제품과 두부가 점점 더 많이 이용되는 것과는 뚜렷한 대조였다. 대두(특히 노란색 품종)를 발효하면 비타민이 추가되고, 단백질 소화 및 철분과 아연 흡수를 방해하는 위험한 독소가 파괴되어 맛도 좋아지고 영양가도 높아진다.

대두 제품은 중국 한나라 시대(기원전 206~서기 220년)에 이미 발달하여 한국, 일본, 인도네시아까지 넓은 지역에서 요리의 주요한 일부가 되었다. 대두 제품은 육류가 비싸서 사 먹을 수 없거나 금지된 지역에서 쉽게 볼 수 있고 매우 유용하기도 했지만, 독특한 지역적 풍미도 가지고 있었다. 이 지역적 풍미는 대개 그 지역에서 만들어낸 특유의 미생물과 관련이 있었다. 치즈와 절인 고기를 먹는 전통이 없는 나라에서는 발효 대두가 이를 대신할 수 있었다. 대두 경작은 현재 아메리카 대륙에서 엄청난 규모로 성장하고 있다. 대두가 동물 사료에 많이 이용되면서 토지 사용과 유전자 변형 작물에 대한 우려가 높아지고 있다. 다른 용도는 어떤가? 옥수수와 마찬가지로, 대두도 주로 가공 식품으로 무의식적으로 많이 소비되며 소리없이 우리의 식단을 바꾸고 있다.

맞은편 녹두와 흑녹두는 이제 서로 완전히 다른 종이다. 이 녹두 삽화가 들어 있는 〈인도의 식용 곡물〉(1886)은 옛 학명(*Phaseolus mungo*)에 속하는 두 종류의 녹두를 포함하고 있다. 저자의 말에 따르면, 녹두는 '보편적으로 경작'되었고, '높이 평가'되었으며, '아플 때는 모든 사람이 녹두를 먹었다'고 전해진다.

옥수수, 강낭콩, 호박

Zea mays, Phaseolus spp., *Cucurbita pepo*
아메리카의 '세 자매'

오늘날의 옥수수는 인류 최초의, 어쩌면 인류 최고의,
유전 공학이 거둔 개가였다.

– 니나 V. 페도로프(Nina V. Fedoroff), 2003

옥수수, 강낭콩, 호박은 아메리카 농업의 '세 자매'이다. 이 작물 삼인조는 '삼중 시스템', 또는 '밭에서'를 뜻하는 중남미 나와틀족 단어에서 파생된 '밀파'(씨앗을 빽빽이 배게 뿌림) 방식으로 함께 경작된다. 밀파 경작에는 많은 장점이 있다. 옥수수는 영양가 높은 식단의 기본이 되는 식품을 생산할 뿐 아니라, 덩굴성 강낭콩 재배를 위해 적당한 지지대를 제공한다. 그 대신 옥수수는 부족한 식이 단백질(단백질 구성 요소인 아미노산의 형태로)을 얻고, 강낭콩 뿌리는 토양에 질소를 추가한다. 강낭콩 아래에서 자란 페포계 호박은 무성한 녹색 채소로 수분과 토양 비옥도를 유지시키고 잡초를 억제한다. 동시에 호박 열매는 훌륭한 탄수화물 공급원이 된다.

영어 단어 'maize'(옥수수)는 'mahiz'에서 온 말로, 콜럼버스가 자신의 첫 항해 도중 카리브해 섬에서 만난 타이노족(아라와크족 원주민의 한 종족) 사람들에게 이 단어의 의미는 '생명을 주는' 것이었다. 옥수수를 뜻하는 다른 단어 'corn'은 독일어 'korn'에서 온 것이다. 옥수수는 아메리카 대륙에 존재하던 대부분의 고대 문명을 먹여 살렸을 뿐 아니라, 많은 종교 의식에서 중요한 역할을 하고, 창조 신화에서 중요하게 다뤄진 유일한 식물이기도 하다. 예컨대, 중앙아메리카의 마야족은 신이 옥수수 반죽으로 인간을 만들었다고 믿었다. 이 지역의 스페인 정복자들은 토착민들이 성체 성사에 필요한 요소를 옥수수로 만든 빵과 맥주로 아무렇지 않게 대체하는 것을 보고 충격을 받기도 했다. 아즈텍족에게는 옥수수와 관련이 있는 그들만의 신이 있었고, 마야족에게는 옥수수 신이 있었다.

유전자 분석을 통해 옥수수의 야생 조상이 멕시코 서부와 남부에서 여전히 자생하고 있는 테오신트(teosinte, 돼지수수, 옥수수에 근연한 야생종)임이 드러났다. 테오신트는 곡물을 거의 생산하지 못하며 사실상 인간이 소화할 수 없지만, 줄기가 달아서 빨아먹거나 양조용으로 쓰기 위해 수확되었을 것이다. 이 지역에서 옥수수 경작이 시작된 것은 간헐적인 변이로 인해 더 크고 수확하기 쉬운 이삭을 식용으로 채집할 수 있게 된 6,250년 전 무렵이었다. 씨의 일부는 좋은 특징을 물려줄 수 있도록 다음 경작을 위해 보관되었다. 옥수수는 건조가 쉬워 나중을 위해 보관할 수 있다는 큰 장점을 가지고 있었다.

Phaseolus multiflorus.

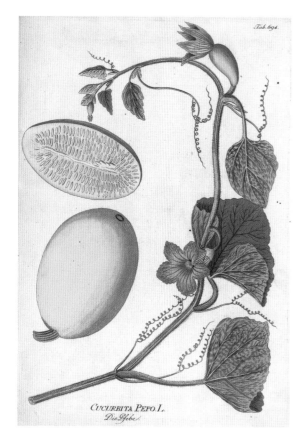

왼쪽 위 페포계 호박(*Cucurbita pepo*)의 열매, 꽃, 잎, 덩굴. 이 식물은 꽃가루를 생산하는 수식물(아래)과 씨를 생산하는 암식물(위)이 있다. 약간 단 복숭아 맛이 나는 꽃은 높이 평가되고, 속을 채워 튀겨 먹을 수도 있다.

오른쪽 위 페포계 호박은 작물화를 통해 품종이 다양해졌다. 이 식물은 색과 모양이 다양할 뿐 아니라 주교의 미트라, 터키의 터번, 굽은목 호박 등 이름 또한 다양했다.

옥수수 낟알은 죽을 만드는 데 사용되거나 갈아서 반죽을 만들어 멕시코 전통 요리 타말레와 토르티야를 만드는 데 사용되었다. 이런 음식은 수세기 동안 기본 식품이었기 때문에 옥수수를 가는 돌과 토르티야를 요리하는 팬이 고고학 유적지에서 자주 발견된다. 수확한 옥수수를 가공하는 일은 주로 여성이 맡았으며, 낟알을 옥수숫대에서 분리한 다음 갈아야 했다. 어느 시점에선가, 아마도 기원전 1,500년경, 누군가 닉스타말화(nixtamalization) 과정을 발견했다. 즉 석회와 재를 넣은 물에 옥수수 낟알을 담그면 된다. 그렇게 하면 알칼리성 석회가 옥수수를 가공하기 쉽게 만들어 주기도 했지만, 석회에 함유된 비타민, 니아신의 흡수율이 높아져 펠라그라병(비타민 B 결핍으로 생기는 병)을 예방하는 데 도움이 되었다.

작물화된 옥수수는 원산지인 멕시코에서 남쪽으로는 잉카족, 북쪽과 동쪽으로는 아메리카 원주민에게로 퍼져나갔다. 잉카족 통치자들은 옥수수 생산과 분배를 독점하고서, 노동력을 제공하는 노동자들에게 옥수수와 그 못지않게 중요한 옥수수 막걸리인 '치차'로 보상했다.

모든 옥수수 재배자들은 옥수수만 단독으로 경작할 경우 토질이 금방 황폐해진다는 것을 알게 되었다. 이에 대한 해결책은 주로 화전을 통해 주기적으로 새로운 밭을 개간하는 것으로, 사용한 밭은 수년간 휴경했다. 하지만 광범위한 '혁신'으로 토양의 비옥도가 더 오래 유지될 수 있었다. 그 혁신이란 바로 옥수수와 강

낭콩을 함께 경작하는 것이다. 다른 콩과 식물과 마찬가지로, 강낭콩은 뿌리혹에 살고 있는 박테리아를 통해 토양에 지속적으로 질소를 공급한다. '세 자매'의 둘째 인 강낭콩(*Phaseolus vulgaris*)에는 까치콩, 검정콩, 강낭콩, 호랑이콩 등 다채로운 모양과 크기, 색깔을 가진 수많은 품종이 있다. 강낭콩은 또한 아메리카 대륙 전역, 멕시코와 페루, 그리고 어쩌면 다른 곳에서도 재배되었으며, 옥수수와는 달리 1회 이상 단독 경작되었다. 거의 11,000년의 역사를 가진 야생 강낭콩은 동굴 유적지에서 발견되지만 재배 품종은 훨씬 역사가 짧다. 강낭콩을 스튜에 추가하면 식단에 귀중한 단백질을 제공할 수 있다. 옥수수와 마찬가지로, 강낭콩 역시 건조가 가능하고 보관이 쉽다.

익은 옥수수 이삭. 역사적으로 밀파 농업 방식 삼인조 중의 하나였던 옥수수는 산업용 먹이 사슬의 기본이 되었다. 옥수수는 동물 사료의 주요 재료일 뿐 아니라 우리가 먹는 가공 식품 및 음료에도 대부분 −다양한 형태로− 들어가기 때문이다.

　　세 번째 자매는 페포계 호박으로, 아메리카 원주민들은 매우 일찍부터 호박을 사용할 수 있다는 것을 알았다. 사실, 먹을 수는 없지만 내구성이 좋은 단단한 껍데기가 귀하게 여겨진 덕분에, 호리병박(Lagenaria siceraria)은 아시아에서 베링 육교를 거쳐 아메리카로 건너간 초기 이민자들과 함께 신대륙에 유입되었을 가능성이 있다. 페포계 호박(Cucurbita pepo) 껍데기도 말려서 용기로 사용할 수 있었지만, 호리병박과 달리 이 박과의 호박들은 아시아가 아니라 아메리카가 원산지였다. 지금으로부터 10,800년 전에 이미 페포계 호박이 재배되었다는 증거를 멕시코의 동굴 유적지에서 찾을 수 있다. 이는 심지어 옥수수보다 재배 기간이 오래된 것이다. 이 초창기의 페포계 호박은 쓰고 맛없는 과육을 가졌지만 씨는 생으로 먹거나 구워 먹을 수 있었다. 이후의 품종들은 강낭콩 스튜와 옥수수 스튜에 넣을 수 있거나 그 자체로 구워 먹을 수 있는 과육을 가졌다. 여기에 작물화된 또 하나의 아메리카 식물인 칠리도 포함되는 경우가 많았다.

　　세 자매 옥수수, 강낭콩, 페포계 호박은 다양한 기후와 토양에 잘 적응했기 때문에, 중앙아메리카에서 남아메리카 대륙 전체로 확산된 재배 방식에 잘 적응할 수 있었다. 미시시피 강 유역에 무리 지어 사는 원주민들이 서기 900년 무렵부터 옥수수를 대규모로 재배하기 시작했다. 초기 영국인 정착민들은 매사추세츠에 있는 아메리카 원주민들에게 이 재배 방식을 배웠다. 이곳에서는 서기 1,000년경부터 이 방식이 자리를 잡았으며, 덕분에 이 신대륙 곡물의 가치가 빠르게 상승하였다. 사실, 이 세 작물이 함께 잘 자라려면 사람의 손으로 직접 경작해야 함에도 불구하고, 밀파 방식은 여전히 이용되고 있다.

　　옥수수, 강낭콩, 페포계 호박은 그렇게 해서 각각 전 세계로 퍼져 나갔다. 콜럼버스는 자신의 첫 번째 신대륙 항해에서 옥수수 씨앗을 가지고 왔고, 새 곡물의 맛과 다재다능함이 빠르게 인정받으면서 곧 스페인, 프랑스 남부, 이탈리아에도 많은 옥수수밭이 생겼다. 강낭콩 역시 유럽 식단의 기본으로 자리잡았다(19세기 모라비아 교회 수도사이자 유전학자 멘델의 유명한 유전실험이 대상으로 삼은 식물은 완두콩이었다). 페포계 호박은 보관에 문제가 있기는 했지만, 최소한 씨앗만큼은 겨울을 날 수 있었다. 페포계 호박은 소형에서 대형(C.maxima)까지 각양각색의 색깔, 모양, 크기로 경쟁적으로 재배되며 생산량이 급증하였다.

　　세 곡물 모두 여전히 전 세계 사람들의 식단을 구성하는 주된 요소이기는 하지만, 그중 가장 의미 있고 현재 가장 중요한 것은 옥수수일 것이다. 교배를 통해 수확량을 늘리려는 의미 있는 노력이 20세기 초에 있었는데, 특히 미국의 도널드 F. 존스(Donald F. Jones)가 그 중심에 있었다. 옥수수는 인간의 직접 소비뿐 아니라, 식용유, 시럽, 동물 사료, 바이오 연료를 위해 재배되고 있다. 옥수수의 유전자 구성이 철저히 연구되었고(옥수수는 인간보다 많은 유전자를 가지고 있다), 그 결과 질병과 해충에 대한 내성을 높이고 수확량을 증대하기 위해 성공적으로 유전자를 변형한 최초의 작물 중 하나가 되었다. 생물학자 바버라 맥클린턱(Barbara McClintock)이 실

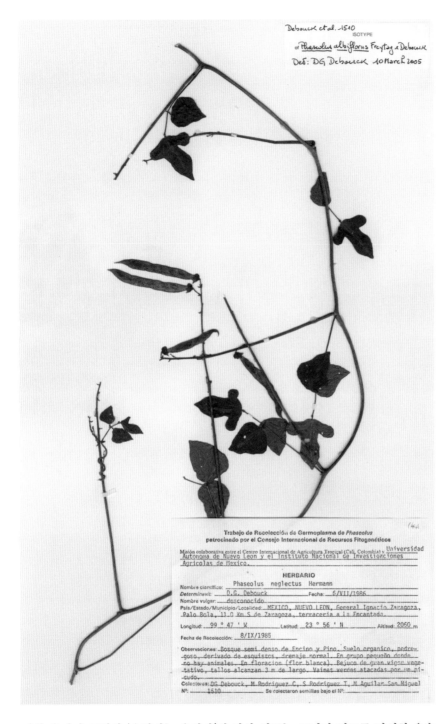

Debouck et al. 1510
ISOTYPE
Phaseolus albiflorus Freytag & Debouck
Deб: *DG Debouck 10 March 2005*

(44)

Trabajo de Recolección de Germoplasma de *Phaseolus*
patrocinado por el Consejo Internacional de Recursos Fitogenéticos

Misión colaborativa entre el Centro Internacional de Agricultura Tropical (Cali, Colombia) y Universidad
Autónoma de Nuevo León y el Instituto Nacional de Investigaciones
Agrícolas de México.

HERBARIO

Nombre científico: _Phaseolus neglectus Hermann_
Determinavit: __D.G. Debouck__ Fecha: _6/VII/1986_
Nombre vulgar: __desconocido__
País/Estado/Municipio/Localidad: _MEXICO, NUEVO LEON, General Ignacio Zaragoza,
Palo Bola, 11.0 Km S de Zaragoza, terracería a la Encantada._
Longitud: _99 ° 47 ' W_ Latitud: _23 ° 56 ' N_ Altitud: _2060_ m
Fecha de Recolección: _8/IX/1985_
Observaciones: _Bosque semi denso de Encino y Pino. Suelo orgánico, pedre-
goso, derivado de esquistos, drenaje normal. En grupo pequeño donde
no hay animales. En floración (flor blanca). Bejuco de gran vigor vege-
tativo, tallos alcanzan 3 m de largo. Vainas verdes atacadas por un pi-
cudo._
Colectores: _DG Debouck, M Rodríguez C, S Rodríguez T, M Aguilar San Miguel_
N°: __1510__ Se colectaron semillas bajo el N°: _____

큐 왕립식물원에 있는 붉은
강낭콩(*Phaseolus albiflorus*)의
식물 표본(말려서 압착한 것).
멕시코의 높은 고도 지역에서
채집되는 이와 같은 야생
강낭콩들은 기후변화에 직면해
있는 작물화된 강낭콩의 개량을
위해 귀중한 유전 물질을 제공할
수 있다.

시한 유전자 조절과 '움직이는 유전자'에 관한 연구는 그녀가 지도를 작성한 옥수
수 염색체를 대상으로 하였다. 맥클린턱은 옥수수 변화의 역사를 밝혀낸 공으로
1983년 노벨 생리의학상을 수상하였다.

감자, 고구마, 땅콩, 퀴노아

Solanum tuberosum, Ipomoea batatas, Arachis hypogaea, Chenopodium quinoa

남아메리카의 가보

> 감자는 빠른 속도로 증가하는 인구를 먹여 살리는 것으로 소수의 유럽 국가들이 1750년부터 1950년 사이 세계 대부분(식민지)에 대한 지배권을 확고히 할 수 있도록 만들었다.
>
> – W. H. 맥닐(W. H. McNeill), 1999

잉카 문명은 빠르게 생겨나 짧은 기간 번영하였으나, 1530년대 질병(천연두)의 희생양이 되었고, 스페인이 침략하면서 비극적으로 몰락했다. 이 안데스인들은 광활하고 위풍당당한 제국을 건설했으며, 자신들이 소비하는 식물을 경작화하여 상속했다. 덕분에 오늘날 우리는 전 세계적으로 이용되는 몇몇 식품에 대해 알게 되었다.

그중 하나인 감자(*Solanum tuberosum*)는 끈질긴 생명력을 입증하면서 현재 거의 모든 기후 지역에서 재배되고 있다. 적어도 기원전 5,000년부터 안데스산맥에서 감자를 먹은 증거가 있으며, 기원전 2,500년 무렵 감자는 산악지대의 주요 식량으로 확실하게 자리를 잡았다. 안데스산맥의 감자는 모양, 크기, 색깔이 매우 다양해졌으며, 페루의 농작물 시장이 그 사실을 여전히 잘 보여준다. 유럽인들이 처음 감자를 접한 것은 1537년이었으나 감자가 세계를 지배하기는 쉽지 않았다. 스페인과 이탈리아에서는 이 덩이줄기를 시식했으나 썩 좋아하지 않았다. 그렇지 않아도 어차피 유럽 남부 기후에서는 잘 자라지 못했다. 북유럽인들은 처음에 감자를 탐탁지 않게 여겼고, 일부 개신교도들은 성경에 언급되지 않는다는 이유로 감자를 외면했다. 감자는 또한 독초인 벨라도나(*Atropa belladonna*)와 같은 과에 속한다는 이유로 독이 있다고 여겨지기도 했다.

유럽에 처음 소개된 초기 남아메리카 품종들은 적도 가까이에 있는 원산지에 익숙했기 때문에, 낮과 밤의 길이가 얼추 비슷한 시기에 잘 자랐다. 북부의 기후에서 이 시기는 얼어버릴 위험이 높은 가을을 의미했다. 하지만 감자는 교배하기가 쉬웠기 때문에, 18세기에서 19세기 초 사이 유럽 원예업자들은 유럽과 북아메리카 기후에 맞는 새로운 품종을 개발하고자 노력했다. 이러한 노력을 기울인 이유는 감자가 포만감을 주는 작물이며 고열량의 칼로리를 제공했기 때문이다. 일조량 문제를 해결하기 위해, 적도 훨씬 남쪽에 있는 칠레에서 가져온 비축분을 재배하였고, 이 감자는 북유럽에서 인기를 얻었다. 처음에는 프랑스와 독일, 그 다음은 농부들이 제한된 토지를 가지고도 가족을 먹여 살릴 수 있었던 아일랜드에서 많이 재배되었다.

1845~49년 악명 높았던 감자 기근은 사실상 벨기에에서 시작되었다. 하지만 가장 비극적인 결과는 아일랜드에서 일어났는데, 대략 백만 명의 사람들이 굶어 죽고, 또 추가로 백만 명에 이르는 사람들이 이주하기에 이르렀다. 아일랜드의 감자 수확을 초토화시켰던 '감자마름병'(감자역병균)과 그 외의 질병들이 여전히 문제이긴 하지만, 내성이 큰 새로운 감자 품종들이 있다. 19세기 후반과 20세기 초, 감자 재배가 가능한 기후 지역으로까지 품종 개량이 확대되었고, 지금은 거의 전 세계가 여기에 해당된다. 중국, 인도, 미국이 대규모 생산국이기는 하지만, 굽든 삶든 으깨든 튀기든 감자는 어디에서나 다양한 요리에 들어간다. 가공을 거친 최종 결과물은 영양가가 조금 떨어지긴 하지만 덩이줄기 자체로는 영양가가 높다.

땅콩의 노란 꽃들이 수정되고 나면, 씨방자루(peg)로 알려진 특수한 구조가 땅속을 향해 자란다. 씨방자루 끝부분이 물과 영양분을 흡수하고 빛의 결핍으로 자극을 받으면 땅콩이 들어 있는 꼬투리로 자랄 것이다. 덩굴과 잎은 고단백 '건초'로 사용되는 한편, 빈 껍질은 건축용 합판인 파티클 보드를 만드는 데 사용할 수 있다. (사실 뿌리에 꼬투리가 달린 것처럼 그린 이 삽화는 잘못된 것이다. ―감수자 주)

La Pomme de Terre

Lat: *Solanum Tuberosum* Allem. *Grundbir*. Angl. *Potatoe*. Amerie *Papas*.

G. de Nangis del et Sc.

고구마(*Ipomoea batatas*)는 완전히 다른 과에서 온 것으로, 속명이 'sweet potato'가 된 이유는 처음 유럽인들이 고구마를 감자의 한 종류라고 혼동한 데서 유래한 것이다. 종명 '바타타스'는 콜럼버스의 부하들이 1492년 아이티 섬에서 처음 본 식물의 서인도 제도 이름이다. 고구마는 열대성 덩굴의 덩이뿌리로 나팔꽃과 관련이 있으며, 아마도 멕시코 남부에서 베네수엘라에 이르는 지역이 원산지일 것으로 추측된다. 야생종은 기원전 8,000년부터 먹은 것으로 보이며 그 증거는 페루의 초기 고고학 유적지에서 발견된다. 오늘날의 고구마는 다량의 녹말과 약간의 당분을 함유하고 있지만, 초기 덩굴에는 당분보다 섬유소가 많았다. 그럼에도 불구하고 고구마는 콜럼버스가 신대륙을 발견하기 이전의 멕시코 북부, 북아메리카 남부 지역, 카리브해 섬을 포함한 북부 전역과 놀랍게도 태평양 제도를 가로질러 호주와 뉴질랜드에까지 널리 확산되었다.

이 후자의 확산이 짐작건대 무려 2,000년이나 전에 어떻게 일어났는가에 대해서는 많은 추측이 있었다. 덩이줄기가 해수에서 오래 견디지 못한다는 점에서, 의도적이든 우연이든 인력에 의해 전해졌을 것으로 추정되며, 새가 씨앗을 전파했을 가능성도 있기는 하다. 어떤 방법이었든 간에, 고구마는 유럽인들이 도착하기 오래전부터 오세아니아와 호주, 뉴질랜드에서 재배되었다. 또한 놀랍게도 고구마속은 초반에 유럽에서 감자속보다 더 큰 인기를 얻었으며, 스페인과 포르투갈 배들이 아프리카와 아시아로 확산시키기 전에 지중해 국가에서 재배되고 소비되었다. 서아프리카와 다수의 오세아니아 섬에서, 고구마는 주식의 자리를 놓고 마(*Dioscorea* spp.)와 경쟁을 시작했다. 고구마는 감자와 같은 방식으로 사용되며, 좀

위 안데스산맥에서 전통적으로 쓰던 '쟁기'로, 끝부분이 목재나 금속으로 되어 있다. 쟁기가 뒤집어 놓은 흙덩어리는 망치로 잘게 부쉈다. 안데스산맥 산악지대에서는 수천 년간 이처럼 단순한 도구를 이용하여 감자 경작에 성공했다.

맞은편 꽃이 피고 열매를 맺은 감자. 프랑스의 약제사 앙투안 파르망티에(Antoine Parmentier)는 감자 보급을 위해 힘썼다. 18세기가 끝날 무렵 감자에 사회적 명성을 더하기 위해 마리 앙투아네트 왕비에게 감자 꽃을 달 것을 권유하였다. 감자가 수정하고 나면 씨가 작은 공 모양의 열매에서 나온다. 씨를 심으면 새로운 품종이 자라면서 부피가 커지고 덩이줄기를 통해 번식한다.

고구마, 장-테오도르 데스쿠니츠(Jean-Théodore Descourtilz)가 아이티 섬에서 체류하고 카리브해를 여행하는 동안 자신의 아버지인 미셸 에티엔(Michel Étienne)의 드로잉을 색칠한 것. 데스쿠니츠의 소장품 다수가 아이티 혁명에서 분실되었으나 일부 남은 것은 〈앤틸리스 제도의 독특한 식물상과 의료〉(1821–29)의 삽화를 준비하는 데 사용되었다.

더 단맛이 나는 요리에 사용된다. 16세기 후반 필리핀을 통해 고구마가 유입된 중국은 현재 세계에서 가장 큰 고구마 생산국이자 소비국이긴 하나, 아프리카의 많은 지역과 인도, 미국 남부에서도 고구마가 재배되고 있다.

널리 경작되고 있는 또 하나의 페루산 식물은 땅콩(Arachis hypogaea)이다. 잘 알려져 있다시피 영어로는 'peanut'으로 불리는데, 이 이름이 어느 정도 정확한 이유는 이것이 견과(nut)는 아니더라도 완두콩처럼 콩과 식물이기 때문이다. 잘 알려진 다른 이름으로는 'earthnut, goober, Virginia peanut' 등이 있는데, 마지막 이름은 가장 일반적인 미국 품종을 따라 붙인 것이다. 땅속에서 자라는 땅콩은 기원전 6,500년에서 4,500년 사이의 고고학 유적지에서 발견되었으며, 유럽인들이 도착하기 전 신대륙에서는 생으로 먹거나 구워 먹었고, 또는 갈아서 페이스트를 만들어 먹었다. 땅콩은 1492년 무렵 서인도 제도 히스파니올라 섬에서 타이노족에 의해 이미 재배되고 있었으며, 스페인인들에 의해 이곳에서 필리핀과 동인도 제도로 전파되었다. 그후, 땅콩은 중국과 일본으로 퍼져나갔다. 포르투갈인들은 땅콩을 가지고 브라질에서 아프리카로 갔으며, 아프리카와 인도에서 빠르게 주요 작물로 자리 잡았다. 오랜 기간 가축 사료로 재배되기는 했지만, 생으로 먹거나 구워서 먹거나 압착해서 식용유로 먹는 등, 땅콩은 여러 가지 방식으로 즐기며 인기가 많았다. 땅콩은 말레이시아 요리의 주재료이며 미국에서는(다른 곳에서도) 페이스트로 가공처리를 많이 하는데, 이것이 유명한 '땅콩 버터'이다.

위에서 다룬 범세계적 식량과는 달리, 안데스산맥에서 주로 자생하는 곡물인 퀴노아(Chenopodium quinoa)는 원산지 외의 지역으로 널리 확산되지는 못했다. 퀴노아의 시금치처럼 생긴 커다란 잎은 먹을 수는 있지만, 사람들이 주로 먹는 것은 대개 작은 흰색 또는 분홍색의 씨앗이다. 이 씨앗은 독성이 있는 사포닌을 제거하기 위해 사용 전에 알칼리 용액으로 가공처리를 해야 한다. 이 사포닌은 새들로부터 퀴노아를 보호하는 화합물이다. 퀴노아는 서리를 맞아도 살아남을 수 있고, 척박한 토양과 높은 고도에서도 자랄 수 있기 때문에 잉카인들의 주된 식용작물이었다. 퀴노아는 스튜에 넣거나, 갈아서 빵이나 토르티야를 만드는 반죽으로 쓰기도 하고, 종교 의식에 사용하거나, 옥수수로 만드는 술 치차의 다른 기본 재료가 될 수 있었다. 퀴노아는 페루, 볼리비아 및 다른 안데스 국가에서 계속 광범위하게 섭취되지만, 그 외의 지역에서는 여전히 이국적이다. 씨앗에 단백질 리신, 비타민, 미네랄이 풍부할 뿐 아니라, 최근 '슈퍼푸드'로 여겨져 각광을 받고 있는 점을 감안하면 경작과 소비가 증가할 것으로 예상된다.

커티스 식물학 잡지(Curtis's Botanical Magazine, 1839)에 등장한 '흰색' 퀴노아. 편집자는 독자들에게 이 식물의 윤기 없는 모습에 대해 사과하기도 했지만, 잡지에 '보기 좋게 생긴 식물'과 함께 '특별히 관심이 가는 식물'을 실은 것임을 상기시켰다. 퀴노아는 남아메리카 온대지방에서 '주요 영양식'으로 자리를 차지할 만했다. 잉카 문명에서는 퀴노아를 '곡물의 어머니'로 숭배했다.

Sorghum cernuum.

수수, 마, 동부

Sorghum bicolor, Dioscorea spp., Vigna unguiculata

사하라 사막 이남의 주요 산물

> 동부보다 소울푸드의 '소울'을 담고 있는 것은 없다.
> – 린제이 윌리엄스(Lindsey Williams), 2006

곡물(수수), 덩이줄기(마), 콩과 식물(동부). 아프리카가 원산지인 이 식물들은 멀리까지 확산되기도 했지만, 많은 아프리카인에게 여전히 기본 식량으로 남아 있다. 수수(*Sorghum bicolor*)는 에티오피아, 수단, 차드에서 기원전 4,000~3,000년에 이미 경작되었을 수도 있다. 야생 아종인 '소르굼 베르티실리플로룸'(*S. verticilliflorum*)을 작물화한 것이 확실해 보이는 수수는 높이가 4미터에 이르기도 하며, 씨앗이 가득한 머리를 가지고 있고, 메마른 토양에서도 잘 자라는 장점이 있다. 그 가치를 빠르게 인정받은 수수는 기원전 2,000년경에 인도로 전파되었으며, 기원후 초기에는 아프리카 여러 지역에 유입되었다. 수수의 초기 경작은 아프리카 농업의 기원에 관한 논의의 중심에 있으며, 그 과정이 아직도 확실히 알려지지는 않고 있다. 수수는 지금도 사하라 사막 이남 아프리카에서 재배되는 가장 중요한 곡물이며 전 세계 곡물 생산량 5위를 차지한다.

수수의 단백질은 발효에 의해 분해되면서 소화가 잘되고 유익한 물질이 된다. 수수는 쓰임새가 많아서 가루나 페이스트로 만들 수도 있고 스튜나 죽에 들어가기도 한다. 맥주를 만드는 데 이용할 수도 있다. 수수에는 몇 가지 품종 또는 유형이 있다. 이러한 수수 품종은 자유 교배를 하지만, 각각 다른 특징과 재배 요건을 가지고 있어 이것이 아프리카의 여러 지역에서 주요 곡물로 자리 잡는 데 도움이 되었다(수수는 언제나 다른 곡물, 특히 조, 옥수수와 경쟁을 하며, 이 경쟁은 토양의 질과 연간 강우량에 따라 좌우된다). 수수의 한 품종인 듀라수수(durra)는 가뭄에 가장 잘 견디며 이슬람교와 함께 확산된 경향이 있다. 다음으로 카피르수수(kafir)는 아프리카 적도 이남에서 흔히 볼 수 있으며, 타닌 함량이 높아 새로부터 스스로를 보호할 수 있는 반면, 인간이 섭취하기 전에 반드시 가공해야 한다. 기니수수(guinea)는 높은 강우량을 선호하며 서아프리카에서 인기 있는 곡물이다. 기근이 와도 수확할 수 있는 야생 품종도 몇 가지 있다. 아프리카에서 수수 경작이 확산되던 초기에 이 식물은 목축에도 도움이 되었다.

인도는 상당량의 수수를 생산하는 나라로, 수수는 인간과 가축 모두를 위해 소비된다. 수수는 미국에서도 확실한 자리를 잡았다. 주된 용도는 동물 사료이지만, 사카린 함유량이 높은 품종이 메이플 시럽의 값싼 대용품 생산에 활용되기도 한다.

맞은편 아프리카의 많은 식용 작물과 마찬가지로 수수는 서아프리카에서 대서양을 지나 아메리카 대륙으로 가는 '중간항로'에서 노예들을 먹이는 데 사용되었다. 아프리카 노예들에게 익숙한 음식을 제공하면 끔찍하고 긴 항해에서 살아남을 가능성이 커진다고 여겼던 탓이다.

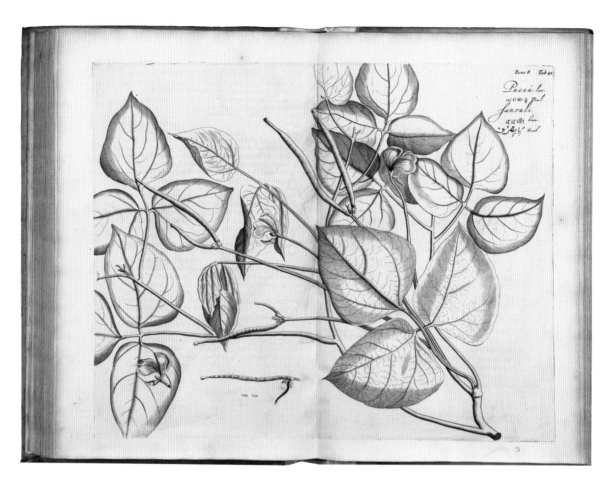

동부는 작물화된 곳으로 추정되는 서아프리카 지역에서 퍼져나가 기원전 2,000~1,000년 무렵 인도 남부에 도착했다. 동부는 향상된 도구와 관개법의 출현에 힘입어 확산되었으며, 지역에서 재래종이 선정되면서 쌀 다음으로 중요한 윤작 작물이 되었다. 헨드릭 판 레이더가 17세기 인도 말라바르 해안을 관찰하다가 동부가 대량으로 자라는 것을 발견하고 〈말라바르의 정원〉(1678-93)에 등장시켰을 것으로 추측된다.

같은 속의 서로 밀접한 연관이 있는 종인 마(*Dioscorea* spp.) 역시 아프리카에서 중요한 식용작물이다. 다양한 환경에서 자랄 수 있기는 해도 열대 덩굴식물에 속한다. 마에서 먹을 수 있는 부위는 덩이줄기로, 여기에는 장점과 단점이 있다. 장점은 덩이줄기를 한 번 파내면 냉장하지 않고도 수개월간 보관할 수 있어 다른 대체 식량이 없을 때 먹을 수 있다는 점이다. 또한 크기가 매우 커질 수 있고(무려 60킬로그램이나 나가는 것도 있다), 잘 관리해주면 생산량이 엄청나다는 장점도 있다. 주요 단점으로는 덩이줄기가 땅속 깊숙이 있어서(최대 2미터) 수확하기 힘들고 어렵다는 점이다(일부 아시아 종은 덩이줄기가 지상에서 자란다). 이러한 단점 때문에 철제 도구 없이 돌로 된 괭이로 수확해야 했던 시기의 아프리카 농업과 관련해 논쟁이 있었다. 기원전 2,000년에 이미 이주 집단이 다른 곳에서 경작하기 위해 마를 가지고 이동했을 것으로 추정되며, 훨씬 이전에 수렵 채집인들이 땅속에 있는 마를 캐냈을 것이다. 대부분의 마는 유해 독소를 제거하기 위해 요리해서 먹어야 한다.

마는 세계의 많은 지역에서 진화했지만, 아프리카에는 두 개의 주요 종이 있다. 그중 아프리카 노란마(*D. cayenensis*)는 서아프리카에 주로 서식하며 과육이 노랗고, 다른 하나인 하얀마(*D. rotundata*)는 앞의 종과 밀접한 관련(전자의 한 품종일 뿐이라는 것이 오늘날 일반적인 의견이다)이 있으며 과육이 하얗다. 이 두 품종은 중앙아프리카 전역에서 주식으로 이용되고 있지만, 현재는 고구마를 비롯한 여러 수입 작물들과 경쟁하고 있다. 마의 과육은 갈고 빻아서 페이스트로 만들거나 다양한 방식으로 요리할 수 있다. 마는 오세아니아의 많은 섬과 자주색참마(*D. alata*)가 가장 흔한 종인 인도와 중국에서 식단의 중심이 되었다. 아시아의 마는 서기 1~1,000년 사이에 아프리카와 마다가스카르로 유입되었으며, 그 후 노예무역의 결과 신대륙에 진출했다.

또 하나의 아프리카 주요 산물이 유럽인들의 배를 타고 대서양을 건넜다. 17세기 스페인인들이 미국에는 일명 '검은 눈의 콩'(cowpea, 검은 점이 있는 흰콩으로 우리에게는 중국콩으로 많이 알려짐)으로 알려진 동부(*Vigna unguiculata*)를 가져온 것이다. 기온이 높은 곳에서 잘 자라는 동부는 지금도 미국 남부 요리의 일부이며, '소울푸드'의 중심에 있다. 동부는 대개 말려서 먹지만, 덜 익은 날 것의 꼬투리를 먹을 때에는 풍미를 더하기 위해 돼지고기와 칠리를 함께 넣어 요리한다. 동부는 지금도 아프리카와 아시아뿐 아니라 카리브 제도 전역에서 널리 이용된다. 동부는 아이티 섬에서도 주요 식용작물이다.

콩과 식물인 동부는 질소를 토양에 고정시키기 때문에, 기초 농업으로 동부와 여러 작물이 함께 경작되는 아프리카에서는 특히 유용한 공동작물이다. 인도에서는 달(마른 콩류로 만든 스튜)을 만들 때 렌즈콩 대신 동부를 넣기도 하며, 강낭콩 커리의 재료로 자주 사용된다. 갓끈동부(*V. sesquipedalis*)라는 독특한 품종은 매우 긴 콩을 생산하는데, 갓끈처럼 길다고 하여 붙여진 이름에는 대부분 미치지 못 하지만 몇몇은 기대에 부응하기도 한다. 이 품종은 일반적으로 콩보다는 꼬투리를 먹는다.

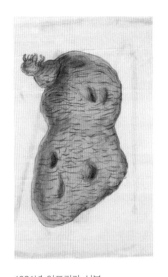

1921년 아프리카 서부 시에라리온에서 그려진 아프리카 노란마(*Dioscorea cayenensis*). 서아프리카의 마 생산 지대에는 정성을 들인 마 축제들이 열렸으며, 마는 안정적인 촌락 생활과 농업이 형성되는 데 기여했다. 원예 식물을 다 자랄 때까지 돌보고 여기저기 흩어진 야생의 산림 식물을 교배하는(지속적인 과정) 관습이 오늘날의 사랑받는 마를 만들었다.

토란, 빵나무

Colocasia esculenta, Artocarpus altilis

오세아니아에 연료를 공급하다

빵나무는 다화과(多花果)의 겹열매로 암꽃차례가 성숙한 것이다. 왼쪽 아래에 있는 것은 수꽃차례이다. 빵나무는 수천 년 동안 오세아니아 사람들을 먹여 살렸다. 그곳에서 발견되는 많은 재배 품종에 2,000개 이상의 토착어 이름이 붙어 있다.

> [빵나무]를 뜨거운 불씨에 통째로 굽고 숟가락으로 안을 파낸다.
> 이것은 요크셔푸딩과 비슷하다.
> – 앨프리드 러셀 월리스(Alfred Russel Wallace), 1869

토란(*Colocasia esculenta*)과 빵나무(*Artocarpus altilis*)는 크게 다르지 않다. 하나는 크고 매력적인 잎을 가진 뿌리(실은 알줄기)이고, 다른 하나는 85미터까지 자랄 수 있는 나무이다. 하지만 이 둘 사이에는 중요한 공통점이 있는데, 바로 녹말이 풍부하다는 것이다. 두 식물의 역사 또한 오랫동안 태평양 제도의 주요 산물이었다는 점에서 밀접한 관련이 있다. 토란은 사실상 서로 다른 속에 속하지만 토란속의 특징을 많이 가진 세 가지 다른 식용 구경에 붙은 이름이다.

토란은 인도나 버마에서 유래된 것으로 보이지만 약 6,000년 전 태국, 말레이시아, 인도네시아, 필리핀으로 확산되었다. 곧이어 파푸아 뉴기니에 정착한 다음 태평양 전역의 섬에 뿌리를 내렸다. 하와이에는 토란에 붙은 70개의 토속 이름이 있었다. 토란은 씨를 거의 생산하지 않기 때문에, 번식을 통해 확산될 수 있었던 것은 인간의 개입 때문이었다. 번식은 뿌리 윗부분과 줄기의 일부를 이식하는 것으로 가능했으며, 이 과정을 통해 토란을 옮겨 심고 같은 뿌리에서 자란 토란을 먹는 것이 가능했다. 이 방식으로 농부들은 서로 다른 재배 단계에서 토란이 늘 성장할 수 있도록 만들었다. 토란을 심고 수확하기까지는 9~18개월이 걸린다. 열대 식물인 토란은 많은 양의 강우나 관개를 필요로 하며, 건조한 환경에서도 자랄 수는 있지만 침수 지역에서 번성한다. 따라서 토란은 많은 곳에서 벼와 경쟁적으로 재배되기 시작했다.

토란은 열대의 태평양 섬에서 주로 경작되었지만 서쪽으로 이동하여 아프리카, 이집트, 지중해 일부 섬, 그리고 8세기경에는 이베리아 반도까지 확산되었다. 그러다 카리브해와 남아메리카에까지 유입되었다. 토란 뿌리는 녹말 함유량이 높기 때문에 음식이 부족했던 시기에 어디서나 환영 받았다. 소화가 잘 되어 유아식으로나 소화불량인 성인에게 좋다는 평판도 얻었다. 값싼 다른 식량이 특별한 경우를 위해 비축되기는 하지만, 토란은 여전히 오세아니아 요리에서 사랑받고 있다.

빵나무와 가까운 빵나무는 유럽인들의 침략이 있기 훨씬 전부터 태평양의 많은 섬들에 유입되긴 했지만, 현재의 파푸아 뉴기니가 아마 원산지일 것이다. 빵나무는 매년 멜론 크기의 열매를 150~200개나 생산할 수 있는데, 이 열매를 요리하

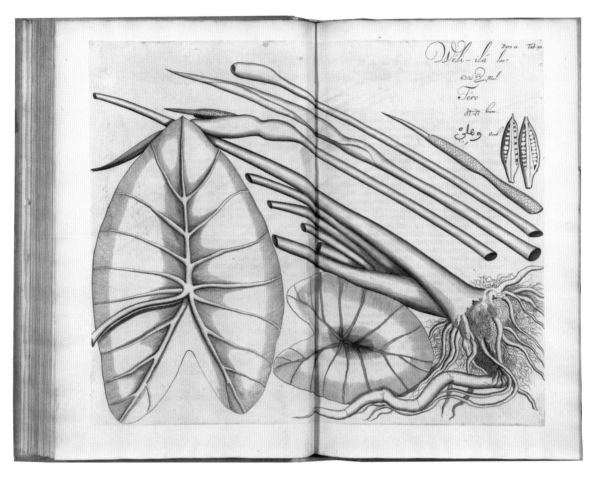

면 먹기 좋고 달콤한 물질이 생긴다. 뜨거운 돌을 쌓아 만든 구덩이에서 굽는 것 외에도, 열매는 건조시킬 수도 있고, 과육은 가루로 빻을 수도 있다. 발효된 열매로 케이크를 만들기도 하며, 단맛이 나는 스프를 만들 때 토란 대신 넣을 수도 있다. 덤으로 빵나무 목재는 건축에도 사용할 수 있다. 현재 200가지 품종이 있으며, 오늘날은 씨 없는 품종이 주를 이룬다.

　　빵나무는 열매를 많이 생산하고 쉽게 구할 수 있다는 점 때문에 태평양 제도 전역에서 큰 인기를 끌었으며 유럽인들도 이 나무를 보았을 때 깊은 인상을 받았다. 1770년대 제임스 쿡과 항해한 박물학자 조셉 뱅크스 경은 이 나무를 열대 기후의 북아메리카 지역에 전파하기로 결정했다. 빵나무는 1789년 '바운티 호의 반란'으로 유명한 항해의 목적이기도 했다. 당시 함장이었던 윌리엄 블라이(William Bligh)는 반란에서 살아남았고, 신대륙에 옮겨 심을 빵나무를 가지러 되돌아갔다. 신대륙에서 빵나무 열매로 노예들에게 값싼 음식을 제공하기 위해서였다. 이 시도가 기대했던 해결책을 제공하지는 못했지만, 덕분에 빵나무는 카리브해와 열대 남아메리카 전역에 뿌리를 내리게 되었다.

헨드릭 판 레이더의 〈말라바르의 정원〉에 나오는 토란. 먹을 수 있는 잎과 중심 알줄기(잎꼭지가 자라나는) 외에 레이더는 꽃의 구조와 씨가 담긴 열매를 그렸다. 자연 개화와 채종이 드물게 일어나지만, 이 중요한 식용작물의 다양한 품종을 교배함으로써 그러한 문제를 극복할 수 있다.

자주개자리, 귀리

Medicago sativa, Avena sativa
마차와 쟁기를 가속화하다

> 그리스에서 자주개자리는 본디 외래종이다. 다리우스 왕과의 페르시아 전쟁 때 메디아에
> 서 그리스로 유입되었다. 지금도 언급할 만한 가치가 있다. 품질이 탁월하기 때문이다.
> – 플리니우스(Pliny), 서기 1세기

엉뚱하기는 해도, 피에트로 드 크레산치(Pietro de' Crescenzi)의 〈농업의 모든 것〉(1548)에 실린 이 쟁기질 장면은 농기구의 지속적인 발전과 사료 작물의 중요성을 강조해 준다.

가축은 여러가지 목적으로 요긴하긴 하지만, 가축 역시 먹어야 산다. 최초로 이름이 알려진 사료 작물은 자주개자리(*Medicago sativa*)이다. 이 소립종의 클로버형 콩과 식물은 말을 사육하던 유라시아 서쪽 스텝지대 생물군계의 일부였다. 이곳에서 유목 민족의 말들은 자생하는 자주개자리를 뜯어 먹을 수 있었으며, 자주개자리는 무역과 전쟁을 위해 말을 키우는 사람들이 선호하는 사료 작물이 되었다.

일찍부터 마차를 몬 것으로 칭송되는 아나톨리아의 히타이트족은 자신들의 말이 자주개자리로 겨울을 나는 모습을 점토판에 기록했다. 이 방법은 무역로를 따라 침략군과 함께 확산되었다. 페르시아의 다리우스 1세는 자신의 낙타와 가축에게 자주개자리를 먹였으며, 이를 그리스인들에게 소개했다. 자주개자리는 로마 군수품의 일부가 되기도 했다. 서기 1세기, 콜루멜라와 플리니우스는 이를 칭송했으며 경작용 밭을 준비하고 꺾꽂이용 가지 관리법에 관해 상세하게 설명했다. 동양에서도 흥미있는 역사가 있다. 기원전 2세기, 영토 확장의 열망을 가진 한나라 우황제가 페르가나 계곡의 유명한 말과 말의 사료를 얻고자 했다. 한나라 수도 시안에서 페르가나로 가는 경로가 흑해로 이어지면서 실크로드의 최북단이 되었다.

자주개자리는 수확 후 저장할 수 있는 유용한 작물일 뿐 아니라 콩과 식물로서 토질을 좋게 만들고, 윤작할 경우 후속 작물의 비료가 되기도 했다. 이러한 이점이 아마 이슬람교도와 함께 스페인에서 되살아나기 전까지, 유럽에서는 잊혀진 것으로 보인다. 이탈리아인들은 르네상스 시대에 스페인 종과 헝가리 종을 언급했다. 하지만 이 무렵 북유럽에서 또 다른 사료 작물이 중요한 농작물이 되었다.

야생 귀리(*Avena sterilis*)는 비옥한 초승달 지대가 원산지이지만, 밀이나 보리와는 다르게 작물이 재배되는 밭에서 잡초투성이 불청객으로 남아 있었다. 이런 방식으로 귀리는 유럽 전역으로 퍼졌다. 북서부 유럽에서 날씨가 궂을 때, 귀리는 다른 곡물의 수확량을 능가했다. 그 다음 단계는 일모작으로 약 4,000년 전 독일에서 재배한 증거가 있다. 작물화된 귀리(*Avena sativa*)는 그로부터 1,000년 후에 나왔다. 귀리는 켈트족이 사는 유럽 지역에서 주로 소비되면서, 미개인과 동물이나 먹는 거라고 귀리를 업신여기던 로마인들의 편견을 강화시켰다.

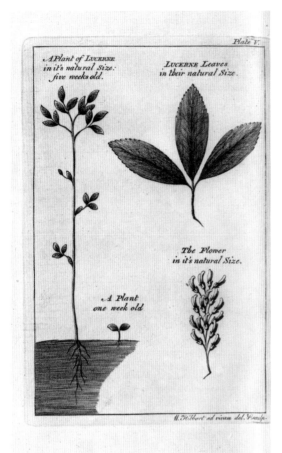

서남아시아와 유럽 남부의 쟁기는 경토에서만 써야 했다. 다뉴브 강과 알프스의 북쪽과 서쪽의 땅은 중점토였고 새로 벌목한 곳이 많았다. 땅을 파헤치고 뒤집을 수 있는 발토판과 함께 바퀴가 달린 보다 견고한 쟁기는 처음에 황소가 끌었다. 당시 마소에게 멍에를 씌웠기 때문에 더 빠른 마력을 이용하기에는 제약이 있었다. 멍에 디자인을 개선하고 편자를 도입하자, 중세 쟁기가 가진 잠재력이 드러났다. 그리고 고열량 귀리를 말에게 먹였다. 귀리는 윤작의 일부로 경작되었지만, 생산성이 거의 없는 토양에서 밀과 보리보다 잘 자랐다. 귀리는 유럽 이외 지역에서 콜레스테롤 수치를 낮춰주는 수용성 섬유질로 조금씩 인정을 받았음에도 불구하고, 계속 인간 식량보다는 동물 사료였다. 자주개자리는 16세기에 스페인, 포르투갈 인들과 함께 신대륙에 도착하여 남미에서 북쪽으로 올라갔다. 원산지였던 아시아에서의 종자 도입과 선별 번식을 통해 새로운 품종들이 생산되었다. 21세기 자주개자리는 뿌리에 살면서 화학 물질을 분해해주는 미생물을 통해 지속력이 강한 제초제를 포함한 오염 물질을 정화하고 있다. 고대의 가축 사료가 매우 현대적으로 사용되는 것이다.

왼쪽 위 월터 하트(Walter Harte)는 어린 제자를 데리고 유럽 여행을 하는 동안 유럽의 농경법을 연구했다. 〈농사에 관한 에세이〉 제2권(1764)에서 그는 '이식을 통한 자주개자리 배양'에 대해 설명했다. 월터 하트는 '인간이 만들어 낸(적절치 못한 표현이지만) 모든 풀 중에서 가장 잘생긴' 이 작물의 열렬한 애호가였다.

오른쪽 위 J. 메츠거(J. Metzger)의 〈유럽의 곡물〉(1824)에 묘사되어 있는 귀리 품종 두 가지. 이 둘은 현재 별개의 식물이라기보다는 동종 이명으로 간주되고 있다.

A   B   a   c   d   e

올리브

Olea europaea subsp. *europaea*

오일의 정수

> 모든 나무 중에 으뜸은 올리브나무다.
>
> — 콜루멜라(Columella), 서기 1세기

올리브는 지중해와 아주 밀접한 관계가 있다. 올리브나무와 올리브 열매, 또 올리브 오일은 지중해 주변의 토양, 기후, 사람들을 규정하는 데 중요한 역할을 한다. 작물화로 인해 약간의 변화가 있기는 했어도, 겨울이 온난습윤하고 여름이 고온 건조한 지중해 지역과 기온 및 강우량 패턴이 같은 곳에서는 지금도 올리브가 많이 생산된다. 열매 전체가 부엌과 식탁에 기여하지만, 언제나 활용도가 가장 높은 것은 오일이다. 전등 기름으로 사용되는 올리브 오일은 밝고 깨끗하게 타며 어둠을 밝힌다. 올리브 오일의 연고와 같은 성질은 갈라진 피부와 햇빛에 탄 피부를 진정시켜 주며, 머리카락에 윤기를 주고, 훌륭한 비누가 되었다. 올리브 오일은 또한 천연 용제이다. 요리의 풍미가 잘 섞이도록 만들고 오일을 바른 사람에게 고대의 영예로운 향기를 주었다. 지중해 동부에서 올리브 오일은 신성한 성유가 되었으며, 이 지역의 사람들과 사상이 가는 곳은 어디든지 오일에 대한 숭배도 뒤따랐다.

한때는 중요한 칼로리원에 불과했던 올리브 오일은 이제 '건강한 삶'을 상징한다. 올리브 오일은 암과 죽상동맥경화증을 예방한다는 믿음에서 호평을 받는 '지중해 식단'의 필수 재료이다. 단일 불포화 지방산과 폴리페놀 복합체 덕분에 넉넉하게 뿌린 엑스트라 버진 올리브 오일에는 사실상 향수(鄕愁) 이상의 훨씬 많은 것이 있다. 최상급 올리브 오일을 나타내는 이 이름은 뛰어난 순도를 떠올리게 한다.

지중해의 야생 올리브(*Olea europaea* subsp. *sylvestris*)는 나무라기보다 가시가 많은 관목으로, 재배 품종보다 잎은 넓고 열매는 작다. 회녹색, 회색, 검정색의 야생 올리브는 다른 상록수와 섞여서 지중해 분지의 석회암 경사지에 전형적인 마키(지중해 연안의 관목지대)를 구성했다. 현재는 재배 품종과 야생으로 돌아간 올리브나무가 야생 올리브나무보다 압도적으로 많다. 산비탈의 올리브 과수원들은 처음에 새 나무를 심는 것뿐 아니라 경쟁 식물은 제거하고 원래 있던 나무를 관리하는 차원에서 만들었는지도 모른다. 지중해 동부에서 실시한 화분 분석을 통해 이 지역에서 식물 재배가 한창이던 대략 기원전 550년에서 서기 640년 사이에 올리브나무가 얼마나 널리 퍼졌는지 알 수 있다. 하지만 인간에게 올리브의 중요성은 그보다 훨씬 전으로 거슬러 올라간다.

맞은편 꽃이 핀 올리브 가지는 평화와 우정의 국제적인 상징이다. 올리브가 핵과 또는 열매라는 점에서 올리브 오일은(야자유와 마찬가지로) '과즙'이다.

고고학적인 증거를 통해 갈릴리 호숫가에 살던 반유목 수렵 채집인들이 지금 으로부터 약 19,000년 전부터 야생 올리브를 대량으로 채집했다는 것을 알 수 있 다. 후기 신석기시대에는 올리브 열매를 채집하는 데서 끝나지 않고 압착해서 오 일로 만들기까지 했다. 갈릴리 호수 연안의 내륙과 고지대에 있는 금석 병용 시대 (석기에서 청동기로 가는 과도기) 유적지를 보면, 올리브 생산량이 증가했다는 것을 알 수 있다. 이 올리브나무들이 야생이었는지, 경작되었는지, 그것도 아니면 두 가지 가 혼합된 것이었는지는 확실히 밝혀지지 않았지만 올리브 사용은 폭발적으로 증 가했다. 현재 레반트 지역 북부에서 일어났다고 여겨지는 야생 관목에서 경작용 나무로의 전환은 느리게 진행되었을 것이다. 크기가 크고, 과육이 많고, 오일이 풍 부한 올리브나무를 만들기 위해 야생과 경작용 나무를 지속적으로 교배했으며 느 린 속도로 성숙하고 열매를 맺는 종에서 마무리 되었다.

올리브는 수명이 매우 길고 관리만 잘 해주면 수백 년간 올리브를 생산할 수 있어서 경작지에 엄청난 부가가치를 제공한다. 이러한 특성은 정착 생활과의 역 사적 관련성을 더욱 강화시켰다. 과수원 숲을 보호하기만 하면 되었던 것이다. 후 기 청동기시대, 경작용 나무에서 생산량이 증가한 올리브 오일은 가치 있고 교역 량이 많은 상품이 되었다. 고급 올리브 오일은, 지금도 그렇지만, 압착, 추출, 운송 에 필요한 기술이 요구되었으며, 그중 운송은 급성장하던 도자기 산업의 도움을 받았다. 메소포타미아나 이집트처럼 올리브나무 재배가 더 어려운 곳에서는 상류 층 사이에서 올리브 오일이 고가에 거래되었다.

레반트 지역에서 시작한 올리브 오일은 그리스인과 로마인을 통해 널리 퍼졌 을 것이다. 올리브 오일에 대한 로마의 기호와 그에 따른 수요는 엄청났다. 로마인 들은 또한 올리브 열매를 식탁에서 먹기 시작했다(천연의 쓴맛을 제거하기 위해 소금물 에 알맞게 절여서). 로마인들은 북아프리카, 이탈리아 남부와 안달루시아에 과수원을 조성하고 관개시설을 만들었다. 특유의 효율성으로 로마인들은 올리브 오일 등급 체계를 만들었고, 사기와 (지속적인 문제였던)불순품을 막기 위해 요식 체계도 만들 었다. 올리브 오일의 인기가 워낙 대단했기 때문에, 로마제국 셉티미우스 세베루 스 황제(재위기간 193~211년)는 로마 시민의 불만을 잠재우기 위해 식량분배제(안노 나)에 올리브 오일을 추가했다.

오늘날 올리브 과수원은 그 지속 가능성으로 유명하다. 올리브 과수원은 곤충 이 많고 텃새와 철새에게 중요한 서식터이다. 올리브는 척박한 토양을 잘 견딘다. 아니 척박한 토양에서 오히려 더 잘 자란다. 올리브 압착 시 나오는 찌꺼기는 유 용한 비료와 동물 사료가 되며, 나아가서 목재와 더불어 연료 공급원이 된다. 올리 브나무의 넓고 얕은 뿌리는 경사지 토양이 단단해지도록 한다. 이러한 경사지에 서 시작된 전통적인 계단식 밭에서는, 각각의 계단층이 빗물을 확보하여 범람을 지연시킨다. 관개는 나무의 수확량을 증가시키기 때문에 농부들에게도 이익이다. 올리브는 한 해 걸러 풍년과 흉년이 있는 편이어서 신뢰가 안 가는 작물이 될 수

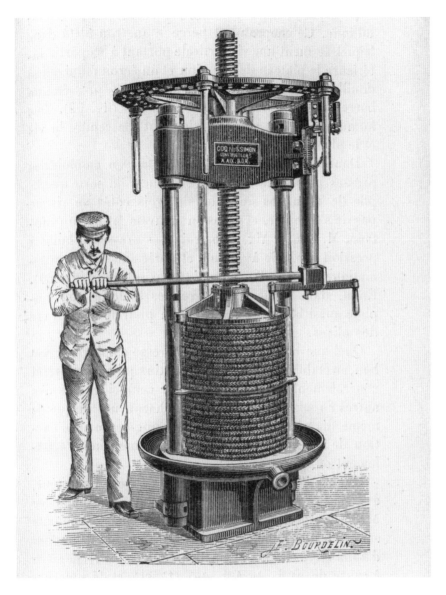

오일을 추출하기 위해 올리브를 으깬 다음 그 결과물(페이스트)을 압착하면 오일과 물이 분리된다. 19세기에 수압 장치가 도입되면서 압착이 쉬워졌다. 이 프랑스산 수압 장치는 P. 애갈리에(P. d'Aygalliers)의 〈올리브나무와 올리브 오일〉(1900)에 나왔던 것이다. 오늘날에는 통합형 오일 원심분리기가 오일을 밀폐된 상태에서 분리하기 때문에 공기와의 접촉을 제한하고, 열매를 최대한 손상시키지 않는다.

도 있지만, 제대로 가지치기를 하면 이러한 문제 해결에 도움이 될 수 있다. 수확은 여전히 사람이 손으로 하는 경우가 많다. 그린 올리브는 더 익은 상태인 블랙 올리브보다 더 일찍 따야 한다.

풍부한 수확량 덕에 올리브는 상징적인 상품이 되었다. 올리브는 아테나 여신이 아테네에 선물한 나무였다. 신성한 나무에서 나온 올리브 오일인 모리아이(moriai)는, 올림픽 경기 우승자에게 올리브 화관을 씌웠던 것처럼, 아테네 축제에서 상으로 주어졌다. 올리브 가지는 그리스가 기원이라는 점과 성서와 탈무드에 나오는 함축적인 의미를 초월하여 평화와 화합의 국제적인 상징이 되었다.

포도나무

Vitis spp.

와인 속에 진리가 있다

> 포도나무는 세 종류의 포도를 맺는다. 첫 번째는 즐겁게 하는 포도, 두 번째는 취하게
> 하는 포도, 세 번째는 구토하게 만드는 포도이다.
>
> — 아나카르시스(Anacharsis), 기원전 6세기

위 와인은 전통적으로 목재. 대개 참나무나 배럴 통에서 숙성되고 운송된다. 원하는 풍미를 내기 위한 포도와 나무의 결합이다.

맞은편 특유의 가늘고 긴 모양 때문에 '숙녀의 손가락'으로도 알려진 코르니숑 블랑(Cornichons blancs)은 귀중한 생식용 포도이다. 꽃 그림으로 유명한 벨기에 화가 피에르 조제프 르두테(Pierre-Joseph Redoute)는 〈가장 아름다운 꽃과 가장 아름다운 과일 선집〉(1827-33)에 넣기 위해 자신만의 특별한 점묘 판화 기법을 적용하여 이 화려한 과일을 표현해냈다.

병원에 입원한 환자를 병문안할 때 포도를 가져가는 것이 영국인 특유의 습관일지 모르지만, 거기에는 확실한 논리가 있다. 붉은색과 보라색의 포도는 매력적인 색소와 항산화제 기능을 제공하는 식물 색소인 플라보노이드를 다량 함유하고 있다. 현대의 치명적인 질병(암, 심장혈관병, 신경퇴행성 질환, 류머티스성 관절염)을 예방하는 데 있어 이 물질들이 하는 역할은 처음 생각했던 것처럼 단순하지 않다는 것이 판명되었다. 그리고 건강보조식품으로서의 항산화제는 실망스러웠지만, 과일을 섭취하는 것은 긍정적인 효과의 측면에서 여전히 중요하다. 포도는 껍질에 비결이 있는, 맛있고 건강에도 좋은 작은 꾸러미이다.

한때 널리 퍼졌던 유라시아의 야생 포도나무(*Vitis vinifera* subsp. *sylvestris*)는 온대 덩굴식물로 강기슭의 숲에서 자란다. 나무는 덩굴성 목본 식물이 우거진 숲 윗부분(캐노피)의 빛을 향해 자라는 동안 지지대 역할을 한다. 암수가 분리된 이 포도나무들은 꽃을 피우며, 꽃가루받이를 통해 암그루에 열매가 열린다. 포도나무는 자그로스산맥 북부, 토로스산맥 동부, 카프카스산맥의 산악지대에서 작물화되었다. 포도는 곡물과 콩과 식물의 뒤를 잇는 2차 작물화의 큰 물결이었다. 작물화는 야생에서 단 한 번의 돌연변이를 통해 암수한그루인 포도나무가 생겨났고, 이를 인간이 선택함으로써 가능해졌다.

포도나무는 가지를 땅에 꽂는 것만으로 쉽게 뿌리를 내린다. 포도씨는 매우 다양한 식물체를 생산하므로, 꺾꽂이 방식으로 원하는 변이 개체를 쉽게 번식시킬 수 있고 원치 않는 성질은 피할 수 있다. 따라서 복제 식물로 과수원이나 계단식 밭을 가꾸는 것이 가능하여 새로운 풍경, 즉 포도밭을 만들 수 있었다. 아주 간단하지만 매우 효과적인 영양 번식이 후에 등장하였다. 이를 가능하게 한 것은 좀더 복잡한 접목 기술로, 접목은 식물을 번식시키는 데 있어 중요한 단계이다. 따라서 조심스러운 관리, 대목 사용, 가지치기를 통해 다양한 포도가 생산되었다. 이렇게 생산된 포도는 생식용, 시럽 제조용으로도 사용하고, 건포도, 씨 없는 건포도(sultana), 알이 작은 건포도(currant)로 건조시키기도 했다. 이 건포도들은 유럽의 겨울 요리를 위해 저장이 가능한 식품이 되었다. 잎은 다양한 요리를 포장하는 데

Cornichons blancs.

쓰였으며, 가지치기한 가지는 요리를 위한 훌륭한 땔감이 되었다.

작물화되기 오래전, 작고 쌉싸름한 맛이 나는 야생 포도가 채집되었으며, 인간은 포도가 가진 자연 발효하는 특성을 즐겼을 것이다. 포도가 무르익어 터지면, 포도의 과즙이 껍질에 자연적으로 생기는 효모와 만나 알코올이 생성된다. 그리고 다음은 그 추정되는 시기의 이름을 따서 '구석기시대 가설'로 불리는 단계로, 능동적으로 포도를 따서 발효시켜 와인을 만든 것이다. 이를 입증하는 데 필수적인 인공 유물이 남아 있지 않기 때문에 정확하게 단정지을 수는 없다. 그로그주(grog)에 야생 포도(또는 산사나무 열매)를 사용했을 가능성에 대한 증거가 중국 중북부 허난성 지아후 신석기 유적지에서 나오고 있고, 이란 자그로스산맥 북부의 하지 피루즈 테페(신석기 유적지)에서는 7,400~7,000년 전의 도자기 항아리가 포도나 포도로 만든 식품을 보관하는 데 사용된 것으로 추측된다. 그러나 엄밀한 의미에서의 포도나무 작물화와 와인 제조는 5,500~5,000년 전에 시작된 것으로 추정된다. 자그로스 산악 지역에서부터 북쪽을 향해, 포도나무 생산은 메소포타미아를 거쳐 이집트로 확산되었다. 와인과 건포도는 중요한 무역 상품이 되어 송진을 바른 암포라 항아리에 보관되었고, 당시의 와인 맛은 오늘날의 그리스산 레치나 와인을 통해 연상할 수 있다.

그리스와 로마의 와인 문화에 관해 이야기하자면, 와인은 사교적인 음주 외에 의식과 종교와도 밀접한 관련이 있었다. 일반적인 술집 외에 그리스 상류층에게는 심포지움(향연)이 있었고, 로마인들에게는 콘비비움(연회)이 있었으며, 술의 신 디오니소스(바쿠스) 숭배가 만연했다. 와인은 유대교의 안식일과 기독교 성찬식의 중심이기도 했다. 로마의 몰락 이후 유럽이 불안정한 상황에서, 와인 생산은 교회와 밀접한 연관성을 유지했다. 속세의 와인 제조자들이 자신들의 역할을 했음에도 불구하고, 수도원 특히 베네딕트회와 시토회가 팽창하면서, 이들이 잘 가꾼 포도밭은 현재 유명한 와인 생산지들만큼이나 많은 포도를 생산했다.

사상체질을 기반으로 효능을 봤을 때, 와인은 몸에 열이 많고 습한 체질에 맞는 것으로 간주되었다. 와인은 쉽게 소화되어 쇠약해져 가는 생명에 활기를 주기 때문에, 몸이 약한 사람들과 몸이 차고 건조한 노년층의 영양 공급에 특히 중요하다고 여겨졌다. 그리고 와인은 인간과 마찬가지로 나이가 들면서 숙성되고, 이때 산화하면 식초가 된다. 와인 식초는 단순히 불필요한 부산물이 아니라 신중하게 만들어진 조미료이자 보존제였다. 와인 식초는 전염병이 창궐했을 때도 중요한 역할을 했다. 와인이 모공과 콧구멍 등의 신체 통로를 수축시킴으로써, 질병의 원인으로 생각한 유해 증기나 독기가 체내로 들어오는 것을 막는 데 도움이 된다고 여겼기 때문이다.

포도나무는 유럽의 탐험과 식민지화를 위한 항해에도 함께했다. 멕시코에 전해진 유럽 포도나무(V. vinifera)는 페루, 칠레, 아르헨티나와 북쪽의 캘리포니아에까지 전파되었다. 남아프리카에서는 희망봉이 포도나무 재배에 적합했던 것에 반

Vol. II.　　　　　　　　　　　　　　　　　　　pag. 396.

SCALANOVA

A View of Scalanova near Smyrna ——　　152.

1700년부터 1702년까지 프랑스의 식물학자 조제프 피통 드 투른포르(Joseph Pitton de Tournefort)는 식물 채집을 위해 레반트 지역으로 원정을 떠났고, 멀리 그루지아(흑해 연안)의 오지까지 여행했다. 유명한 식물 삽화가인 클로드 오브리(Claude Aubriet)가 그와 동행하면서 자신들이 거처간 장소, 식물, 사람들을 그렸다. 그림 속, 터키 애게해의 스미르나 근처 스칼라노바에서 그들은 건포도와 와인을 생산하는 지역에 조성 중인 새 포도밭을 보고 있다.

해, 호주와 뉴질랜드에서는 1840년대에 이르러서야 알맞은 지형을 찾을 수 있었다. 늘 그렇듯, 인간이 세계 곳곳에 식물을 옮겨 심으면서 질병도 확산되었다. 세 개의 심각한 포도 질병 — 백분병균 또는 오이듐균(Erysiphe necator), 노균병균(Plasmopara viticola), 진딧물(Viteus vitifoliae) — 이 미국 북동부에서 처음으로 나타났다. 이 지역의 포도나무는 병원균과 함께 진화했기 때문에 수입 품종처럼 심각한 영향을 받는 일은 거의 없었다. 16세기부터 동부 해안에 유입된 포도나무가 뜻대로 재배되지 않자, 재래종에 기반한 품종 번식을 하게 된 것도 그 이유에서이다.

포도에 구리를 분사함으로써 백분병균을 잡기는 했지만, 내성을 가진 식물을 생산하기 위한 시도로 1860년대 꺾꽂이용 가지를 교환하면서 유럽에 뿌리를 먹어 치우는 진딧물이 유입되어 프랑스 와인 산업을 망쳐 놓았다. 포도나무 재배자들이 이 난국을 타개하려고 교배를 시도하면서 이번에는 유럽에 노균병균이 들어왔다. 필록세라(포도나무 뿌리 진디)가 가져온 이 참사는 비니페라 포도나무를 내성이 있는 북미 원산의 대목(臺木)에 접목하면서 막을 내렸다. 고대에 더 좋은 포도밭을 만드는 데 일조했던 기술이 전 세계 와인 산업을 살린 것이다.

교배를 통해 다양한 맛과 향을 가진 새로운 포도 품종이 개발되었으며, 이러한 특징은 영 와인에서 특히 느낄 수 있다. 올드 와인은 고가의 상품 내지는 수집가들의 아이템이 되면서 절대로 마실 것 같지 않은 술이 되었다. 건포도용이나 생식용으로 이상적인 다수의 씨 없는 포도를 포함하여 현재 10,000개의 포도 품종이 있는 것으로 추정된다. 씨가 없다는 것은 모체 식물의 목적(궁극적인 변화)에 부합하지는 않지만 말이다.

맛을 바꾼 식물들

식량 그 이상, 향신료

주요 작물은 문명의 발전과 밀접한 관계가 있다. 하지만 그 주요 작물이 우리를 먹여 살리고, 배고픔을 충족시켜줄 수 있을지는 몰라도, 그것만으로 맛에 대한 갈망과, 평범한 것을 특별하게 만드는 무엇인가를 충족시키지는 못한다. 이번 장에서 지금부터 살펴볼 내용은 식물과 그 생산물이 가진 이러한 부가적 특성이다.

그중 대표적인 것은 값비싸고 고급스러운 향이 나는 매력적인 향신료 사프란이다. 물론 쉽게 구할 수 있는 것인가와도 큰 관련이 있다. 어떤 사람에게는 평범한 것이 다른 사람에게는 진귀한 법이다. 인도와 향신료 제도(현재 몰루카 제도, 인도네시아 술라웨시 섬과 뉴기니 주 서쪽 끝 사이에 산재하는 제도)는 후추, 육두구, 정향의 원산지이다. 이 향신료에 대한 욕심이 무역과 일부 탐험을 위한 대항해를 불러오기도 했다. 그에 반해 부추속 식물은 텃밭에서 흔하게 볼 수 있다. 마늘, 양파, 샬롯(작은 양파), 리크(대파의 일종)는 제각각 톡 쏘는 유황 화합물을 함유하고 있다. 리크에는 대단히 섬세한 풍미가 있다. 마늘은 오늘날 슈퍼푸드의 하나이긴 하지만, 고약한 냄새 때문에 인기가 없었고 계층에 따른 뚜렷한 호불호가 있었다. 마늘을 먹으면 체력이 강화된다는 이유로 로마 노예와 군인들에게 섭생이 권장되었다.

또한 로마인들은 아스파라거스를 높이 평가했다. 아스파라거스를 재배하려고 많은 노력을 했으며 그 안에 있는 약효 성분을 중요시했다. 식사를 탄수화물과 단백질 같은 식품군으로 평가하기보다 재료가 가진 특징으로 평가하던 르네상스 시

대에 아스파라거스는 별미라 할 수 있는 맛과 소화제로서 인기가 많았다. 배추속 (Brassicas) 식물은 흔히 보잘것없는 녹색 채소로 생각되지만, 이 영양가 높은 종 및 재배 품종은 놀라울 정도로 용도가 다양하다. 오늘날 우리가 먹는 양배추의 조상(그로부터 콜리플라워, 방울양배추, 브로콜리, 콜라비가 나왔다)에는 결구가 없었고, 북유럽에서 자란 것에서 처음 결구가 나타났다. 마침내 양배추는 추운 북부의 주요 식물이 되었다. 중국에 있는 다양한 잎채소가 양배추와 같은 과에 속한다.

　　오늘날 흔히 방종과 타락의 대명사처럼 여겨지는 다양한 종류의 맥주는 문명 초기에 노동자들이 매일 먹는 주식의 일부였다. 맥주는 깨끗한 물과 칼로리의 공급원이었고 기분 좋은 취기를 제공했지만, 계속 유지되지는 않았다. 맥주를 만들 때 쓰는 홉이 향료의 하나로 추가된 것은 8세기나 9세기에 들어서였고, 그 뒤에 홉에 방부 효과가 있어 천연 방부제 역할을 한다는 사실이 밝혀졌다.

　　신대륙에서 기원했지만, 이를 들여온 국가에 필수 식재료가 되어 지금은 그들의 요리를 규정하는 맛이 된 두 가지가 있다. 중앙아메리카의 별미인 칠리 고추는 이베리아인들이 고국과 그 동쪽에 있는 식민지로 가져오자마자 확실하게 자리를 잡았다. 또한 달고 쌉싸름한 토마토는 지중해 요리의 주재료가 되면서 대적할 상대가 없었다. '러브 애플'(토마토의 별명)에 대한 초반의 의혹은 17세기부터 커다란 애정으로 바뀌었다.

왼쪽 위 19세기 초 자넷 허튼 부인이 그렸거나 수집한 후추(Piper nigrum) 수채화.

오른쪽 위 니콜라스 프랑소와 르뇨(Nicolas-Francois Regnault)와 제네비에브 드 난지스 르뇨(Genevieve de Nangis-Regnault) 부부의 〈식물학〉(1774)에 나오는 꽃이 핀 양파.

57

사프란

Crocus sativus
과시적 소비의 상징

약국에서 구할 수 있는 말린 사프란. 향신료로 쓰이는 사프란과 모든 면에서 동일하다. 실리시아 의사들은 이집트 여왕 클레오파트라에게 티 하나 없는 안색을 위해 사프란을 권했다.

> 사프란 꽃이 잎도 없이 맨 처음 땅속에서 나온다.
>
> — 존 제라드(John Gerard), 1636

사프란(*Crocus sativus*)은 작고 못생긴 알줄기로, 여기에서 섬세한 보라색 꽃과 눈에 띄게 크고, 거의 빨간색에 가까운 어두운 주황색의 암술머리가 나온다. 이 암술머리(대개는 거의 사용되지 않는 식물 부위)가 세상에서 가장 비싼 식재료 중 하나를 생산한다. 바로 사프란으로 알려진 향신료이다. 황금색 사프란이 음식, 염료, 신화, 의약품에서 존재감을 드러낸 이후 인기가 매우 높아졌다. 사프란으로 염색한 불교 신자의 법복에서부터 네로 황제를 환영하기 위해 고대 로마 거리에 뿌려진 사프란에 이르기까지 성자 및 상류층과의 연관성은 오래되었다. 통째로든 갈아서 사용하든, 사프란은 톡 쏘는 맛과 오래 지속되는 향, 강렬한 색을 가지고 있어 소량만 사용하면 된다.

원산지인 페르시아에서 사프란은 필래프와 숄라 같은 전통적인 쌀 요리를 돋보이게 만들었다. 페니키아인은 지중해 해로를 따라 사프란을 거래했으며, 멀리 스페인까지 가져갔다. 스페인에 이슬람 통치가 한창일 무렵 이슬람교도들이 사프란을 다시 들여왔다. 인도에서는 무굴 제국이 들어섰을 때 사프란 사용이 증가했다. 십자군 기사들과 독실한 순례자들이 성지(팔레스타인)에서 가지고 왔다는 설도 있는데, 그 증거는 발견되지 않았다. 어쨌든 사프란은 유럽에 도착했고, 이탈리아, 프랑스, 독일에서 재배되기 시작했다. 잉글랜드 동부 월든은 원래 양모 생산지였으나 사프란을 대규모로 생산하면서 '샤프론 월든'으로 지명 앞에 사프란이 붙게 되었다.

유럽의 중세 요리사들은 음식을 부의 과시로 이용하는 궁정 미학에서 사프란을 필수 요소로 여겼다. 귀족 가정에서는 유행이 계속 바뀌었지만, 사프란은 프로방스의 부야베스와 밀라노의 리조토에 들어가는 필수 재료로 남았다. 성 루치아 축일(12월 31일)에 만드는 스웨덴의 루세카터 빵(샛노란색의 둥근 빵)은 사프란과 식재료 진열장의 수준 높은 결합을 보여주었다. 워낙 고가이고 귀하다 보니, 불순품이 생겨났다. 잇꽃(*Carthamus tinctorius*)의 꽃 부위를 사프란의 암술머리 전체와 섞어서 사용하는 경우도 있었고, 강황(*Curcuma longa*) 뿌리 가루가 가루 향신료를 대체하기도 했다. 15세기 독일에서는 교묘한 속임수를 근절하기 위해 사형 선고가 가능할 정도로 심각한 죄로 여겼고, 화형이나 생매장의 처벌을 내릴 수 있었다.

사프란이 고가인 이유는 수확과 가공 단계에서 여전히 기계를 사용하지 않기 때문이다. 하나의 사프란에는 세 개의 꽃이 연속해서 피는데, 각각의 꽃은 귀중한 암술머리를 하나씩 가지고 있다. 암술머리는 길다란 실처럼 생긴 암술의 일부분으로, 소중한 향신료를 제공한다. 채취 시 꽃 전체를 꺾어 암술머리를 따로 분리한 후 건조시켜야 한다. 말린 사프란 약 450그램을 수확하는 데는 70,000송이의 꽃이 필요한데, 이 70,000송이의 꽃은 약 400제곱미터(약 120평)의 재배 면적을 차지한다. 꽃은 수분 함량이 최고일 때인 일몰 전에 따는 것이 가장 좋다. 세계 최대 사프란 생산국인 이란에서는 10월과 11월, 20일에 걸쳐 집중적으로 수확이 이루어진다.

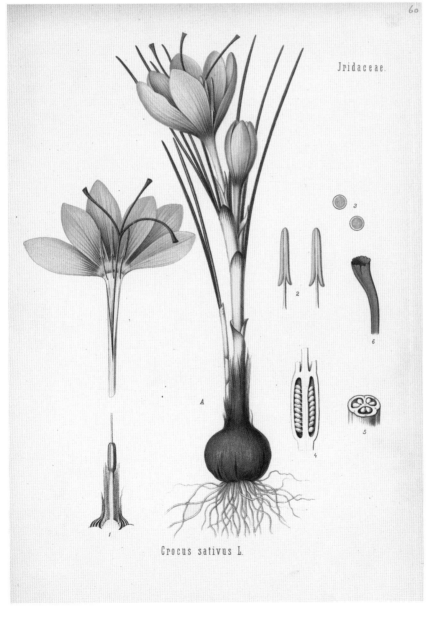

Crocus sativus L.

약제이면서 향신료이기도 한 사프란은 폐결핵으로 폐에 울혈이 생긴 경우처럼, 탁하고 비정상적인 체액을 맑게 하기 위해 처방되었다. 마찬가지로 사프란의 미묘한 특징이 다른 재료의 효과와 균형을 이룰 수 있거나 건강한 신체에서 제 기능을 하지 못하는 체액을 중화시키기 위한 처방에도 포함되었다.

Tab. XXV.

Plenck. Ic.

PIPER NIGRUM. L.
Der schwarze Pfeffer.

육두구, 정향, 후추

Myristica fragrans, Syzygium aromaticum, Piper nigrum

인도 제국의 재물

> 테르나테 섬과 티도레 섬에서 상인들이 야생의 향신료를 들여오고 있다.
> — 존 밀턴(John Milton), 1667

근대 초기 유럽에서는 향신료가 매우 중요해서 육두구와 정향의 원산지를 '향신료 제도'라 불렀다. 동쪽으로 가는 직선 항로가 발견되고 나서, 포르투갈, 스페인, 네덜란드, 영국이 이 귀중한 상품에 대한 지배권을 두고 경쟁을 벌이면서, 급기야 '향신료 전쟁'까지 일어났다. 전통적인 육로를 이용하여 향신료를 유럽으로 운송하는 것은 고대에도 어려운 일이었으며, 초기 지중해 문화에서는 계피, 육두구, 정향, 후추를 즐겼다. 하지만 운송에 많은 비용이 들었기 때문에 향신료 가격은 매우 비쌌다. 대개 처음에는 인도양의 계절풍을 이용해 아라비아 반도 항구까지 배로 수송하고, 마지막 목적지까지는 육로와 해로를 이용하는 식이었다. 육두구는 서기 1세기 로마에 있었을 것이다. 물론 당시에는 이 귀중한 향신료가 어디에서 왔는지 아무도 몰랐을 테지만 말이다.

사실 육두구나무는 오늘날 인도네시아 동쪽에 있는 군도의 일부 섬, 즉 반다 제도 또는 향신료 제도에서만 자생했다. 상록수인 육두구나무는 향신료가 열리는 식물 중에서도 독특하게 한 가지 열매와 두 가지 향신료를 생산한다. 육두구는 이 열매 속에 들어 있는 중요한 씨이며, 그보다 비싼 껍질이 씨를 얇게 둘러싸고 있다. 열매는 흔히 꿀이나 설탕물에 조려 먹었다. 황금색 열매가 주렁주렁 달린 육두구나무는 16세기에 '세상에서 가장 사랑스러운 전경'으로 묘사되기도 했다. 육두구는 동양에서 오랫동안 거래되었고, 특히 중국과 인도, 비잔틴시대 콘스탄티노플(현재 이스탄불)에서 높이 평가되었다. 육두구는 음식에 풍미를 줄 뿐 아니라, 에일(ale)에 단맛을 주고, 옷에서 상쾌한 향기가 나게 하는 데도 사용되었다. 중국에서 육두구는 약효 성분이 있는 것으로 여겨졌고, 유럽인들은 육두구가 흑사병의 하나인 선페스트를 포함한 질병을 완화해 준다고 믿었기 때문에 수요가 급증하였다.

포르투갈 항해사 바스코 다 가마(Vasco da Gama)가 15세기 후반 동양으로 가는 직선 항로를 개척한 후, 동양의 향신료를 더 쉽게 구할 수 있게 되었다. 비록 아프리카 최남단 둘레를 항해하는 거리가 육로와 해로를 포함한 고대의 다양한 향신료 경로보다 두 배나 멀지만, 바다를 통해 운송하는 것이 더 저렴했다(관세도 한 번만 지불했다). 배들은 반다 제도에 들러 육두구를 싣고, 근처 몰루카 제도의 테르나

위 후추는 큰돈이 되었다. 일기 작가 새뮤얼 피프스(Samuel Pepys)는 1665년 11월 16일 일기에서 동인도 무역선 선창에 있는 후추를 '인간이 세상에서 볼 수 있는 가장 엄청난 부'로 묘사했다. '발 딛는 모든 곳에 후추가 흩어져 있고, 정향과 육두구가 방마다 가득하여 걸으면 무릎 위까지 올라왔다'고 하니 그 냄새를 맡을 수 있을 것만 같다.

맞은편 꽃이 피고 열매가 달린 후추(*Piper nigrum*)의 줄기. 세부 묘사는 밝은 색의 잘 익은 장과, 외피가 제거된 검은색과 흰색의 말린 후추 열매를 보여 준다.

오른쪽 육두구의 꽃이 핀 잔가지. 열매, 견과, 종피 또는 가종피. 원산지인 인도네시아 반다 제도의 토양에서 육두구나무는 일 년 내내 꽃을 피우고 열매를 맺는다. 열매가 갈라져 견과를 둘러싸고 있는 선명한 다홍색의 가종피를 드러내면, 이것이 말라서 부엌에서 쓰는 익숙한 황갈색의 잘 부서지는 육두구 향신료(메이스)가 된다.

맞은편 정향나무의 향기로운 잎과 꽃. 정향은 향신료로 거래되는 피지 않은 꽃이지만, 꽃이 핀 다음 생기는 보라색 장과는 설탕에 조려서 식후 소화제로 먹을 수 있다.

테 섬과 티도레 섬에 들러 '정향'(*Syzygium aromaticum*)의 피지 않은 꽃봉오리 말린 것을 실었다. 보관이 잘된 말린 향신료를 선창에 싣는 것만으로, 그들은 엄청난 가치가 있는 화물을 가지고 돌아올 수 있었다(난파를 당하거나 해적을 만나지만 않으면 말이다). 정향은 유럽 전역에서 인기가 많았다. 음식에 풍미를 더하고 약재로 쓸 뿐 아니라 입 냄새를 없애주는 용도로 쓰였다. 의약용으로 쓰이지 않은 향신료는 아마 없을 것이다.

이 두 향신료 무역으로 올린 수익이 엄청났기 때문에 스페인에 이어 네덜란드와 영국이 독점권을 두고 포르투갈과 경쟁했다. 1602년 설립된 네덜란드 동인도회사(VOC)가 향신료 제도에서 강한 입지를 구축하기 전까지 스페인이 잠시 독점권을 가졌다. 1600년 칙허장을 받은 런던 동인도회사가 네덜란드 동인도회사를 대신하려다 미미한 성공만 거두었다. 하지만 육두구가 자생하는 지역 중 하나인 작은 런 섬(Run)이 (잠시)영국의 첫 번째 해외 영토가 되었다. 영국은 독점권을 유지하는 데 실패했고, 결국 두 나라는 네덜란드에 향신료 제도 독점권을 주기로 합의했지만, 영국은 뉴암스테르담(맨해튼과 북아메리카의 다른 네덜란드 영토를 포함)을 손에 넣게 되었다.

다음으로 영국 동인도회사는 프랑스와 포르투갈이 이미 개입되어 있는 인도에 집중했다. 인도는 국제적으로 거래되는 또 하나의 주요 향신료, 후추(*Piper nigrum*)의 원산지였다. 이 덩굴식물은 인도 남부에서 자생하는데, 현지의 소비와 아시아,

62

〈호르투스 말라바리쿠스〉에 나오는 후추. 네덜란드 동인도회사의 박물학자이자 식민지 행정관인 헨드릭 판 레이더가 고안하고 감독한 이 혁신적인 서적은 말라바르 지역에서 자라는 700개 이상의 식물을 기록하고 삽화를 담은, 사실상 아시아 최초의 식물지(誌)였다. 라틴어로 된 본문에 현지어—콘칸어, 아랍어, 말라알람어—로 쓰인 식물 이름이 추가되었다.

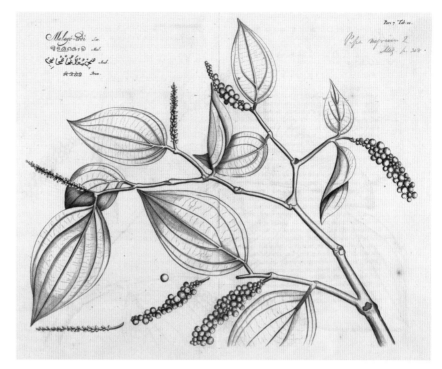

유럽 지역으로의 수출을 위해 재배되었다. 후추는 덩굴식물이므로 지지할 것이 필요하다. 야생 후추는 흔히 코코넛나무를 타고 올라갔지만, 농장에서는 기둥을 사용했다. 후추 씨는 초가을에 수확해서 말렸는데, 이 시기에 마침 계절풍이 불어 유럽으로 돌아가는 배들의 항해를 도왔다.

고대 그리스와 로마 인들은 후추를 귀하게 여겼으며, 검은 후추와 흰 후추가 있다는 것을 알고 있었다. 흰 후추는 검은 후추가 더 익었을 때 수확해서 외피를 제거한 것이다. 로마의 작가들은 자신들의 수입과 지출이 위험에 처해 있다고 불평했는데, 그들이 소비하는 다량의 후추에 대해 지불할 수 있는 유일한 수단이 금이었기 때문이다. 그리스인들은 또한 '필발'(*Piper longum*)이라고 불리는 것을 사용했다. 필발은 좀더 매운 후추과의 식물로 늘 후추보다 더 비쌌으며, 사람들은 후추와 필발이 같은 식물에서 나온 것이라고 오해했다. 인도 북서부가 원산지인 필발은 17세기까지도 유럽에서 높이 평가되었으며, 심지어 그로부터 2세기가 지난 후에도 〈비튼 부인의 고전 요리책〉(1861년)을 이용하던 요리사들은 필발을 늘 손 닿는 곳에 두었을 것이다. 필발이 서구 요리에서 설 자리를 잃게 된 것은 똑같이 맵고 유럽에서도 재배가 가능한 아메리카산 칠리 고추를 쉽게 이용할 수 있게 되면서였다.

후추는 가장 널리 거래되는 향신료로 전 세계적으로 그 수요가 엄청났던 것 같다. 심지어 중세시대에도 후추는 유럽에서 상당히 쉽게 구할 수 있었다(상당한 비용을 주고, 긴 수송 기간을 감안한다면). 메뉴에는 종종 후추가 들어 있었고, 후추의 약효 성분은 음식을 맛있게 해주는 것만큼이나 높이 평가되었다. 후추는 가래를 줄여주고, 몸을 따뜻하게 하며, 위장에 가스가 차는 것을 다스려준다고 여겼다.

세 향신료의 생산 통제가 운송과 무역만큼이나 중요해졌다. 네덜란드인들은 자신들의 독점권을 유지하기 위해 어느 한 순간 런 섬의 육두구나무 전체를 파괴해 버릴 정도로 향신료 제도에서 무자비한 행태를 보였고, 불행히도 그로 인해 유전적 다양성이 감소되었다. 식물 스파이는 세계적으로 오래된 관행으로, 육두구와 정향이 다른 곳에 이식되기 위해 원산지에서 밀반출되었다. 후추는 서력 기원이 시작되기 전 이미 인도에서 인도네시아로 수출되었는데, 이것은 동양으로 가는 항로가 구축된 후, 유럽의 배들이 육두구와 정향이 담긴 위탁물에 후추를 추가할 수 있다는 것을 의미했다.

육두구, 정향, 후추 모두 따뜻한 기후가 필요하지만, 세계화와 높은 수요 덕분에 많은 나라에서 상업용으로 재배되고 있다. 하나의 향신료를 더 많은 나라에서 재배할수록, 그 향신료의 생산을 통제하는 열강의 수는 더 많아지며, 세계 시장에서의 가격을 규제하기는 더 어려워진다. 서인도 제도의 그레나다는 육두구 생산에서 인도네시아와 라이벌 관계였으며, 인도뿐 아니라 말레이시아와 브라질에도 후추 농장이 있다. 정향은 20세기에 동아프리카의 잔지바르에 유입되었지만 진균병이 그 지역의 정향 산업에 커다란 타격을 주었고, 그 결과 정향의 원산지인 인도네시아는 소비국뿐 아니라 주요 생산국이 되었다. 인도네시아에서는 정향 가루를 담배 잎에 섞는다.

위 육두구와 정향을 구슬처럼 사용한 천연 목걸이. 큐 왕립식물원 실용식물 컬렉션이 보유한 다양한 소장품의 일부.

왼쪽 육두구(*Myristica fragrans*)의 잎, 꽃, 열매. 남태평양의 몰루카 제도와 반다 제도가 원산지인 이 육두구를 마리안느 노스(Marianne North)가 자메이카에서 그렸다. 서인도 제도의 섬 가운데, 그레나다(향신료의 섬)는 태풍 이반(2004)이 섬의 농장들을 파괴하기 전까지 (인도네시아 다음으로)육두구의 주요 생산지였다.

고추

Capsicum spp.
매운 것이 좋아!

카프시쿰 바카툼(*Capsicum baccatum*)은 페루부터 브라질에 걸쳐 자생하고 있지만, 아마도 볼리비아에서 작물화되었을 것이다. '아히'라는 이름으로 알려진 남아메리카에서는 이것의 재배 품종들이 가진 은은한 향과 독특한 풍미가 높이 평가된다.

> [아즈텍 문명에는] 칠리라는 이름으로 불리며 조미료로 쓰이는 고추와 비슷한 식물이 하나 있는데, 사람들은 칠리 없이는 아무것도 먹지 않는다.
> – '무명의 정복자', 〈뉴스페인의 문물에 관한 이야기〉, 16세기

중간 크기의 관목 카프시쿰 아눔(*Capsicum annuum*)은 타바스코 소스에 사용되는 칠리 고추(chilli)로, 심지어 그보다 더 매운 카프시쿰 프루테센스(*C. frutescens*)의 열매만큼 사람을 한 방에 훅 보낼 수 있는 식물은 거의 없다. 이 고추의 매운맛은 '캡사이신'이라 불리는 알칼로이드에서 나오는데, 다른 알칼로이드가 그렇듯, 포식자로부터 스스로를 보호하기 위해 진화한 것 같다. 알칼로이드는 씨 주변에 주로 집중되어 있기 때문에 고추의 중심부와 씨를 제거하면 매운맛이 많이 감소한다. 캡사이신은 물에 녹지 않으므로 물을 마셔도 매운 느낌이 줄어들지 않는다.

카프시쿰 아눔은 중앙아메리카 야생에서 발견되었으며 아즈텍인들에게 사랑받았다. 밀파 밭에서 나는 채소로 만든 스튜에 넣으면 맛이 더 좋았으며, 초콜릿에도 넣었다. 칠리(아즈텍 언어인 나와틀어에서 유래)는 기원전 7,000년경 이미 야생에서 채집되었으며 기원전 4,000년 무렵에 재배되었다. 스페인 정복 시대에 이르러 칠리는 크기, 모양, 색깔, 매운 정도가 다양해졌으며, 북아메리카와 카리브해 섬까지 확산되었다. 콜럼버스는 신대륙에 처음 도착했을 때 칠리를 보았다. 산토도밍고에 살던 타이노족의 칠리 사용법을 본 콜럼버스는 칠리가 동인도 제도의 후추이며 자신이 동인도 제도로 가는 서쪽 경로를 발견했다는 잘못된 믿음을 확고히 했다. 고추(chilli pepper)와 후추(black pepper)는 서로 관련이 없음에도, 'pepper'라는 단어는 카프시쿰, 그중에서도 크고 단맛이 나는 품종의 속명으로 자리잡았다.

콜럼버스와 함께 항해한 의사 디에고 알바레즈 찬카(Diego Alvarez Chanca)가 칠리를 가지고 스페인으로 돌아가자, 곧바로 인기를 얻었다. 스페인에서 칠리를 재배하기 쉽다는 것이 드러나자 후추 거래로 수익을 올리던 상인들은 불안했다. 유럽 선원들은 이 맛의 신세계를 아시아, 아프리카, 브라질로 전파했다. 칠리는 곧바로 인도 요리에서 매우 중요해졌다. 르네상스 시대 식물학자 레온하르트 훅스(Leonhart Fuchs)는 칠리의 원산지가 인도라고 추정했을 정도다. 칠리는 약으로도 평가되었다. 칠리는 후추와 마찬가지로 뜨겁고 건조한 성질이 있어 차갑고 습한 질병에 효과적이라고 여겼다. 하지만 칠리가 실제로 치료학의 중심에 있었던 적은 없으며, 주요 생산국인 멕시코와 인도에서 오늘날 재배되는 칠리는 조미료의 역할을

ALBUM BENARY.
Tab. XVII.
gr. nat.

Ad nat. pict in horto Benary.

Chromolith par O Jevanzyne Bruxelles

ERNST BENARY ERFURT.

다양한 모양, 크기, 색깔로 재배된 고추. 고추의 '매운 정도'는 1912년 미국의 약사 윌버 스코빌(Wilbur Scoville)이 고안한 스코빌 지수(Scoville Heat Unit)로 측정된다. 캡사이신이 함유되지 않은 피망의 스코빌 지수는 0 SHU이며, 길고 빨간 카이엔 고추의 지수는 30,000∼50,000 SHU이다. 이러한 차이는 품종의 유전적 특징과 고추가 재배되는 환경과의 상호작용을 나타낸다.

할 뿐이다. 현재 12가지 이상의 주요 품종이 있으며 풍미와 매운 정도의 차이가 크다. 오늘날 대부분의 품종은 카프시쿰 아눔에서 파생되었으며, 카프시쿰 프루테센스의 씨는 고춧가루를 만들 때 사용된다. 파프리카는 헝가리 요리의 기본이며 매운 정도와 단맛의 차이가 다양하다. 이러한 종들 외에 다른 종들도 지역적으로 중요하여, 가령 카프시쿰 치넨세(*C.chinense*)는 서인도 제도에서 인기가 많다. 이름에서 연상되는 것과 달리 치넨세는 중국산이 아니며, 가장 많은 종인 아눔(*annuum*)은 일년생(annual)이 아니다. 식물학자 린네(Carl von Linné)가 18세기에 이름을 붙이면서 유럽식으로 지은 것이었다. 열대 국가에서 카프시쿰 종은 다년생 식물이다.

마늘, 양파, 샬롯, 리크

Allium spp.
지옥불과 유황?

> 그리고 친애하는 배우들이여, 양파나 마늘을 먹지 말라,
> 우리는 달콤한 숨을 쉬어야 하니까.
> – 윌리엄 셰익스피어, 〈한여름 밤의 꿈〉 4막 2장

맞은편 껍질 색깔, 모양, 수확기로 특징 지어지는 유럽산 양파(*Allium cepa*)의 다양한 품종.

주방에서 쓰는 익숙한 부추속 식물을 먹어보면 그 맛은 독특하다. 양파(*Allium cepa* var. *cepa*), 샬롯(*A. cepa* var. *aggregatum*; *A. oschaninii*), 리크(*A. porrum*)는 눈물을 흘리게 하고, 마늘(*A. sativum*)과 더불어 오랫동안 입에서, 땀에서, 소변에서 냄새가 나게 한다. 잘 알려진 이러한 냄새의 원인은 부추속에 속하는 800개 이상의 종에서 발견되는 고농도의 유기 유황 화합물 때문이다. 유황은 지옥불의 고대 버전으로, 부추속 식물의 강력한 특징을 환기시키는 데 제격이다.

손상되지 않은 식물 조직에서 유황은 안정적인 화합물(cysteine sulphoxides)로 결합되어 있다. 하지만 식물이 잘리거나 씹혀 세포들이 위태롭게 되면 이 화합물은 휘발성(주로 티오설피네이트)이 되고, 유황은 알리이나아제(alliinase)라고 불리는 효소와 만난다. 우리를 눈물 흘리게 하는 양파의 경우, 휘발성 유황이 눈물 속에서 용해되어 황산이 된다. 이 과정은 부추속 식물이 포식자로부터 스스로를 보호하기 위해 진화한 것이었다. 눈물이 나는 건 싫지만, 생으로 먹을 때의 톡 쏘는 듯한 얼얼한 맛과 조리된 부추속 식물의 달고 부드러운 풍미는 애피타이저 채소와 요리를 풍성하게 하는 양념으로 천 년간 사랑받아왔다.

부추속은 북반구 식물이다(단 두 개의 종만 남반구를 원산지로 한다). 건조한 아열대에서 북극권 바로 아래에 이르기까지 널리 분포되어 있는 이 식용작물의 다양성은 사람들에게 수많은 가능성을 주었다. 수많은 부추속 식물이 지중해 연안에서부터 중앙아시아, 아프가니스탄, 파키스탄에 걸쳐 집중되어 있는데, 주로 재배되는 원예 품종들의 원산지도 이 지역으로 추정된다. 동아시아는 일본 양파(*A. fistulosum*)와 중국 부추(*A. ramosum*)를 포함한 일부 재배 품종의 생산지이기도 했다.

양파는 중앙아시아에서 경작된 것으로 알려져 있지만, 현재 알려진 야생 품종은 없다. 리크는 지중해 동부와 서아시아 지역에서 온 것으로 추정된다. 이집트 파(*A. kurrat*)는 기원전 3,000~2,000년경 잎을 목적으로 경작되었으며, 줄기처럼 생긴 리크(*A. porrum*)가 그 뒤를 이었다. 중앙아시아에서 마늘 재배의 역사는 기원전 3,000년경으로 거슬러 올라간다. 그 당시 유목민족이 메소포타미아와 인도로 마늘을 가지고 갔던 것으로 보인다. 양파와 마찬가지로 마른 구근이 옮기기도 쉽고

pot. in horto. Benary.

Chromolith. G.Severeyns. Bruxelles.

ERNST BENARY, ERFURT.

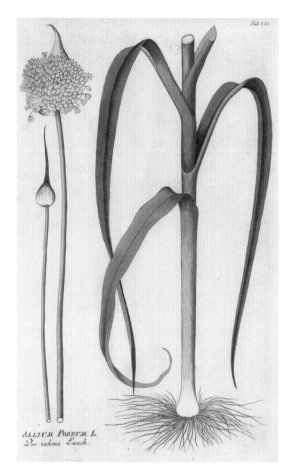

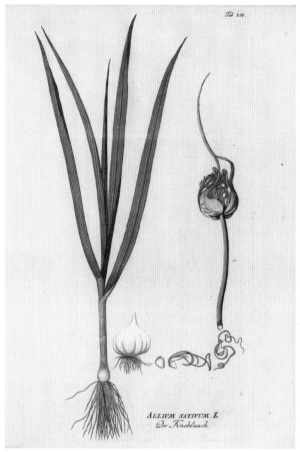

심기에도 간단했을 것이다. 마늘조각은 하나씩 땅속에 바로 심을 수 있었다.

이집트인들은 겹겹이 쌓인 양파 구근을 그들이 생각하는 우주의 동심구에 비유했다. 이들이 미이라의 몸 속 빈 공간에 양파를 채우고, 양파를 제단에 바치고, 양파에 대고 맹세를 한 이유도 그 때문이었을 것이다. 부추속 식물에 대한 이집트인들의 풍습은 향후 이집트 음식 역사의 많은 부분을 예측할 수 있게 한다. 마늘, 양파, 리크는 이집트 노동자들이 먹는 주식의 일부였다. 성경에 따르면, 이스라엘 민족이 이집트의 속박으로부터 벗어나 모세의 지도 아래 황야를 통과하는 동안 더 이상 부추속 식물을 먹을 수 없다는 사실에 슬퍼했다고 한다. 하위 계층도 부추속 식물을 소비하는 데 제약은 없었지만, 이집트 신전에서는 입에서 마늘 냄새가 나면 사제의 명령에 따라 밖으로 나가야 했다고 한다. 부추속, 그중에서도 특히 마늘은 맛도 있지만 심한 냄새도 났다.

그리스와 로마 인 역시 체력을 강화시키는 식품으로서 마늘을 높이 평가했다. 그런 이유로 마늘은 활력과 체력이 필요한 노동자, 운동선수, 선원, 군인들의 일상 식품이 되었다. 같은 이유로 투계장으로 들어가기 전 싸움닭에게도 마늘을 먹였다. 마늘은 다양한 질병의 약으로서 내복용과 외용으로 널리 이용되었다. 이는 마늘이 가진 어느 정도 명백한 항균성 때문이었다. 물론 당시에는 이런 식으로 생각하지 않았을 테지만 말이다. 마늘은 쉽게 구할 수 있고, 값싸고, 용도가 다양했기 때문에, 고대 그리스의 의학자 갈레노스는 마늘을 두고 '빈곤층의 만병통치약'(theriaca rusticorum)이라고 불렀으며, 이 명칭은 갈레노스의 사상체질설만큼이나 오래 지속되었다.

이집트인과 마찬가지로, 그리스인과 로마인들도 불쾌한 입 냄새를 걱정했으며, 이 걱정에 신들도 동참했다. 고대의 지모신 키벨레는 입에서 마늘 냄새가 나는 사람을 자신의 신전에 들이지 않았다. 힌두교의 사제 계급인 브라만 역시 마늘을 피했다. 지나치게 자극적인 마늘 냄새가 경건한 명상을 방해하기도 했고, 마늘을 먹는 하위 계급으로 보일까 염려하기도 했다.

로마인들은 요리에 사용하는 부추속 식물을 유럽의 다른 지역으로 가져가 그곳에서 야생으로 자라는 부추(A. schoenoprasum)와 교배했다. 그렇게 해서 나온 재배 품종은 이후 수도원과 약초 재배원에서 재배되었다. 상류층 문화에서 부추속 식물의 인기 — 부추속 식물에 대한 레시피는 요리책에 훨씬 전부터 등장한다 — 는 냄새에 대한 걱정과 소화 도중 가끔씩 발생하는 속쓰림에 대한 우려로 다시 한 번 하락했다. 언제나 마늘이 주범이었다. 17세기 일기 작가 존 이블린(John Evelyn)에 의하면, 여성 또는 여성에게 구애하는 이들은 마늘을 거의 먹지 않았다. 마늘조각 하나로 접시 둘레를 가볍게 문지르거나 좀더 안전하고 자극적이지 않은 양파를 대신 먹는 식이었다. 서민은 까다롭게 굴 처지가 못 되었지만, 어쩌면 최후의 승자는 이들이었다.

마늘과 양파를 많이 사용하는 지중해 식단은 맛도 있으면서 건강에 좋다는 것이 드러났다. 부추속 식물은 탄수화물과 당류를 함유하는데, 당류는 양파 수프나 적양파 마멀레이드의 맛있는 단맛을 낸다. 단당류 외에도, 양파, 마늘, 샬롯, 리크는 비교적 많은 양의 복합탄수화물(프락토올리고당)을 함유한다. 소장에서는 소화가 잘 안 되는(인체의 필수 효소 부족으로) 복합탄수화물은 결장으로 가서 건강한 장 박테리아에 의해 발효된다. 복합탄수화물은 유해한 장 박테리아가 손상되도록 함으로써 생균제로서의 기능을 한다. 혈전 생성을 방지하고, 당뇨를 다스리고, 암을 예방하는 잠재력 외에도, 부추속 식물은 톡 쏘는 맛의 껍질층 안에 많은 것을 가지고 있다.

맞은편 왼쪽과 오른쪽 조셉 제이콥 플렌크(Joseph Jacob Plenck)의 〈약용 식물 도감〉에 나오는 리크와 마늘. 오스트리아의 의사이자 피부과 전문의 플렌크는 약용 식물의 멋진 삽화가 들어간 일곱 권의 책을 편찬했다(1788~92). 여덟 번째 책은 그의 사후에 나왔다. 우리에게 익숙한 이 요리용 채소들이 책에 있는 모습에서 우리는 두 범주(요리용과 약용) 사이에 겹치는 부분과 이 채소들이 약용으로 쓰인 긴 역사를 떠올리게 된다.

배추

Brassica spp.
녹색 채소를 먹자

> '시간이 되었으니,' 바다코끼리가 말했다, '많은 것들을 이야기해보자.
> 신발과 배와 봉랍에 대해
> 양배추와 왕에 대해……'
> — 루이스 캐럴(Lewis Carroll), 1872

남루한 모습의 배추속(*Brassica*) 식물은 대가족이다. 우리는 양배추와 케일의 무성한 잎뿐 아니라 브로콜리, 콜리플라워, 방울 양배추, 콜라비(*Brassica oleracea*의 모든 품종)의 다른 부위, 순무와 유채(*B. rapa* subsp. *rapa*, *B. napus* subsp. *rapifera*)의 뿌리까지 활용한다. 하지만 이 채소들 모두 우리의 마음을 끌지 못한다. 익숙한 것은 소중히 여기지 않는 법인가 보다. 배추속 식물은 흔히 쓴 맛이 나고, 요리할 때 유황 냄새가 나며, 위장에 가스가 차게 한다. 하지만 독일인들은 전통음식인 사우어크라우트(양배추 절임)를 즐기며, 러시아의 시치(양배추 수프)는 국민 음식이다. 네덜란드의 양배추 샐러드인 콜슬로는 이제 미국의 패스트푸드와 늘 함께한다. 동아시아에서 배추속은 높이 평가된다. 배추김치는 한국인들의 식사에 필수 식단이며, 최근 몇년간 중국의 수많은 잎채소와 청경채가 웍과 함께 서구의 주방으로 이동했다. 배추속의 종자인 겨자(*B. nigra*)는 지중해 지역에서 오랫동안 사용한 조미료이다. 오늘날 개량된 유채(*B. napus* subsp. *oleifera*)는 세계에서 가장 중요한 유지작물의 하나로 그 찌꺼기는 동물 사료로 많이 이용된다. 독특한 맛과 함께 배추속식물을 규정할 수 있는 것은 풍부한 다양성이다. 독특하게도, 배추속 식물의 모든 부위는 선사시대 수렵 채집 시절부터 산업형 농업에 이르기까지 시간이 흐르면서 계속 사용하기 편하게 개량되어 왔다.

배추속이 작물화된 이래 수차례 이용되었던 다양성, 즉 변이가 나타나는 성질은 배추속이 가진 게놈의 복잡한 역사 때문이다. 오늘날 배추속의 초기 조상이 나타난 이후 2천만 년 동안 일련의 교배 또는 유전자 복제를 통해 염색체 수가 증가하게 되었다. 그리고 5백만 년 전쯤 배추속은 네 개의 복제종을 가지게 되었다. 약 4백만 년 전 여러 가지 종의 배추속(먹을 수 있는 양배추, 유채, 겨자 포함)이 공통 조상에서 갈라져 나왔다. 이 종 구성원 간의 마지막 자연 교배가 겨우 2,000년 전에 일어났다. 당시 엄청난 양의 게놈을 가진 유지식물이 이 자연 교배에 포함되었다.

유채를 처음 재배하게 된 이유는 잎과 통통한 뿌리를 사용할 수 있음에도 불구하고, 지방성 종자 때문이었다. 기원전 2,000년경부터 지중해에서 인도에 이르

맞은편 〈베나리 화집〉(1879)에 수록된 관상용이지만 먹어도 전혀 손색 없는 케일 품종들(느슨하게 벌어진 결구를 가진). 가운데 있는 야자수같이 생긴 종은 '카볼로 네로'라는 이름으로도 알려져 있으며, 원예사들 간에 직접 거래되는 품종으로 다시 유행하게 되었다.

아래 유채 밭이 농촌을 밝은 노란색으로 물들인다. 식용으로 재배되는 품종은 에루크산과 쓴맛이 나는 글루코시놀레이트를 소량 함유하고 있다. 예전에 유채씨 기름은 증기기관의 중요한 윤활유였다. 알맞게 변형시키면, 친환경적인 자동차 엔진 윤활유로 사용할 수 있을 것이다.

는 광범위한 지역에서 배추속을 의도적으로 경작했으며, 당시 배추속 식물은 곡물을 위해 준비된 땅에 핀 잡초처럼 보였다. 기름(지방성 종자)이 먼저 나왔고 다음으로 브라시카 올레라케아(B. oleracea)의 잎이 나왔다. 야생 배추속은 유럽의 대서양 연안과 지중해 연안이 원산지였다. 초기에 재배된 배추속 식물은 현대의 케일과 비슷했고, 결구의 모양이 뚜렷하지 않았으며, 켈트족, 그리스인, 로마인, 이집트인 등이 즐겨 먹었다.

양배추는 약용 식물로 높이 평가되었다. 기원전 2세기 고대 로마의 정치가, 대 가토(Cato the Elder)가 쓴 글에 따르면, 심지어 양배추를 먹은 사람의 소변도 피부에 바를 경우 의약품에 속했다. 로마인들은 자신들이 재배한 줄기가 있는 원예 품종을 정복지에 가져갔다. 하지만 하트 모양이 될 정도로 줄기 주변을 잎들이 빽빽하게 둘러싸고 있는 결구가 촘촘한 양배추는 북유럽에서 개발되었다. 로마의 플리니우스가 서기 1세기에 이 양배추에 관해 글을 쓰긴 했지만, 아마 먹지는 않았을 것이다. 양배추는 더운 기후에서는 잘 자라지 않으며 중세 이전에는 유럽에 널리 퍼지지 않았기 때문이다.

사람들이 배추속 식물의 다양한 부위를 변형시키고 이 식물이 가진 고유의 변이성을 활용하기 시작하면서, 원예 품종과 야생종 간의 이종 교배가 어쩔 수 없이 계속되었다. 브로콜리는 시칠리아 칼라브리아 종을 매개로 이탈리아 남부에서 콜리플라워를 탄생시켰다. 사이프러스가 원산지일 가능성도 제기되고는 있다. 두 품종은 배추속 식물에서 꽃을 피우는 조직이 영양분(꽃을 위해 사용될)이 풍부한 새싹 단계에서 성장을 멈추는 것을 활용한다. 콜라비의 통통한 줄기는 16세기 독일에서 처음 기록되었다. 13세기의 역사 기록에 보면 도시 브뤼셀과 이름이 같은 방울 양배추(Brussels sprout)에 관한 암시도 있다. 맛에 있어서 아마도 가장 호불호가 갈리는 배추속 식물인 방울 양배추는 15세기 부르고뉴 궁정의 결혼 피로연 메뉴에 있었다는 설이 있으며, 19세기 생(그리고 절인) 양배추 요리가 이미 인기 있었던 일부 유럽 국가에서 크리스마스 만찬의 필수 식재료가 되었다. 겨울 축제에서 방울 양배추가 하는 역할은 이 녹색 채소가 한 해의 가장 추운 시기를 견딜 수 있다는 것을 상기시켜주는 것이었다.

오늘날의 명성에 반해, 배추속은 중국 북부의 초기 농업에서 가장 중요한 잎채소가 아니었다. 그 역할에 충실했던 것은 식물성 기름이 부족한 대신 끈끈한 점액질을 분비하는 다년생 식물, 당아욱(Malva sylvestris)이었다. 기름 추출 기술이 발달하면서 당아욱은 잊혀졌지만, 일 년 내내 식량이 될 수 있었던 배추속은 재배 품종이 늘어나면서 동아시아로 확산되었고, 그 지역의 품종들과 교배되었다.

맛이 쓰다는 것은 흔히 식물에 독성 물질이 있다는 것을 나타낸다. 고대의 인류가 불을 이용해 요리를 하기 전에 했던 것만큼은 물론 아닐 테지만, 우리의 미뢰는 이 독성 물질을 감지한다. 배추속을

초창기 진한 붉은색의 에르푸르트 양배추. 독일 중부 튀링겐 분지에 있는 에르푸르트는 채소 재배에 있어 오랜 역사를 가진 것으로 유명하다.

HERB. HORT. KEW.

The Wild Flora of Kew Gardens

Name: Brassica nigra (L.) W.D.J.Koch

Vern. name: Black Mustard

Location: North Arboretum: outside Wing A of the Herbarium (zone 113)

Notes: Grown from spillage from a birdfeeder.

Date: 19 May 2011

Collector: T.A. Cope   **No.:** RBG 480

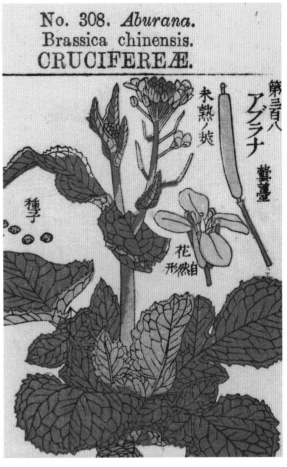

No. 308. *Aburana.*
Brassica chinensis.
CRUCIFEREÆ.

싫어하는 사람들이 그 이유로 드는 것은 여전히 쓴 맛이다. 배추속에는 유황을 함유한 글루코시놀레이트가 풍부하다. 이 식물의 조직이 절단, 요리, 인간의 장내에 존재하는 정상균총과의 상호작용에 의해 손상될 경우, 효소가 조직을 분해하면서 휘발성 유황이 방출되고(그래서 냄새가 나는 것이다), 겨자씨 오일 또는 이소티오시아네이트가 생성된다. 이것이 초식자로 하여금 배추속 식물을 포기하게 만들고 매운 맛을 내게 한다. 이 물질은 또한 현재 연구 중에 있는 암을 예방하는 성질의 원인일지도 모른다. 역시 엄마들이 언제나 옳았다. 우리는 녹색 채소를 많이 먹어야 한다.

왼쪽 위 흑겨자씨(*Brassica nigra*)의 식물 표본. 유럽과 아시아에서 조미료로 사용되었던 흑겨자씨는 인더스 문명에서 무게를 재는 데 사용되기도 했다.

오른쪽 위 《일본의 유용한 식물》(1895)에 나오는 유채(*Brassica chinensis*). 일본농업협회가 펴낸 이 책은 요리와 전등에 유채씨 기름을 사용하는 방법뿐 아니라 꽃봉오리와 잎을 삶거나 소금에 절일 수 있다는 것을 알려주고 있다.

아스파라거스

Asparagus officinalis

고금의 별미

> 모든 원예 식물 중에서 아스파라거스는 가장 세심한 주의가 필요한 식물이다.
> – 플리니우스, 서기 1세기

존 제라드의 〈약초〉(1633) 삽화 판본에 수록된 아스파라거스. 야생이나 경작된 홉과 같이 다른 사료 식물의 덜 자란 줄기도 먹었지만 아스파라거스는 오랫동안 이상적인 봄의 시작으로 여겨졌다.

아스파라거스는 처음 텃밭에 들어온 이래로 계속 별미 식물이었다. 다년생인 아스파라거스는 제철이 되면 매일 손으로 채취해야 한다. 각각의 아스파라거스는 수확할 수 있는 기간이 8주이며 그전에 아무런 방해 없이 자라야 한다. 모판이 자리를 잡는 데는 3~4년이 걸리며, 그동안은 수확량이 거의 없다. 최대 20년간 생산성을 유지할 수 있고, 품종에 따라 초록색이나 보라색 줄기가 나온다(흰색은 흙을 덮어주는 북주기를 통해 나온다). 하지만 아스파라거스는 토지를 많이 차지하고, 비옥한 토양을 좋아하며, 정기적으로 거름주기를 해야 잘 자란다. 지표면을 손상시키지 않도록 조심스럽게 잡초도 제거해야 한다.

로마의 대 가토는 저서 〈농업에 관하여〉(기원전 160년)에서 아스파라거스 경작에 관해 비슷한 조언을 했다. 하지만 노동집약적 재배 특징에 대해서는 신경 쓰지 않았다. 어차피 그의 조언은 노예들이 경작하는 토지가 대상이었다. 아스파라거스 재배와 소비는 사치스러운 일이었다. 저서 부록에 아스파라거스를 포함시킨 대 가토는 새로 수입된 작물을 로마의 텃밭에 추가했을 것이다. 아스파라거스 경작이 어디에서 시작되었는지는 불분명하다. 아마도 지중해 동부나 소아시아에서, 야생 아스파라거스 채집가들이 당시 매년 봄에 순을 잘라주려고 돌아올 때마다 아스파라거스 수확량이 증가했다는 것을 눈치챘을 것이다. 아스파라거스는 새순을 뜻하는 페르시아어 '아스파라그'(asparag)에서 파생된 단어이다. 플리니우스는 야생 아스파라거스(*A. acutifolius*)를 쉽게 찾을 수 있다고 반색했다. 어떤 이들은 가느다란 야생 순이 통통한 원예 작물보다 품질이 좋으며 맛은 더 강하다고 여겼다.

텃밭의 아스파라거스는 로마제국 몰락 이후 사라진 듯 했지만, 이슬람교도들이 지배하는 영토와 수도원의 약초 재배원에서도 계속 재배되었다. 아스파라거스를 끓인 물은 최음제로 쓰이기도 했지만, 가장 많이 사용된 것은 씨앗과 뿌리였다. 뿌리를 달인 물은 이뇨제로 쓰였는데, 곤란한 문제를 일으켰다. 16세기 이탈리아의 알렉산드로 페트로니오(Alessandro Petronio)는 아스파라거스가 몸속에서 부패하기 때문에 소변에서 악취가 나게 한다고 추론했다. 당시 사람들은 그 말을 믿었지만 아스파라거스의 인기는 커져갔다. 루이 14세는 베르사유 궁전에 있는 아스파라거스를 지켰으며, 새뮤얼 피프스는 자신이 '참새풀'이라고 부르던 아스파라거스

Sparagus.

Eliz. Blackwell delin. sculp. et Pinx.

1. The Grafs.
2. Flower.
3. Flower separate.
4. Berry.
5. Seed.

Asparagus.

를 먹고 수확하는 것에 대해 기록했다. 냄새가 나는 원인은 황화합물인 아스파라긴산의 분해 때문일지 모른다. 하지만 냄새가 날 정도로 아스파라긴산을 분해하는 사람도, 그 냄새를 감지할 수 있는 사람도 극소수다. 냉동 항공수송 시대가 오기 전, 생 아스파라거스는 단거리 수송만 가능했다. 순의 상태와 맛이 빨리 상하기 때문이다. 수세기에 걸쳐 우리를 감질나게 했던 아스파라거스의 풍미가 가진 매력과 복합성은 '감칠맛' 덕분이다. 동아시아에서는 오래전부터 알려진 감칠맛은 단맛, 신맛, 짠맛, 쓴맛과 함께 최근 더 일반화되고 있다. 1912년 일본인 화학자 이케다 기쿠나에가 청중들에게 '아스파라거스, 토마토, 치즈 또는 고기'가 가진 풍미의 공통점이 바로 감칠맛이라고 밝혔다. 이케다는 감칠맛을 아미노산 글루탐산으로 정의했으며, 아스파라거스는 비교적 많은 양의 글루탐산을 함유한다.

아스파라거스의 식물체, 꽃, 장과, 씨. 엘리자베스 블랙웰(Elizabeth Blackwell)이 〈특이한 약초〉(1737-38/39)에서 직접 그림을 그리고, 동판에 새기고, 채색하고, 출간한 500개의 삽화 중 하나. 블랙웰은 출판인인 남편을 채무자 감옥에서 꺼내기 위해 이 방대한 작업을 수행했다. 런던 첼시 약초 재배원에서 실물을 보고 그린 것이다.

홉

Humulus lupulus
맥주의 쓴맛

> 홉은 그것이 올라타는 기둥, 횃대, 그 밖의 다른 것들을 받아들이고 의지함으로써
> 무성하게 자란다. 꽃이 무리 지어 늘어진다. 강렬한 향기를 내며…….
> ― 존 제라드(John Gerard), 1636

홉의 원산지는 유럽에서 중앙아시아를 거쳐 멀리 알타이산맥까지 뻗어 있다. 다
년생 초본 식물인 홉은 매년 봄 커다란 땅속 뿌리줄기에서 새싹이 자란다. 플리니
우스가 서기 1세기 〈자연사〉를 썼던 시대에 홉의 부드러운 끝부분과 어린 잎을 먹
었다고 전해지며, 유럽 일부 지역에서는 지금도 홉의 싹을 별미로 먹는다.

　홉은 의료용으로 사용된 오랜 역사를 가지고 있으며, 이 용도는 특히 꽃차례나
암식물의 '구과'(솔방울과)에서 발견되는 쓴맛과 관련 있다(홉은 암수딴몸으로 암수 식물
이 분리되어 있다). 구과는 포엽으로 이루어져 있으며, 각각의 기저에는 쓴맛을 내는
산성 물질 후물론과 루풀론을 생성하는 분비선이 있다. 홉으로 만든 약제는 탁하
고 건강하지 않은 체액을 제거함으로써 몸을 깨끗하게 해주고 혈액순환을 개선해
주는 것으로 알려졌다. 하지만 홉은 우울증을 초래한다고도 여겨졌다.

　홉이 언제, 어떻게, 처음 양조에 사용되었는지는 알려져 있지 않다. 홉을 맥아
즙에 첨가하여 그 혼합물을 발효 전에 끓이면 살균된다. 열로 인해 홉에서 곡물의
단백질에 반응하는 산성 성분이 배출되어 양조 맥주를 깨끗하게 해주고 지속적인
향균 효과로 맥주 오염을 막아준다. 꼭 강한 홉 맛을 바라지 않더라도 소량의 홉
을 모든 상업용 맥주에 첨가하는 이유는 바로 이러한 목적 때문이었다.

　홉이 들어간 맥주 품질을 유지할 수 있다는 것은 양조업이 지역 사업에서 성
공적인 무역업이 될 수 있다는 의미였다. 13세기 무렵 독일 브레멘 지역은 플랑드
르, 네덜란드와 함께 수출 사업이 활발했다. 14세기 무렵, 일부 사람들이 직접 양
조업을 시작하기 전까지, 잉글랜드에서 홉 맥주 수입은 대개 독일계와 네덜란드계
사람들을 위해서였다. 헨리 8세는 홉 맥주를 좋아하지 않았지만 후에 튜더 왕조는
홉 생산을 장려했다. 이들의 목적은 육군과 해군에 식량을 공급하는 것이었는데,
홉 맥주는 깨끗하게 유지하고 휴대할 수 있는 음료수였다. 1620년대 후반 대서양
횡단 이후 메이플라워호의 상황이 악화되면서, 청교도들이 항해를 계속하지 않고
뉴플리머스에 정착하기로 결정한 이유 중에 하나도 맥주 부족이었다고 한다.

　북아메리카는 자체의 홉 품종(*Humulus lupulus* var. *lupuloides*)을 가지고 있었지
만, 유럽산 홉이 1630년경 이곳에 도착했다. 이 수출은 제국과 정착민 프로젝트의

HUMULUS LUPULUS.
Der gemeine Hopfen.

일반적인 홉의 서식지는 오리나무와 참나무가 서식하는 습지였다. 지금으로부터 약 6,000년 전, 기후변화와 인류 변화가 일어난 후, 줄어 드는 삼림지의 가장자리, 늪 바닥, 우연히 생긴 울타리에서 홉이 무성하게 자라면서 야생에서 식량을 구하기가 쉬워졌다.

일환으로 주요 작물을 재배하려는 비슷한 시도 다음에 왔다. 18세기부터 영국에서 수출되던 원래의 인디아 페일 에일은 긴 항해와 열대 기온에서의 추가 숙성으로 특별한 맛을 갖게 되었다. 19세기 후반에는 파키스탄 라왈핀디의 무레 양조장에 있는 사업가들과 카슈미르와 히마찰프라데시에서 홉 재배를 희망하는 사람들이 자신들의 홉과 관련한 도움을 받기 위해 큐 왕립식물원과 접촉하였다.

적당량의 맥주는 숙면에 도움을 주지만, 음주를 선호하지 않는다면 홉으로 만든 베개가 같은 효과를 준다고 알려져 있다.

토마토

Humulus lupulus
러브 애플

커티스 식물학 잡지(1828)에 수록된 야생 토마토(*Solanum peruvianum*). '커다란 꽃이 핀 토마토'는 페루와 칠레가 원산지이다. 솔라눔 리코페르시쿰(*S. lycopersicum*)과 자연 교배하지 않더라도, 유전자 기술 덕분에 연구자들은 이 야생 토마토 동류가 가진 질병과 기생충에 대한 내성을 이용할 수 있다.

> 토마토가 세상에 나오기 전에 이탈리아인들은 어떻게 스파게티를 먹었을까? 토마토가 들어가지 않은 나폴리 피자 같은 것이 있었을까?
> — 엘리자베스 데이비드(Elizabeth David), 1984

채소 취급을 받는 과일 중 하나인 토마토는 남아메리카 서부가 원산지다. 안데스 산맥 사람들이 별 볼일 없는 잡초로 여겼을 토마토 씨가 새들에 의해 퍼져나가 중앙아메리카에서 경작되었다. 최초의 토마토는 체리 모양의 작은 열매가 달렸지만, 16세기 초 스페인 정복시대에는 다양한 크기, 색깔, 질감의 토마토를 아즈텍 시장에서 구할 수 있었다. 아즈텍인들은 토마토를 생으로 먹었으며 칠리와 섞어 매운 소스를 만들기도 했다. 초기 설명을 보면 토마토를 작은 초록색 열매가 달리는 꽈리의 한 품종과 혼동하고 있지만, '토마토'(tomato)는 아즈텍어에서 파생된 말이며 아즈텍인들은 토마토와 꽈리 둘 다 먹었다. 토마토가 마음에 들었던 스페인 사람들은 씨를 가지고 유럽으로 돌아왔다. 하지만 토마토가 곧바로 인기를 끌지는 못했다. 먹을 수 없는 토마토 잎이 감자와 마찬가지로 가지과에 속하는 독초 벨라도나의 잎과 비슷했기 때문이다. 일찍이 한 박물학자는 토마토를 맨드레이크와 같은 무리로 분류했는데, 아마도 두 식물의 뿌리가 비슷했기 때문일 것이다. 그 이유로 토마토는 최음제로 짧게 명성을 얻기도 했다.

토마토는 이탈리아에서 더 환대를 받았으며 서서히 요리의 중심이 되었다. 토마토는 지중해 국가들과 북쪽 지역으로 퍼져 나갔는데, 이 지역에서는 토마토가 관상용으로 재배되기도 했다. 터키인들은 토마토를 레반트와 발칸 반도 국가들로 가져갔다. 19세기 무렵 이탈리아에서 토마토가 상업적으로 재배되면서 미국으로 유입되었다. 토마토는 처음에는 매운 생선 소스를 의미하던 중국어에서 파생된 단어인 '케첩'의 주재료가 되었다. 토마토케첩은 널리 사용되면서 가장 기본적인 조미료가 되었다. 늦은 출발에도 불구하고, 토마토는 현재 전 세계가 가장 좋아하는 채소가 되었다. 16세기 필리핀을 통해 토마토가 소개된 중국은 20세기 전까지 토마토를 많이 재배하지는 않았지만 오늘날은 세계에서 가장 큰 토마토 생산국이 되었다. 영국을 통해 18세기 후반 토마토가 유입된 인도는 현재 세계 2위의 생산국이다. 토마토가 기반이 되는 음식이 인도에서도 필수가 되었다. 토마토는 감자의 뒤를 이어 세계에서 두 번째로 많이 생산되는 작물이다.

토마토의 상업적인 중요성은 유전자 연구로 이어졌다. 수확량을 늘리고 병충

해에 대한 내성을 높이고, 짙은 색의 열매를 생산하고, 운송의 편이와 오랜 보관을 위해 껍질을 두껍게 만들기 위해서였다. 불행히도 그 결과 풍미가 감소했고, 일 년 내내 먹을 수 있는 슈퍼마켓 토마토는 맛이 떨어졌다. 잘 익은 토마토의 독특한 풍미와 냄새는 휘발성 향료, 산, 당분을 포함한 복잡한 일련의 화학물질에서 나온다. 그중 일부는 실용 품종에서 부분적으로 품종 개량된 것이었다. 유전자가 변형된 토마토 실험이 1990년대 금지되었음에도 과학자들은 과거의 품종으로 되돌리기 위한 노력을 하고 있다. 상업용 토마토는 운송될 때 대개 덜 익은 초록색을 고르기 때문에, 진열될 준비가 되면 익는 과정에서 자연히 생성되는 에틸렌 가스를 토마토에 뿌려 숙성을 촉진시킨다. 그로 인해 주로 옛 품종인 헤리티지(heritage) 토마토 또는 에얼룸(heirloom) 토마토에 대한 관심이 커졌다.

〈베나리 화집〉(1879)에 수록된 다양한 토마토(러브 애플). 이중 다수는 현재 헤리티지 토마토 품종으로 간주되며 상업용으로 재배되지 않는다. 멕시코의 나와틀족이 붙여준, '과즙이 많은 공 모양의 열매'를 뜻하는 '토마틀'(tomatl)이라는 이름이 잘 어울린다.

고통을 바꾼 식물들
약용 식물

기록된 인류 역사를 통틀어, 과거에도 틀림없이, 식물은 치료학의 근간을 제공해 왔다. 그리고 이 책에 소개된 거의 모든 식물이 누군가에 의해 어딘가에서 어느 시기에나 인간을 괴롭혀온 질병과 부상을 완화시키기 위해 사용되어 왔을 것이다. 하지만 이번 장의 식물들은 인체에 특정한 생리적 영향을 미치는 화합물을 함유하고 있으며, 그중 일부는 현대 의학에서도 여전히 중요하다.

경우에 따라서는 그 무엇도 독이 될 수 있으며, 치유력과 유해성 사이의 균형은 언제나 미세하게 판단된다. 남미에서 자라는 코카나무(*Erythroxylum coca*)의 알칼로이드인 코카인은 강력한 국소마취제일 뿐 아니라 수익을 목적으로 불법 마약을 공급하는 국제 거래의 중심에 있기도 하다. 아편은 효과적인 진통제로 양귀비에서 추출한다. 양귀비는 또 하나의 유용한 진통제인 모르핀의 원료이자, 중독성이 약해 모르핀의 대안으로 소개되는 헤로인의 원료이기도 하다.

버드나무는 약용으로 오랜 역사를 가지고 있으며, 약간 변형시킨 주 치료 성분으로 아스피린을 만든다. 알로에 조제품은 가정의약품 수납장에서 흔히 찾을 수 있으며, 화장품의 재료이기도 하다. 대황은 뿌리를 설사약으로 먹는 대신 오늘날에는 대개 초봄에 나는 열매를 먹는다. 유럽에 비교적 늦게 들어 온 귤속(*Citrus*) 과일은 긴 항해에서 흔히 생기는 질병이자 제한적인 겨울 식사를 하는 육지인들에게 생기는 괴혈병

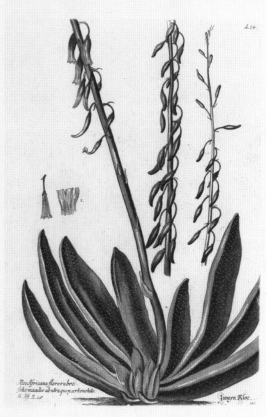

을 예방하고 치료하는 효과가 있는 것으로 인정받았다.

두 개의 스트리크노스(Strychnos) 종, 즉 아시아 마전자와 남아메리카 마전자는 치유력과 유해성 사이의 균형에서 후자에 가까운 물질을 생산한다. 그럼에도 불구하고 아시아 마전자(S. nux-vomica)는 오랫동안 강장제로서의 입지를 굳혀왔으며, 유효성분인 스트리크닌이 쥐약과 독약으로 쓰이기도 했다. 반면 남아메리카 마전자(S. toxifera)는 근육 활동을 마비시켜 사망에 이르게 하는 '쿠라레'를 함유하고 있다. 더 나은 안정제를 발견하기 전에는 쿠라레가 수술에 사용되기도 했다. 고대 인도 의사들은 인도사목(Rauvolfia) 뿌리를 뱀독 치료 등 다양한 용도에 사용하였다. 인도사목의 유효 알칼로이드인 레세르핀은 혈압을 낮춰주는 것이 알려지면서 서구에서 잠시 사용되기도 했다. 레세르핀은 정신질환에도 효과가 있는 것처럼 보였지만, 쿠라레와 마찬가지로 곧 다른 약물로 대체되었다. 이에 반하여 남아메리카에서 나는 키니네와 중국에서 나는 아르테미시닌은 현대 말라리아와의 싸움에서 여전히 중요하다.

멕시코 마는 지난 반세기 동안 가장 중요한 의료 혁신의 하나인 피임약을 만드는 저렴한 스테로이드의 원료였다. 멕시코 마를 변형하는 데에는 현대 화학이 필요했으며, 화학은 또한 일일초(Madagascar periwinkle)에서 나오는 물질을 유아기 백혈병 치료제로 바꾸는 과정에서 주요 역할을 했다.

왼쪽 위 외과의사이자 식물학자인 윌리엄 록스버러 경이 고용한 인도 화가 중 한 명이 그린 마전자나무. 그는 1780년대와 1790년대 마드라스 동부 코로만델 해안에서 자신이 수집한 식물을 인도 화가들에게 그리게 했다.

오른쪽 위 남아프리카 '핫스팟'에 서식하는 다수의 독특한 알로에 중 하나. 이 그림은 식물학자들이 알로에라는 용어를 사용하기 전에 그려진 것이지만, G. K. 크노르(G. K. Knorr)의 〈식물 표본집〉(1770~72)에 나오는 것처럼 다양한 품종이 있다는 것은 알고 있었다.

양귀비

Papaver somniferum

즐거움, 고통, 그리고 중독

> 그녀의 모든 친구들이 아편을 끊으라고 그녀에게 충고했다. 습관이 중독이 되기 전에.
> 하지만 그녀는 내게 은밀히 속삭였다. 차라리 친구들을 끊겠노라고.
>
> — 조지 영(George Young), 1753

꽃양귀비(*Papaver rhoeas*)는 원산지인 유럽의 거의 모든 지역에서 예쁜 잡초로 자라며 대개 붉은색이다. 아편 양귀비(*P. somniferum*)는 주로 흰색으로, 역시 잘 자라며 대개 아편을 생산하기 위해 오랫동안 의도적으로 재배되었다. 양귀비는 사실상 최초로 경작된 식물의 하나로, 신석기 인류에게 알려지면서 지중해 서부에서 처음으로 재배된 것으로 보인다. 이집트, 크레타, 그리스, 로마 등 지중해 문명 초기에 높은 평가를 받으며 멀리 인도에서까지 사용되었다. 히포크라테스 학파(기원전 5~4세기)는 설사와 그 밖의 많은 질병을 치료하는 것뿐 아니라 진통제, 수면제로도 양귀비를 추천했다. 서기 1세기 그리스의 위대한 약학자인 디오스코리데스는 아편에 찬 성질이 있어 열이 날 때 유용하다고 설명했다.

양귀비 수확은 쉽지 않다. 덜 익은 삭과(열매)는 아편 원액이 흘러 나오게 하기 위해 정확한 시기에 칼집을 내야 하며, 이 원액을 모아 햇볕에 말리고 끓인다. 그러면 처음에 끈끈한 흰색 액체였던 것이 갈색의 반죽이 되고, 좀더 말리면 갈색의 점토 같은 물질이 된다. 아편이 훨씬 많이 함유된 이 물질은 덩어리로 만들어 운반하기도 쉽다. 이러한 기술은 선사시대 것이다. 사이프러스에서 만들어 이집트 등지로 수출된 아편이 담긴 작은 항아리들은 양귀비 삭과를 뒤집어 놓은 모양을 닮았으며, 대개 칼집을 모방한 자국이나 그림이 남아 있다. 아편을 복용하면 희열을 느낀다는 것은 오랫동안 알려진 사실이다. 같은 효과를 얻기 위해서는 계속해서 더 많은 양을 복용해야 한다는 것과 의존성이 생길 수 있다는 것 역시 오래전부터 알려진 사실이다. 남용은 죽음에 이르게 할 수 있어서, 네로 황제(37~68년)가 사용했다는 소문을 포함해 아편이 살인에 이용된 것은 명백하다. 후일 존경 받는 로마의 황제였으며 갈레노스를 주치의로 두었던 마르쿠스 아우렐리우스(121~180년)는 아편을 주기적으로 복용했지만, 복용량을 조절하는 자제력이 있었던 것 같다. 수세기를 거치며 '아편 중독'은 상용자에 따라 매우 다른 양상을 보였다.

대부분의 아편 상용자들은 아마 약으로 아편을 처음 접했을 것이다. 아편은 의사들이 가지고 있는 의료품의 '기본'이었으며(19세기 캐나다 의사 윌리엄 오슬러 경에 따르면 아편은 '신의 약'이었다) 거의 모든 질병이나 증상에 종종 사용되었다. 〈아편과

거짓말)은 중증 폐결핵 치료를 위한 오슬러 경의 날카로운 권고였다. 개혁이 진행 중이던 16세기 의사이자 연금술사 파라켈수스는 전통적인 의료 지식의 많은 부분에 반대했을지 모르지만, 그에게도 아편은 선호하는 치료제였다. 파라켈수스는 아편팅크라는 액제를 만들기도 했는데, 정작 이 아편팅크가 일반화된 것은 17세기 들어 영국의 의사 토머스 시드넘(Thomas Sydenham)이 처방을 하면서부터였다. 아편팅크는 아편과 레드 와인의 혼합물에 사프란, 정향, 계피 같은 향신료를 첨가한 것이다. 시드넘은 아편 사용에 매우 적극적이어서 '아편 애호가'로 불리기도 했다.

18~19세기 동안 아편 토근산(Dover's Powders), 고드프리 강장제(Godfrey's Cordial), 대피의 묘약(Daffy's Elixir) 등 특허를 받은 많은 의약품이 아편을 함유했다 (대개 알코올도 함께). 이런 약들은 아이들을 조용하게 만들고, 곤두선 신경을 진정시키는 등 만병통치약으로 사용되었다. 19세기 이후에도 이런 약들이 규제 없이 판매되면서 돌팔이 의사, 약사, 약제상의 주수입원이 되었다.

아편이 가진 중독성은 사회적으로나 법적으로 큰 우려를 낳았다. 그럼에도 불구하고, 가장 유명한 작가 토머스 드 퀸시(《어느 아편중독자의 고백》은 그의 출세작으로 자신의 경험을 바탕으로 함)를 포함하여, 많은 문인과 정치인, 모든 계층과 직업군의 사람들, 남성과 여성이 날마다 아편의 신체적, 정신적 효과에 의지했다. 정부 역시 아편 수입이 거둬주는 수익을 중요하게 여겼는데, 특히 영국령 인도에서 그랬다. 인도와 터키는 아편의 양대 원산지였으며, 유럽에서는 대개 터키산 아편이 사용되었다. 그러다 인도에서 현지용과 중국 수출용으로 재배되던 아편 양귀비의 중국 수출량이 점차 늘어나면서, 18세기 이후 중국에 사교적인 용도를 위한 시장이 생겨났다(중국에서도 처음에는 약으로 이용되었다). 뒤이어 중국 아편에 의존하기 시작하면서, 중국 아편 수출이 윤리적이지 못하다는 동요가 영국에서 공공연하게 일었다. 19세기 들어, 중국 당국은 아편의 수입과 사용을 금지하는 법을 제정했다. 두 번의 아편전쟁(1839~42년, 1858~60년)이 비단 아편에 국한된 것은 아니었지만, 전쟁으로 인해 인도와 중국 간 아편 무역은 중단되었다. 그 사이 아편즙의 화학 성분이 분석되었다. 그중 가장 강력한 알칼로이드인 모르핀은 그리스신화에 나오는 잠의 신 모르페우스에서 딴 이름으로, 1804년 분리되었고, 20년 후 시장에 출시되었다. 현재 가장 널리 쓰이는 아편 유도체인 코데인이 1832년 분리되면서 제약회사들은 거의 순수한 형태의 제품을 출시할 수 있게 되었다. 모르핀을 화학적으로 가공한 헤로인이 1898년 모르핀보다 '안전한' 대안으로 출시되었다. 1850년대 주사기 개발은 모든 아편제(코카인 등의 다른 약물과 양귀비에서 유래한 다른 약물 포함)의 효과를 더욱 강력하게 만들었으며, 중독성과 의존성도 증가되었다. 아편제와 기타 중독성 약물의 판매와 사용을 규제하려는 시도가 국가적으로, 국제적으로 뒤따랐다.

20세기 초부터 시작된 '마약과의 전쟁'은 큰 성과를 이루지 못했다. 처방전이 있어야만 마약을 구입할 수 있거나 완전히 불법으로 만들자 공급

브리지드 에드워드(Brigid Edwards)의 '양귀비 삭과'. 말린 삭과는 후추통과 비슷해서 구멍을 통해 씨앗이 쏟아져 나온다. 자연발생적으로 생긴 이 구조는 고대의 보석과 도자기 디자인에 영감을 주었다. 기원전 2,000년부터 1,000년 사이에 사이프러스에서 만든 작은 물병들이 이집트와 시리아, 팔레스타인으로 수출되었다. 물병을 뒤집으면 그 모양이 양귀비 삭과와 비슷하며 아직 남아 있는 충분한 양의 내용물을 통해 이 물병이 아편을 보관하는 데 사용되었다는 것을 알 수 있다.

Papaver somniferum.

과 사용이 비밀리에 이루어지는 불행한 결과가 초래되었고, 연간 약 3,500억 달러의 가치로 추정되는 마약 시장을 착취하는 범죄 집단이 생겨났다. 1980년대 에이즈가 증가하면서 의료 문제도 대두되었다. 비위생적인 주사 바늘을 사용한 것이 원인이 되어 마약 사용자들 사이에 에이즈와 기타 질병이 확산되었던 것이다.

아프가니스탄은 세계 최대의 아편 공급국으로 부상했지만, 동남아시아의 황금 삼각지대에 속한 국가들과 콜롬비아 역시 주요 생산국이다. 모르핀과 코데인은 지금도 의약품에 널리 사용되고 있지만, 치유력과 유해성 사이의 미묘한 균형을 잡아야 하는 문제를 남겨 두고 있다.

전형적인 하얀색 아편 양귀비. 그리스 의사 갈레노스(129~대략 210)는 올림픽 승자의 검은색 연고가 가진 장점에 대해 극찬했다. 이 연고는 아편을 함유했으며 마르면 탄력성 있는 반창고처럼 되었다. 통증 완화와 특히 눈 주변의 부기 완화를 위한 용도로 쓰였다.

Tab. 131.

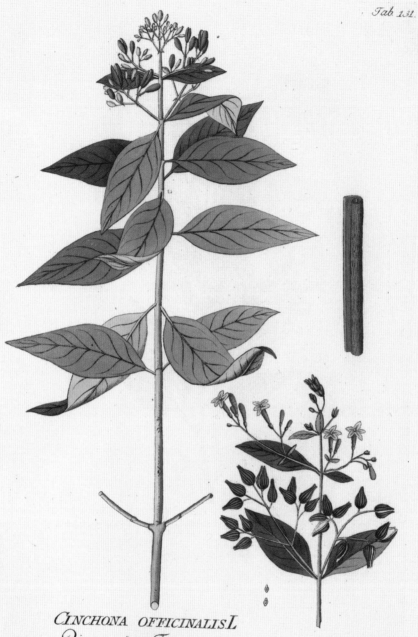

CINCHONA OFFICINALIS L.
Die gemeine Fieberrinde.

기나나무, 개똥쑥

Cinchona officinalis, Artemisia annua
말라리아 특효약

기나피가 내 최후의 수단이 되었다.

— 토머스 시드넘(Thomas Sydenham), 1680

두 세기 넘게, '나무껍질'(the Bark)은 기나나무속(*Cinchona*)에서 유래한 약의 약칭이었다. 기나나무속은 안데스산맥의 높은 산비탈이 원산지로 약 40가지의 종을 가진 속이다. 신코나 오피시날리스(*C. officinalis*)와 신코나 푸베센스(*C. pubescens*)와 재배 품종인 레드게리아나(Ledgeriana)는 상당량의 알칼로이드를 함유하고 있는데, 그중 키니네(기나나무껍질에서 얻는 알칼로이드)와 퀴니딘이 특히 중요하다.

남아메리카 토착민에게 '기나피'(기나나무 속껍질을 말린 것)가 '나무껍질 중의 껍질'을 의미했던 것으로 보아, 기나피는 콜럼버스가 신대륙을 발견하기 전 페루와 다른 안데스산맥 지역에서 약으로 쓰였음이 틀림없다. 우리가 현재 말라리아를 전염시킨다고 알고 있는 모기가 이미 그 지역에 있기는 했지만, 말라리아는 유럽인들이 들어오고 나서야 발생하기 시작했을 것이다. 1638년 신콘(Chinchon) 백작 부인의 말라리아 열을 치료하기 위해 기나피가 권유되었다는 이야기는 출처가 분명하지 않지만, 린네는 그 이야기를 믿고 백작 부인의 이름을 잘못 표기하여 신코나(*Cinchona*)라는 속을 만들어냈다. 스페인 의사들과 선교사들은 간헐열(일반적으로 말라리아라고 부르는 것) 치료에 신코나 껍질이 효과가 있음을 알게 되었고, 이 새 약을 말라리아가 흔했던 유럽으로 가지고 왔다. 페루산 나무껍질, 예수회 나무껍질, 또는 단순히 나무껍질 등으로 불리던 이 새로운 열병 치료제가 자리를 잡게 된 것은 17세기 어느 진취적인 영국인 개업의가 프랑스 왕실에서 이를 사용하면서부터였다. 당시에는 열병의 진단과 치료가 단순히 증상이나 개인의 임상 경험을 기반으로 했으며 기나피는 품질이 다양했다. 그럼에도 불구하고, 기나피는 스페인 치하 페루에서 큰 수입원이었기 때문에 기나나무 접근은 엄격히 통제되었다.

두 명의 프랑스 화학자 조지프 카방투(Joseph Bienaime Caventou)와 피에르 조지프 펠레티에(Pierre Joseph Pelletier)가 19세기 초 기나피에서 유효성분인 키니네를 분리하였다. 그 결과 복용량을 조절하기 훨씬 쉬워졌고, 유럽 제국주의가 아프리카와 아시아에서 팽창하면서 기나피 수요가 더욱 높아졌다. 영국과 네덜란드는 페루에서 기나나무 종자를 밀반출하는 데 혈안이 되었다. 영국의 계획 뒤에는 1865년부터 1885년까지 큐 왕립식물원의 관장이었던 조지프 돌턴 후커(Joseph Dalton Hooker)가 있었다. 그는 말라리아가 유행하던 인도에서 쌓은 경험 덕에 기나나무 농장을 세우면 좋겠다는 가능성을 보았다. 네덜란드는 식민지였던 자바 섬을 눈여겨보았다. 이처럼 식물 스파이로서의 초기 시도에는 희극적인 요소가 있었다. 필요 없는 종의 종자를 구해올 수도 있었고 영국으로 돌아오는 긴 항해에서 종자가 무사하지 않을 수도 있었기 때문이다. 1861년경, 큐 왕립식물원은 종자를 가지고 인도로 보낼 묘목을 키웠다. 이 묘목들은 19세기 식물 수송에 사용된 특수 밀봉 유리 상자(와디안 케이스)에 담겨 운반되었다. 인도, 실론(스리랑카), 자바 섬에 기나나무 농장이 설립되면서 키니네 공급이 용이해졌지만 수요는 폭발적이었다. 기나피는 나무가 재생될 수 있도록 나무의 일부분만 잘라내는 전통적인 방식으로 수확되었고, 껍질을 햇볕에 말린 다음 가공하였다.

1890년대 후반, 로널드 로스(Ronald Ross)와 지오바니 바티스타 그라시(Giovanni Battista Grassi)는 말라리아를 발생시키는 말라리아 원충의 생애주기와 암컷인 아노펠레스 모기에 물려서 전염된다는 것을 알게 되었다. 이 발견을 통해 습지와 열대지방에서 말라리아가 지리적으로 유행하는 원인을 설명할 수 있게 되었다. 잦은 뇌우로 생긴 물웅덩이는 모기의 번식 장소가 되었던 것이다. 모기 퇴치가 예방책의 일부가 되었지만, 예방제와 치료제로 복용하는 키니네 역시 여전히 필수적이었다. 제2차 세계대전 동안 공급 차질로 키니네의 대안이 될 수 있는 합성의약품 개발이 장려되었다. 그런 약들이 현재도 많다. 말라리아 원충에는 현재 키니네 내성 계통이 존재하지만, 키니네는 오랫동안 효과적이었고, 지금도 일부 유형의 질병에 치료제로 쓰인다. 기나피에 함유된 또 하나의 주요 알칼로이드 퀴니딘은 심박 불규칙을 치료하는 데 쓰인다. 불행히도 말라리아 원충이 모든 최첨단 치료에 내성을 갖게 됐지만, 식물계는 이 질병과의 싸움에서 현대적인 의약품이 될 수 있는 또 하나의 약을 만들어냈다. 개똥쑥(Artemisia annua)은 어찌 보면 잡초다. 개똥쑥은 경사지, 산림 한계, 인간 활동에 부적합한 불모지 위에서 쉽게 자란다. 개똥쑥은 또한 강력한 항말라리아 합성물, 아르테미시닌(qinghaosu)을 함유하고 있다. 아르테미시닌과 그 유도체가 함유된 약은 복용뿐 아니라 주사로도 맞을 수 있어서, 약물에 내성이 있는 말라리아가 위험한 수준으로 발생한 동남아시아에서 치료제를 대신했다. 이 지역은 전쟁과 난민 발생의 여파에 시달리고 있었다. 말라리아는 개똥쑥과 마찬가지로 혼란 속에서 번성한다.

개똥쑥은 기원전 2세기부터 중국 약전에 기록되었다. 개똥쑥이 국제적으로 표면화된 것은 베트남 전쟁 동안 북베트남이 중국에 항말라리아제 지원을 요청한 일과 당시 중국의 상황 때문이었다. 마오쩌둥은 중국의 과거를 청산함과 동시에 활용할 수 있는 방법을 모색했다. 현대 과학은 전통 의약서에 담긴 최고의 내용을 걸러내어 중국이 의약품을 자급자족할 수 있도록 했다. 1967년 개똥쑥 등의 식물

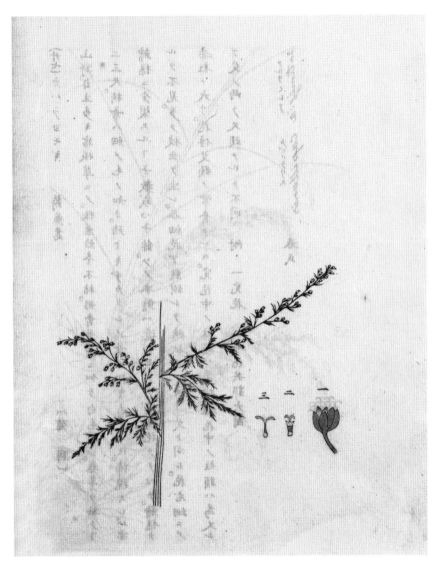

에 항말라리아 기능이 있는지 확인하기 위한 비밀 프로젝트(523 프로젝트)가 시작되었다. 약리학자 투유유가 해당 연구팀을 이끌었으며, 서기 4세기 갈홍의 의학서 〈주후비급방〉에서 설명하고 있는 본래의 약 생산 방식에 주목하였다. 갈홍은 간 헐열에 처음으로 개똥쑥을 권유하였고, 추출과정에서 고열을 이용하면 안 된다는 중요한 정보를 제공하였다. 개똥쑥 추출물의 유효성분을 분리하면서, 투유유는 최초의 수용성 아르테미시닌 유도체를 생산했다.

1979년 세계가 중국의 항말라리아 신약에 대해 알게 되었을 때 의심이 일기도 했다. 하지만 현재 다양한 아르테미시닌 약제는 세계보건기구가 권고하는 ACT(아르테미시닌 병용 요법), 즉 말라리아 원충의 내성을 줄이기 위해 사용하는 혼합 요법의 중요한 부분이다. 약물과 기생충 간의 싸움은 계속되고 있다.

〈소모쿠 식물도감: 일본에 자생하거나, 경작되거나, 유입된 식물을 기재한 도감〉(1874)에 나오는 중국산 항말라리아 개똥쑥. 제2판은 일본의 근대화에 관여했던 두 명의 식물학자 다나카 요시오와 오노 모토요시가 편집했다. 다나카는 '박물관의 아버지'로 유명하고, 오노는 중국에서 많이 사용되는 2개 국어로 된 식물학 사전을 편집했다.

인도사목

Rauvolfia serpentina

고대 아유르베다 약물

과학계가 인도사목의 진정한 가치를 알아보기 시작한 것은 고작 25년밖에 되지 않았다.
인도사복의 천연 추출물을 분석하기 시작한 인도의 화학자들과 약리학자들의 공로를
인정해야 한다.

— 유어그 A. 슈나이더(Jurg A. Schneider), 1955

인도사목, 라우볼피야(*Rauvolfia*, 'Rauwolfia'로 쓰는 경우도 많다)는 열대지방에 널리 분포된 약 200종의 교목과 관목이 있는 큰 속이다. 흔히 잡초로 간주되며, 그에 걸맞게 거침없이 성장한다. 속의 이름은 16세기 독일의 의사이자 박물학자인 레온하르트 라우볼프(Leonhard Rauwolf)의 이름을 딴 것이다. 그는 서남아시아를 널리 여행하며 새로운 종의 많은 식물과 동물에 대해 묘사했는데, 라우볼피야는 후에 그를 기리기 위해 붙인 이름이기 때문에 사실상 라우볼피야속의 식물을 본 적은 없다.

클로드 마르탱(Claude Martin, 1735–1800)의 소장품으로 여겨지는 인도사목 수채화. 프랑스 태생인 마르탱은 프랑스 군대를 탈영한 후 인도 러크나우에 정착하여 영국 동인도회사 군대에서 성공했다. 그는 이곳에 박물관을 세우고, 자신이 선택한 제2의 조국의 식물과 조류를 그려달라고 인도 화가들에게 의뢰했다.

인도에서 사르파간다, 찬드라, 초타찬드 등으로 불리는 인도사목의 말린 뿌리와 잎은 아유베르다 의술에서 오랫동안 사용되었다. 이 식물로 만든 가루는 뱀에 물린 상처의 해독제 등으로 다양하게 사용되었다. 이 가루는 불안한 환자를 진정시킬 때, 곤충에 쏘였을 때, 설사를 치료할 때도 사용되었다. 서구에서 인도사목은 호기심 이상의 대상은 아니었다. 그러던 1931년, 두 명의 인도 과학자들이 뿌리를 빻은 가루를 분석하여 몇 가지의 알칼로이드를 발견했다. 뿌리의 생리적 효과가 몇 개의 알칼로이드에서 나오는 것으로 추정되었다. 인도 및 다른 나라의 많은 실험실에서 화학적 구조를 상세히 연구하기 시작했고, 많은 알칼로이드 중에 가장 강력한 레세르핀(reserpine)이 1952년 분리되었다.

뿌리 전체가 실험 동물의 혈압을 낮춰준다는 사실이 이미 드러났으며, 새롭게 분리된 이 알칼로이드가 등장한 시기는 서구 세계 전역에서 고혈압이 심장병과 뇌졸중 비율을 증가시키는 원인임이 드러난 때였다. 1950년대에는 혈압을 낮출 수 있는 안전한 약이 극히 드물었으며 때때로 대수술에 의존해야 했다. 척추를 따라 절개해야 하는 수술이었는데, 그로 인해 교감신경섬유를 손상시켜 동맥 직경이 감소될 수도 있었다. 따라서 수술은 너무나 위험했으며 환자에게 심각한 부작용을 남기기도 했다.

이 새로운 약물(레세르핀)의 등장은 전 세계 인도사목의 체계적인 조사와 화학적 분석을 유발했다. 많은 인도사목이 레세르핀을 함유하고 있는 것으로 드러났고, 이 약물은 파키스탄, 스리랑카, 버마, 태국, 인도에서 공급되었다. 이 점이 중요

헨드릭 판 레이더의 〈호르투스 말라바리쿠스〉에 나오는 인도사목. 인도의 전통적인 치료사들이 뱀에 물린 상처의 치료제를 찾으려고 한 것은 당연한 일이다. 최근 연구에 따르면, 인도에서는 매년 81,000명이 독사에 물리고, 그중 11,000명이 사망한다고 한다. 인도는 세계에서 뱀독으로 인한 사망률이 가장 높은 지역이다.

했다. 인도 당국이 이 놀라운 신약에 대한 영향력을 포기하지 않으려고 했기 때문이다. 1950년대 후반부터 새 약물은 미국과 영국에서 임상용으로 승인되었고, 이후 고혈압 치료제로 주로 사용되었다. 하지만 이 약물에는 진정 효과 또한 있었기 때문에, 정신의학계에서도 환호하는 분위기였다. 정신병원에 있는 환자들에게 이 약물을 처방하기 시작하자 조현병 환자들의 행동을 훨씬 쉽게 다룰 수 있을 만큼 차도를 보였다.

그러나 밝았던 전망은 계속되지 못했다. 레세르핀에 우울증 유발 등의 부작용이 있다는 것이 보고되었고, 레세르핀 복용이 원인으로 지목된 몇 건의 자살도 있었다. 약물의 작용기작에 관한 강도 높은 약리학적 연구에 따르면, 레세르핀은 우울증을 유발하기보다 사실상 완화하는 것으로 보였다. 레세르핀은 신경계의 신경 말단에 작용하여, 중추 신경계의 활동에 중요한 영향을 미치는 몇 가지의 화학 물질('모노아민'이라 불림)의 방출을 막는다. 이것은 레세르핀의 진정 효과를 설명하는 단서가 될 뿐 아니라 우울증의 생물학적 원인에 대한 초기 이론에 반영되었다.

현재 고혈압 억제와 정신질환 둘 다에 복용할 수 있는 훨씬 개선된 약들이 있기 때문에 레세르핀은 다시 실험실로 되돌아갔다. 그곳에서 레세르핀은 뇌 작동에 대해 상세히 이해하고자 하는 과학자들에 의해 계속 연구되고 있다.

코카나무

Erythroxylum coca
각성제 및 신경 차단제

잉카족에게 코카나무는 신성했다. 매우 중요했기 때문에 국가가 그 생산과 분배를 독점했으며, 코카나무 잎은 신에게 바쳤다. 작은 교목 또는 관목인 코카나무는 열대 안데스산맥의 낮은 경사지에서 가장 잘 자라며, 이 지역에서 코카나무 사용은 오랜 역사를 가지고 있다. 코카 잎은 일 년에 수차례 수확할 수 있으며 강력한 알칼로이드 물질을 함유하고 있는데, 그중 가장 중요한 것이 '코카인'이다. 코카 잎은 소량의 카페인도 함유하고 있다.

수확한 코카 잎을 건조시킨 후 약간의 석회와 섞어 뺨과 잇몸 사이에 끼우면 잎 속의 알칼로이드가 서서히 흡수된다. 그 결과 근력이 증가하고, 허기가 감소되고 흥분증상이 줄어든다. 스페인 정복자들은 코카 잎과 그 효과에 대해 기술했으며, 원주민을 데려다 광산에서 강제노역을 시킬 때 생산량을 늘리기 위해 원주민에게 코카 잎을 공급했다. 19세기 중반, 두 명의 독일인 화학자가 코카 잎의 가장 강력한 알칼로이드를 독자적으로 분리했다. 그 중 한 명인 알베르트 니만(Albert Niemann)이 '코카인'이라는 이름으로 이 알칼로이드를 불렀다.

코카인은 그 무렵 의학계와 화학계의 관심을 끈 다수의 식물 알칼로이드 중 하나였다. 당시 떠오르기 시작한 젊은 신경학자 지그문트 프로이트(Sigmund Freud)가 1884년 코카인을 가지고 자가 실험을 시작했다. 그의 논문집 〈코카나무에 관하여〉는 냉철한 과학적 분석보다는 옹호에 가까웠고, 이것이 부메랑이 되어 그에게 돌아왔다. 정신적 희열과 에너지 및 근력 증가를 강조하며 코카인의 중독성을 경시했던 것이다. 같은 시기 프로이트의 동료이자 안과 의사였던 카를 콜러(Carl Koller)는 코카인이 강력한 국소 마취제라는 것을 알게 되었다.

코카인의 강력한 중독성이 인정되기까지는 시간이 걸렸다. 그 사이 진취적인 제약회사들이 약물 투여의 편의를 위해 코카인을 주사기와 함께 판매했으며, 코카인은 인기 있는 음료의 재료가 되었다. 심지어 모르핀 중독을 끊는 안전한 방법으로 코카인을 광고하기도 했다. 셜록 홈즈는 코카인을 하는 습관이 있었다. 코카인 사용의 위험성이 더 명백해지면서 홈즈를 만들어낸 저자 아서 코난 도일이 결국엔 그 습관을 없애버리기는 했

뱀과 코카나무 잎은 잉카족에게 매우 신성했다. 1999년 한 사원에서 발견된 잉카 미이라에 관한 최근 분석에 따르면, 세 명의 어린이가 카파코차 의식(잉카제국의 종교의식으로 어린아이를 희생하여 바침)의 제물이 되어 죽기까지 12개월 동안 점차 양을 늘려가며 코카 잎과 치차 맥주를 먹었다고 한다. 그뿐 아니라 13세 소녀의 치아 사이에 코카 잎으로 만든 큼지막한 씹는 담배가 끼어 있는 것이 발견되기도 했다.

코카나무(*Erythroxylum coca*)의 표본. 코카 잎은 비큐냐와 과나코 같은 야생 리마의 먹이가 된다. 잎의 알칼로이드가 리마의 위에 국소 마취 효과를 주면서 거짓 포만감을 느끼게 한다. 식욕을 잃은 리마는 코카 잎을 더 이상 먹지 않는다. 코카인과 기타 화학물질이 뇌에 도달하여 에너지가 고조되고 행복감을 느낀 리마는 다른 곳으로 이동한다. 이 리마들이 코카 잎에 중독된 것이 아니듯, 인간도 비슷한 식으로 사용하면 가공된 코카인에 의존하게 되지 않는다.

지만 말이다. 그 당시 코카인에 빠진 저명한 인물 중에 볼티모어 존스홉킨스 대학의 외과 교수이자 무균 수술의 개척자인 윌리엄 스튜어트 홀스테드(William Stewart Halsted)가 있었다. 그는 훌륭한 경력을 유지하려고 애썼지만, 코카인 대신 사용한 모르핀 중독을 완전히 끊지는 못했다.

의료용임에도 불구하고, 코카인은 대부분의 장소에서 규제 약물이 되었다. 코카인의 불법 사용이 인정받은 적은 없다. 코카인은 순수한 상태나 불순물이 섞인 '크랙' 형태로 수백만의 사람들에게 사용되고 있다. 코카인 공급은 수익성이 매우 높다. 특히 큰 수익을 올리고 있는 콜롬비아에서는 재배자들에게 코카나무 대신 커피나무를 심을 것을, 페루에서는 아스파라거스 재배를 장려하고 있다.

마전자나무

Strychnos nux-vomica, S. toxifera
독을 이용한 의학

스트리크노스 눅스-
보미카(*Strychnos nux-vomica*),
부드러운 껍질을 가진 오렌지색
열매는 크기가 커다란 사과만
하고 과육은 말랑하고 젤리 같다.
전해지는 바로는 인도 남부에서
증류주에 효능을 추가하기 위해
마전자 씨가 사용되었다고 한다.
목재는 단단하며 내구성이 있다.
마전자는 뿌리를 포함하여 매우 쓴
맛이 나고, 전통적으로 열병(물론
말라리아를 포함하여)과 뱀독
치료에 이용되었다.

"스트리크닌은 인간의 무기력함을 없애주는 위대한 강장제라네, 켐프."
"그건 악마야." 켐프가 말했다. "병에 든 구석기시대라고."
— 허버트 조지 웰스(H. G. Wells), 〈투명 인간〉, 1897

식물의 알칼로이드는 다양한 기능을 가지고 있으며, 많은 경우 독성이 있어 포식 동물로부터 식물을 보호한다. 열대지방에 산재해 있는 거의 200가지의 나무와 덩굴식물로 이루어진 마전자나무속(*Strychnos*) 가운데 두 개의 종이 특별히 강력한 알칼로이드를 생산한다. 남아시아와 동남아시아가 원산지인 스트리크노스 눅스-보미카(*S. nux-vomica*) 씨에 있는 주요 유효성분인 '스트리크닌'은 19세기 초 근대 화학자들이 분리한 최초의 알칼로이드 중 하나다. 두 번째, 남아메리카가 원산지인 스트리크노스 톡시페라(*S. toxifera*)에는 '쿠라레'라는 알칼로이드가 함유되어 있다. 이 두 알칼로이드는 서구뿐 아니라 각각의 토착문화에서 중대한 역할을 했다.

스트리크노스 눅스-보미카는 가끔 '구토 땅콩'을 뜻하는 것으로 오해되기도 하는데(vomica는 '우울' 또는 '구멍'을 뜻한다), 스트리크닌이 사실상 구토를 유발하지 않는다는 사실은 과다 복용을 치료하던 의사들의 쓰라린 경험을 통해 알게 되었다. 스트리크닌은 신경 자극제로 발작을 유발하며, 과다 복용하면 경련을 일으키거나 사망에 이르게 한다. 마전자나무 씨는 명백한 자극 효과로 의료계에서 입지를 구축했으며 뱀독에도 효과가 있는 것으로 여겨졌다. 마전자는 인도의 아유르베다 의술부터 오랜 역사를 가지고 있으며 아라비아 의사들도 중세시대에 마전자를 알았다. 인도 고아에 있는 포르투갈인들이 마전자를 연구하고 이를 유럽에 수입하기 시작했다.

서구 의학에서 마전자는 많은 질환에 처방되었으며, 자가 치료를 원하는 사람들을 위해 일반의약품으로도 구입이 가능했다. 근육 수축과 각성 효과가 확실해서 '피로회복제' 기능을 했던 것 같다. 유효성분인 스트리크닌이 분리된 후에도 씨를 갈아서 만든 생약의 인기는 계속되었다. 아이러니하게도 마전자는 16세기 초부터 쥐약으로도 사용되었다. 마전자와 그 알칼로이드가 좀더 유해한 목적에 사용될 수 있었던 것이다. 스트리크닌은 빅토리아 시대에 유행했던 또 하나의 독인 비소보다 감지하기 어려웠다. 그런 이유로 스트리크닌을 쉽게 구할 수 있었던 의사들은 비소보다 스트리크닌을 더 선호했다. 악명 높은 독살범 윌리엄 팔머(William Palmer)는 스트리크닌을 이용해 자신의 장모와 아내, 몇 명의 아이들과 친

Two Gourds of
Curare Poison from Bark of
Strychnos toxifera R. Schomb. ex Benth.
Guyana
(108)   R. Spruce

구 한 명을 독살했으며, 역시 의사인 토머스 닐 크림(Thomas Cream)은 스트리크닌을 계속해서 살해에 사용했다. 두 사람 모두 교수형에 처해졌다. 화학적 감지법이 개선되고 공급 또한 체계적으로 규제되면서, 스트리크닌의 인기는 하락했다. 결국 살충제 용도로 사용도 금지되자, 스트리크닌은 탐정소설을 제외하고는 의료 현장에서 사라졌다.

　약물인 스트리크닌이 독으로 분류된 반면, 독인 쿠라레는 의료계에서 합법적인 자리를 차지했다. 남아메리카 열대지역에서 사냥꾼들은 스트리크노스 톡시페라에서 채취한 물질(쿠라레)을 화살에 발랐다. 이 물질이 마비를 유발해서 짐승 사냥을 쉽게 만든다는 것을 알았기 때문이다. 이는 전쟁에도 사용되었다. 초기 유럽의 탐험가들이 자연스럽게 호기심을 갖게 되면서, 이 기적 같은 물질의 샘플이 16세기 후반 무렵 유럽에 도착했다. 하지만 유명한 프랑스의 생리학자 클로드 베르나르(Claude Bernard)가 1856년 쿠라레로 불리는 이 유효성분이 운동 신경과 근육 사이의 연결부를 차단하는 작용을 한다는 것을 입증하기 전까지, 쿠라레는 그저 호기심의 대상이었다. 호흡을 조절하는 근육이 마비되면 질식사가 일어났다. 한 실험 동물의 경우, 인공 호흡기로 생명을 유지할 수 있었는데, 다른 근육들도 마비되었기 때문에 동물의 몸이 축 늘어져 수술을 하기 쉬웠다. 따라서 쿠라레는 현대 수술에서 마취전문의가 사용하는 인공호흡기와 함께 중요한 부속물(외과 수술 시 근육 이완제로 쓰임)이 되었다. 쿠라레는 새로운 안정제로 대체되어 왔지만, 그 작용기전을 이해하는 것은 우리가 신경과 근육의 상호작용을 이해하는 데 큰 도움이 된다.

스트리크노스 톡시페라(S. toxifera)의 껍질로 만들고 화살촉에 독을 바를 때 사용하던 쿠라레가 담긴 두 개의 가이아나산 표주박. 이 표주박은 큐 왕립식물원의 윌리엄 후커 경과 조지 벤담의 명령에 따라 남아메리카 전역을 여행했던 로버트 스프루스(Robert Spruce, 1817-93)가 채집해 온 것이다. 벤담은 스프루스가 채집한 많은 종에 대해 서술했다.

대황

Rheum spp.

강력한 하제(下劑)에서 슈퍼푸드까지

진짜 대황이라고 확신하기 전까지는 이 특이한 포엽에 관심을 갖지도
꽃을 자세히 실피지도 않았다.
— 조지프 돌턴 후커, 1855

독일의 과학자 아타나시우스
키르허(Athanasius Kircher)의
〈중국도설〉(1667)에 나오는
진품 대황. 키르허는 중국에
가는 대신 중국을 다녀온
예수회 선교사 동료 미하우
보임(Michał Boym)과 마르티노
마르티니(Martino Martini)의
설명에 의존했다. 키르허는 수확한
대황 뿌리가 완전히 말라버리면
약효가 사라진다며, 수분 유지가
중요하다고 말했다.

대황은 현재 슈퍼푸드로 호평을 받고 있다. 본격적으로 먹기 시작한지 약 200년
밖에 안된 식물치곤 대단한 비약이라 할 수 있겠다. 약초로서 대황은 역사가 훨씬
오래되었는데, 디저트 채소로서의 줄기보다 짙은색 뿌리가 주로 사용된다. 대황
뿌리, 특히 약용대황(*Rheum officinale*), 장엽대황(*R. palmatum*), 당고특대황(*R. tangu-
ticum*)으로 확인된 종은 오래전 중국 의학서에도 등장하며, 한의사들에게는 특히
하제(설사가 나게 하는 약)로 잘 알려져 있었다.

60종 가량의 대황 대부분은 북아시아, 중앙아시아의 산비탈과 사막 지역에
서 나며, 다양한 형태로 진화했다. 실크로드를 따라 거래되던 대황 뿌리는 서기
1~1,000년 서구 약전에 포함되었다. 디오스코리데스는 대황이 식욕을 촉진하고
소화를 돕는 위장 강장제라고 기술했다. 페르시아 의사들은 과음 후 두통을 없애
주는 위장 강화제로 대황을 추천했다. 대황이 가진 하제로서의 성질이 주목을 받
은 것은 중세시대였다. 저품질의 뿌리가 널리 판매되었고, 대황이 가진 완하제(변
비 치료 약)로서의 특징이 알려졌다. 유럽은 '진품 대황'의 대외구매에 점차 관심을
갖게 되었다. 16세기 포르투갈인들은 마카오에 자국의 중국 무역항을 개설한 후,
포르투갈로 대황을 가져올 수 있게 된 것을 반겼다. 네덜란드와 영국이 이 경쟁에
동참했지만, 중국 내륙과 최상급의 대황 뿌리는 여전히 너무나 멀리 있었다.

러시아인들은 17세기와 18세기 암스테르담까지 최상급 대황을 가져오는 데
가장 큰 성공을 거두었다. 수익을 극대화하기 위해 러시아 정부는 몽골과의 접경
지대인 캬흐타에서 엄격한 품질 관리를 시작했다. 이 무렵 대황 종자는 서구로 진
출하게 되었으며, 약초 재배원 및 식물원 책임자뿐 아니라 원예사들도 약효를 가
진 대황을 생산하려고 노력했다. 영국의 왕립예술협회는 대규모 농장에 훈장을
수여하기도 했지만, 영국에서 재배된 뿌리의 효능이 실망스럽다는 사실이 드러나
면서 어떤 품종이 '진품' 대황인가에 대한 논쟁은 계속되었다.

대황은 종자에서 똑같은 식물이 나오지 않으며 교배를 통해 새로운 품종을 만
들기 쉽지 않다. 뿌리 나누기를 통해 같은 식물이 존속될 수는 있다. 이것이 요리
용 재배 품종이 개발된 이유일 것이다. 첫 번째 재배 품종은 19세기 초, 런던의 코

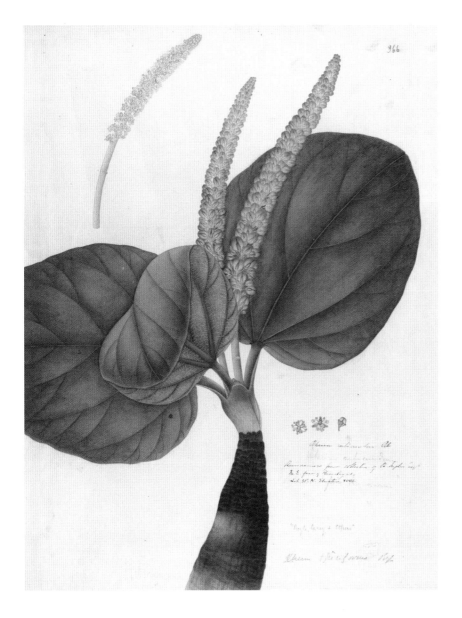

번트 가든에서 어느 정도 성공을 거두면서 판매되었고, 분홍색 줄기는 대황의 산미에 단맛을 더해주는 싸구려 설탕이 들어오고 나서야 인기를 얻었다. 온기를 유지하고 빛은 배제하는 속성 재배를 통해 밭에서 자란 것보다 정제된 품질의 대황을 생산하기도 했다. 연초에 나오는 부드러운 줄기는 부유층의 겨울 식탁에 생기를 주었다. 미국에서는 식물 육종학자인 루터 버뱅크(Luther Burbank)가 최상급의 새로운 품종을 생산했다. 제2차 세계대전이 끝나고 대황은 다양해지는 수입 과일과 경쟁을 벌여야 했고 점차 인기를 잃었다. 대황의 인기가 부활한 것은 새로운 이미지 덕분이었다. 항암, 항염증 외 잠재적인 효과에 대해 현재 연구 중인 생물 활성 폴리페놀이 풍부하다는 사실이 밝혀졌기 때문이다. 대황을 음식이 아닌 하제로 너무 오래 많이 복용하면 문제가 생길 수 있다. 또한 잎을 먹어서는 안 된다.

60종에 이르는 대부분의 대황과 마찬가지로 수서대황(*Rheum spiciforme*)은 '세계의 지붕'이라 불리는 칭하이–티베트 고원 둘레에서 자라며, 이 고원이 있는 중국이 원산지이다. 이 지역의 급격한 융기로 인해 대황의 속이 다양해진 것으로 여겨진다. 천천히 자라는 수서대황의 습성은 이 대황이 발견되는 엄청난 고도에서 부는 거친 바람에 적응하면서 생긴 것일지도 모른다.

버드나무

Salix spp.
비애의 나무이자 통증 완화제

> 시내 비스듬히 버드나무 한 그루가 자란다.
> 유리 같은 시냇물에 시리 맞은 나뭇잎들이 비친다.
> ─ 셰익스피어, 〈햄릿〉, 4막 7장

버드나무처럼 인간의 역사와 뒤얽힌 나무는 드물다. 오래전부터 바구니를 짜고 울타리와 사립짝을 만드는 데 사용했으며 이러한 공예는 지금도 이어지고 있다. 300여 종 외에도 수많은 재배 품종이 있는 버드나무속(*Salix*)은 북반구 온대지역에 널리 분포하고 있다. 하지만 버드나무는 적도 이남과 북극의 추운 지역에서도 볼 수 있다. 버드나무는 뿌리가 부식을 막아주기 때문에 강기슭에 많이 서식한다.

특히 흰버들(*Salix alba*)의 약효는 오랫동안 활용되었다. 이집트인, 고대 그리스인, 서남아시아인 모두 해열제 및 진통제로, 그리고 다른 많은 질환에도 흰버들을 사용했다. 대개 껍질을 갈아서 와인이나 다른 액체에 넣는 식이었다. 이 방식은 유럽인들이 이용하는 치료법의 기본이었으며, 17세기 영국의 초본학자 니콜라스 컬페퍼(Nicholas Culpeper)는 가격이 비싼 기나피 대신 버드나무껍질을 추천하기도 했다. 둘 다 쓴맛이 났으며, 버드나무껍질은 말라리아 같은 질병을 치료할 수는 없었지만 열병은 완화했을 수 있다. 1763년, 영국 성직자 에드먼드 스톤(Edmund Stone)은 해열제로 버드나무껍질을 달인 물을 사용했다.

버드나무껍질은 계속해서 의학적으로 주목을 받았으며, 1820년대 두 명의 약사 프랑스의 앙리 르루(Henri Leroux)와 이탈리아의 라파엘레 피리아(Raffaele Piria)가 각자 유효성분인 살리신(salicin)을 분리했다. 추가 연구를 통해 살리신이 체내에서 분해되면서 살리실산이 생성된다는 것이 드러났다. 1870년대 류머티스성 심장 질환에 수반되는 통증과 염증을 완화하는 데 살리실산이 효과가 있다는 사실이 입증되었다. 이것은 배종설이 나온 초기의 일로, 살리실산이 실험실 내의 박테리아를 없앨 수 있으므로 체내에서도 살균제 역할을 할 것이라 추정되었다. 이 기능은 다른 메커니즘에 의해 작용하는 것으로 현재 알려져 있다. 또 하나의 종인 키버들(*S. purpurea*)은 필수 화합물을 함유하고 있기도 하다. 살리실산에 아세틸 분자가 더해진 '아스피린'은 사실상 1853년 합성되었지만, 독일 제약회사 바이엘이 시장에(대성공을 거두며) 출시한 시기는 한참 후인 1899년이었다. 아스피린은 열, 두통, 통증 완화에 효과가 빠른 약으로 오랫동안 자리를 지켜왔다. 아스피린 제조에는 더 이상 버드나무껍질이 필요하지 않다. 콜타르(석탄을 건류할 때 생기는 끈끈한 검은 액체) 성분

의 유도체로 만들기 때문이다. 따라서 가정상비약이 되었음에도 불구하고, 아스피린은 신약 출시를 관리하는 현대적인 안전 규정을 간신히 통과했을 것이 틀림없다.

최근 들어 버드나무는 바이오매스로 사용되고 있으며, 스웨덴 등지에서는 연료로 사용하기 위해 버드나무의 윗부분을 잘라 준다. 그렇게 하면 대개 성장 속도가 빨라지고 막 자른 가지로도 쉽게 뿌리를 내린다. 버드나무 목재는 숯이나 종이를 만드는 데 사용되고 껍질은 무두질에 사용된다. 버드나무는 또한 훌륭한 방풍림이 되기 때문에 환경에 미치는 영향력을 널리 인정받고 있다. 중국에서 유럽으로 유입된 수양버들(S. babylonica)은 관상용으로 인기가 많다. 흰버들은 이제 의약품으로서 예전에 누리던 인기를 얻지 못할 수도 있지만, 흰버들 종에 속하는 또하나의 품종인 카에루레아(caerulea)가 크리켓 배트를 만드는 데 사용된다.

새뮤얼 코플란드(Samuel Copland)는 〈고금의 농업〉(1866)에서 흰버들의 장점을 극찬한 바 있다. 기록에 따르면 윗부분을 잘라낸 흰버들은 말뚝과 기둥, 사립짝과 바구니를 만드는 등 친숙한 용도로 사용되었을 뿐 아니라, 북극 근처에 사는 사람들의 경우 식량이 부족한 시기에 흰버들의 내피를 건조시킨 다음 갈아서 오트밀에 섞어 밀가루처럼 사용했다고 한다. 러시아에서는 초원지대 여행자들의 길 안내를 위해 흰버들을 재배한 후 가지를 쳐냈다고 한다.

Fig. 1

귤

Citrus spp.
비타민과 상큼한 풍미

> 오렌지처럼 새콤달콤한 것이 인생의 맛이다.
> – 스페인 속담

우리가 아침 과일로 먹고, 주스로 마시고, 요리에 사용하는 오렌지, 그레이프프루트(자몽), 클레멘타인, 레몬은 매우 친숙하게 느껴질 수 있지만, 몇 가지는 근래에 생긴 것이다. 예컨대, 그레이프프루트(*Citrus paradisi*)는 18세기 들어서야 재배되었으며, 귤과 관상용 광귤 품종을 교배한 클레멘타인은 그로부터 한 세기 후에 나왔다. 귤속에 속하는 종 간의 번식력이 매우 뛰어나고 교목이나 관목이 인간의 조작에 잘 적응하기 때문이다.

모든 감귤류(*Citrus*)는 호주가 아시아 대륙의 일부였던 시기(아마 2,000만 년 전)에 동아시아에서 호주에 이르는 지역이 원산지였다. 감귤류는 역사적으로 유전자 관계가 복잡하게 얽혀 있으며 아직까지도 완벽하게 파악되지 않고 있다. 호주 라임(*Citrus australis*)의 경우 매우 오래되었고, 다른 종의 경우 아시아에서 향기로운 꽃과 열매로 높게 평가되며 광범위한 역사를 이어오고 있는데도 그렇다. 최근 제기된 바에 의하면 귤속에는 우리가 즐겨 먹는 다양한 품종에서 나온 세 개의 기본종이 있다. 바로 시트론(*C. medica*), 만다린(*C. reticulata*), 포멜로(*C. maxima*)다.

기원전 4세기 알렉산더 대왕이 인도에서 발견한 이후 감귤류는 서구로 유입되었다. 하지만 시트론은 기원전 400년 전에 서남아시아에 알려져 있었다. 시트론은 커다란 레몬과 비슷하며 유대교의 초막절에서 중요해졌다. 작은 열매가 열리는 품종인 에스로그는 지금도 특별히 초막절을 위해 재배된다. 현재 소규모의 종이 되긴 했지만 시트론은 전체 속에 이름을 제공하는 것으로 그 역사적 중요성을 보여주고 있다.

다른 시트러스 과일인 라임과 레몬은 서력후 초에 유럽에 유입되었을 것이다. 당시에도 이국적이고 부유층에게만 허락되는 과일이기는 했지만 말이다. 아랍인들은 이 과일을 높이 평가하여 스페인을 포함한 자신들의 정복지에 광귤, 레몬, 라임을 소개했다. 지금과 마찬가지로, 당시에도 감귤류 나무에는 두 가지가 필요했다. 충분한 물과 서리로부터의 보호였다. 따라서 건조한 지역에서 감귤류를 재배하려면 관개가 필요하고, 서리가 내리는 기후에서는 보호가 필요하다. 북유럽의 부유층이 감귤류의 맛과 달콤한 꽃 향기에 매료되면서, 이들은 오렌지 온실과 대형 온실을 지어 감귤류를 재배했다. 런던 남서부, 큐 왕립식물원의 우아한 오렌지

맞은편 윌리엄 록스버러 경의 요청으로 그려진 인도산 '사우어 레몬 또는 라임'의 품종 또는 종(미결정된 상태로 그림). 그가 캘커타 식물원을 관리하던 시기(1793~1813)의 것으로 추정된다. 록스버러는 자신의 임기 동안 인도 화가들을 고용하여 2,500여 점의 식물 삽화를 그리도록 했다. 전집 한 세트는 캘커타에 남아 있고, 또 하나는 큐 왕립식물원에 보관되어 있다.

왼쪽 위 '리몬 세드라토' 또는 시트론. 뉘른베르크의 부유한 상인 요한 크리스토프 폴카머(Johann Christoph Volkamer)는 방대한 양의 시트러스 나무를 위해 과수원과 오렌지 온실을 세웠다. 이 내용은 그가 두 권으로 나누어 집필한 〈뉘른베르크의 헤스페리데스〉(1708~14)에 식물 그림과 로코코 스타일의 정원이 만난 100개 이상의 전면 삽화와 함께 기록되어 있다.

오른쪽 위 귤(*Citrus tangerina*). 껍질이 잘 까지는 품종으로 북아프리카 탕헤르 주변 지역과 관련이 있다. 19세기에는 제5대 포틀랜드 공작의 정원사인 틸러리가 잉글랜드 노팅엄셔에서 재배되는 것 중 가장 맛있는 오렌지로 인정하기도 했다. 공작의 웰벡 사유지에 있는 대규모 텃밭과 온실에는 화로의 열로 따뜻해지는 벽이 있었다.

온실은 식물원이 조지 3세 국왕의 사유물이던 시절에 지어졌다. 하지만 불행하게도 성공적으로 재배하기에는 일조량이 충분하지 않았다.

감귤류 과일을 자국에서 재배하기 어렵다는 것이 증명되었지만, 영국과 네덜란드, 그 밖의 북유럽 항해자들은 여행 도중 이 과일들과 조우했고 그것에 감사했다. 단조롭고 영양분이 부족한 식량을 가지고 긴 항해를 하다 보면, 유럽의 제국주의적, 상업적 야심의 주된 장애물은 다름 아닌 '괴혈병'이었다. 괴혈병은 잇몸과 피부에서의 출혈, 피로, 설사, 쇠약을 초래한다. 심지어 괴혈병으로 죽을 수도 있다. 감귤류 과일이 실제로 이 끔찍한 병을 치료할 수 있다는 사실과 꾸준히 먹으면 예방까지 할 수 있다는 것을 처음으로 알게 된 사람이 누구인지 밝혀지지는 않았다. 하지만 15세기 후반 무렵, 감귤류 과일을 먹는 것이 괴혈병의 치료와 예방에 효과가 있다는 것이 언급되었으며, 일부 배의 선장들은 이것이 일상적인 의료 행위가 되기 전부터 이 사실을 알았다. 18세기 중반, 해군 군의관인 제임스 린드(James Lind)는 초기 임상 실험에서 괴혈병에 권장되는 다른 치료제와 함께 감귤류 과일을 실험한 것으로 유명하다. 그는 특히 레몬이 효과적이라는 것을 알게 되었지만, 영국 해군이 선원들에게 라임이나 레몬을 공급하는 규정을 만들기까지는 30년이란 세월이 더 걸렸다.

감귤류 과일에는 괴혈병을 예방하고 치료하는, 인간의 체내에서 생성되지 않는 비타민, 아스코르브산(비타민 C로 널리 알려짐)이 비일정량 함유되어 있다. 아이러니한 것은, 다른 많은 신선한 과일과 채소에도 함유되어 있는 아스코르브산이, 정작 영국 수병들에게 '라이미'(limeys)라는 별명까지 붙게 한 라임에는 다른 감귤류 과일보다 적게 들어 있다는 점이다. 음식에 들어있는 일정치 않은 양의 아스코르브산이 괴혈병에 대한 감귤류 과일의 영향력과 평가를 어렵게 하지만, 건강에 좋은 감귤류의 특성은 현대 마케팅에서 여전히 중요하다. 1954년 노벨상을 수상한 화학자 라이너스 폴링(Linus Pauling)은 1980년대부터 암과 심장혈관계 질환 예방뿐 아니라 감기 치료를 위해서도 아스코르브산을 다량 복용할 것을 주장했다.

당귤나무(C. sinensis)는 15세기 무렵 유럽에서 재배되었으며 콜럼버스는 자신의 두 번째 항해에서 당귤과 레몬(C. limon)을 아메리카 대륙으로 가져갔다. 당귤과 레몬은 플로리다뿐 아니라 카리브해의 몇몇 섬에서도 재배되었는데, 플로리다는 지금도 세계적인 주요 생산지 중 하나다. 19세기에는 캘리포니아에 과수원이 대거 들어서면서 북아메리카 지역에서 플로리다의 라이벌이 되었다. 대륙횡단 열차가 로스앤젤레스를 연결한 지 1년이 지나자, 한 재배자가 오렌지를 싣고 동쪽으로 돌아오는 데 성공했다. 그 밖의 주요 재배국으로는 브라질, 일부 남유럽 국가, 이스라엘 등이 있다. 당귤은 현재 주스 생산을 위해 주로 재배되는데 가공 및 운송 방법이 현대적이어서 쉽게 구할 수 있다.

지속적인 교배 덕분에 현재 일 년 내내 즐길 수 있는 시중의 감귤류 품종이 늘었다. 동시에 집약 재배로 인해 해충과 질병이 반복되는 문제 또한 불가피해졌다. 대체로 따뜻한 기후에서 이상 현상으로 나타나는 서리는 연간 수확량에 영향을 미치며, 서리의 위험이 있을 때 슬러지 히터(과수원 난방기, 오염 문제로 지금은 대개 사용이 금지된다)를 이용하거나 나무에 물을 뿌리는 방법으로 보호하는 것이 재배자들의 두 가지 주요 대처법이다. 물을 뿌리는 것은 나뭇잎에 수분(얼음보다는)이 있는 한 잎의 온도가 빙점 이하로 떨어지지 않을 것이란 사실에 의존한다. '감과'(Hesperidium, 오렌지·귤 같은 과실)는 헤라클레스가 찾던 헤스페리데스(그리스 신화에서 정원을 돌보는 님프들, 황금사과나무를 지킨다고 함)의 황금사과에서 이름을 딴 과일의 학명으로, 이것은 오렌지도 아니며 사과도 아니다. 우리가 손쉽게 먹는 것은 주스와 과육이지만, 껍질 역시 귀중하다. 다양한 감귤류 과일의 껍질에는 비누, 향수, 요리에 널리 사용되는 많은 오일이 함유되어 있다. 베르가못 오렌지(bergamot orange)를 재배하는 유일한 목적은 얼그레이 차(Earl Grey tea)에 독특한 풍미를 주는 껍질에 함유된 오일 때문이며, 세비야 오렌지(Seville oranges) 껍질은 최고의 마멀레이드 재료가 된다.

레온하르트 훅스의 〈식물의 역사〉(1551)에 수록된 섬세한 목판화. 16세기 최고의 약초 중 하나인 알로에 그림이다. 훅스는 자신이 튀빙겐 대학교 내에 세운 식물원에서 알로에 화분을 재배했을지 모른다. 서기 1세기, 훨씬 남쪽에서는 플리니우스가 알로에를 특별한 원뿔형 화분에 재배했다고 기록했다.

알로에

Aloe perryi, A. vera, A. ferox
다육식물과 그 치료 젤

> 내 오랜 금식 기간 동안 나를 지탱해준 비결을 묻는다면,
> 그것은 신에 대한 흔들림 없는 믿음, 검소한 생활 방식,
> 그리고 남아프리카에 도착하자마자 그 효능을 알게 된 알로에일 것입니다.
>
> — 마하트마 간디(자신의 전기 작가 로맹 롤랑에게 보내는 편지)

약효가 있는 알로에는 높이 평가되었다. 아리스토텔레스가 한때 자신의 제자였던 알렉산더 대왕에게 최상급 알로에(*Aloe perryi*)가 자라는 인도양의 소코트라 섬을 지배하라고 조언할 정도였다. 하나의 식물에 대해 인간이 생각하는 가치는 어쩌면 그것과 관련된 전설로 평가되는지도 모르겠다. 알로에는 다육식물로 건조한 환경을 극복하는 다양한 적응법을 가지고 있다. 알로에의 변형된 잎은 건기에 수분저장기관 역할을 하며 잎과 조직에 함유된 즙은 초식동물을 유인한다. 남아프리카 코끼리는 알로에를 좋아한다. 그래서 알로에 잎에는 자신을 보호하기 위한 작은 가시들이 있으며 많은 종이 알로인(aloin) 같은 쓴맛을 내는 화학물질을 생산하는 것으로 보인다. 알로인과 다른 생물 활성 물질의 양은 종, 식물, 나이와 계절, 피해에 따라 다양하다. 그 이유로 알로에의 품질이 일관되지 않을 수 있으며, 명성이 있는 알로에의 약효를 평가하고 유독성을 판단하기가 어려워질 수 있다.

알로에라는 말은 아랍어('쓰다, 빛나다'라는 뜻의 'alloeh')에서 유래되었다. 이 식물에서 나는 거무스름하게 빛나는 정제 형태의 제품에도 알로에라는 같은 단어가 사용되었다. 알로에는 잎을 자르면 껍질 바로 아래 있는 특별한 세포에서 유액이 흘러나온다. 이 유액은 응고될 때까지 가열되고 농축되었다. 운반이 쉬운 정제는 필요할 때 다시 녹일 수 있었고, 종종 다른 약물과 혼합할 수 있었다. 히포크라테스가 언급한 적은 없지만, 이집트인은 기원전 1,500년 무렵부터 알로에를 사용했다. 알로에가 로마 약전에 실린 것은 기껏해야 서기 1세기가 되어서였다. 아시아산 알로에 잎을 생으로 상처에 발랐다는 플리니우스의 기록이 있다. 이 사용법은 임상 증거는 불분명하지만 여전히 장려되고 있다. 플리니우스에 따르면, 최상급 알로에는 인도양 무역로에 대한 연구를 통해 알 수 있듯 인도산이었다. 탈모 예방을 포함한 다양한 효험 중 플리니우스가 주로 극찬한 것은 하제로서의 알로에였다.

알로에는 치료, 세정, 수분 공급 등 내복과 외용을 통한 수많은 용도로 권장되지만, 상처 치유와 하제로서의 기능이야말로 주요 목적이었다. 알로에는 이슬람교도 정복을 따라 수출된 지중해 동부의 아랍 의학에서 특히 인기가 있었다. 시간이

흐르면서 알로에는 정제뿐 아니라 식물 그 자체로 중국과 유럽으로까지 수출되었다. 알로에는 어디서나 인기가 좋았고, 약전에도 수록되었다. 특히 남아프리카는 다양한 종과 함께 알로에의 주요 생산지를 보유하고 있다. 아프리카 최남단에서 알로에 페록스(A. ferox)는 오랫동안 가장 선호되는 종이었다. 알로에 제품에 대한 수요가 계속 증가하면서 오늘날 알로에는 지역 산업의 중요한 공급원이 되었다. 또한 전통적인 방식의 관리 및 수확을 통해 알로에가 다치지 않게 함으로써 추가 경작이 가능하다. 하지만 아프리카의 알로에 페록스 생산량은 멕시코, 미국 남부, 남아메리카 일부 지역의 알로에 베라(A. vera) 생산량보다 적다. 알로에 베라는 아라비아 반도가 원산지로, 콜럼버스가 알로에 베라를 신대륙으로 가져온 후 서인도 제도로 퍼져 나갔다. 알로에 유액과 그것으로 만든 제품은 당뇨병 환자의 혈당을 낮추고, 혈당이 높은 환자의 혈중 지질 수준을 낮추는 역할을 한다.

커티스 식물학 잡지(1818)에 수록된 '위대한 고슴도치 알로에'(Aloe ferox). 이 남아프리카산 알로에는 높이 2미터에 잎의 길이가 1미터까지 자란다. 전통적으로 여러 개의 알로에에서 몇 개의 잎을 모아 오목한 용기 둘레에 배열한 다음 표면을 잘라 흘러내리는 갈색 추출물을 채취한다. 가열에 의한 농축과 건조로 고체가 된 알로에는 쓴맛을 내며, 수세기 동안 이 지역에서 사용되었다.

멕시코 마

Dioscorea mexicana, D. composita
피임약의 원료

> 자신이 엄마가 될 것인지 아닌지를 의식적으로 선택할 수 있기 전까지는
> 어떤 여성도 스스로를 자유롭다고 말할 수 없다.
> — 마가렛 생어(Margaret Sanger), 1919

세상에 알약(pill)은 무수히 많지만 '알약'(the pill)이라는 이름을 가진 약은 하나뿐이다. 1960년 소개된 경구피임약은 간단히 알약으로 알려졌다. 여성을 위한 피임약 보급이 '활기차고 멋진 1960년대'의 자유에 비하면 너무 늦은 감이 있지만, 이전에 없던 출산의 선택권을 제공한 것만큼은 결코 늦지 않았다. 피임약은 병을 치료하거나 완화하기 위한 것이 아니라 '임신'이라는 인체의 자연스러운 과정을 예방하기 위해 복용한다는 점에서 이례적이다. 신체의 생식 호르몬은 일련의 정교한 피드백 루프를 통해 여성의 월경주기를 조절한다. 피임약을 매일 복용하면 프로게스테론(황체 호르몬)이 조절하는 월경주기를 방해하고 배란을 억제한다. 생식 호르몬의 원래 공급원은 식물인데, 먹을 수 없는 두 개의 멕시코 마로 현지에서 '카베자 데 네그로'(*Dioscorea mexicana*)와 '바르바스코'(*D. composita*)로 불린다.

1930년대와 1940년대 스테로이드, 성호르몬, 기타 호르몬과 관련된 연구는 흥미로웠고 의학적인 약속들로 가득했다. 생물학자들은 이 화학전달물질들이 어떻게 신체 기능의 많은 부분을 제어하는지 밝혀낸 데 반해, 화학자들은 연구 목적 특히 치료를 위해 최소 비용으로 대량 공급하는 방법을 찾고자 했다. 식물도 스테로이드를 가지고 있는데, 유기화학자 러셀 마커(Russell Marker)는 이와 관련해 멕시코 마의 잠재성을 처음으로 알아보았다. 그의 천재성은 적당한 원료를 찾을 수 있다는 가정하에 자연에서 발견되는 복잡한 유기 화합물과 유사한 물질을 합성하는 능력이었다. 마에서 얻은 스테로이드 '디오스게닌'을 대상으로 한 일본의 연구에 깊은 인상을 받고서, 식물 스테로이드의 저렴한 공급원을 찾기 위해 애썼다.

마커의 연구팀은 1940년대 초 미국 남부와 멕시코를 여행하며 수집한 400여 개의 식물을 분석했다. 마커는 카베자 데 네그로에 관심을 가졌다. 하트 모양의 잎과 커다란 덩이줄기가 달린 크고 굵은 이 덩굴식물은 멕시코 동부 베라크루스의 울창한 숲에 야생하고 있었다. 마커는 현지 상점 주인들에게 이를 찾아달라고 했고, 디오스게닌이 풍부한 이 덩이줄기를 통해 산업 규모로 사용할 수 있을 정도로 충분한 양의 프로게스테론을 생산했다. 인간의 스테로이드는 모두 유사한 기본 구조를 갖기 때문에, 하나를 합성하여 다른 성호르몬과 부신피질호르몬을 생성할 수

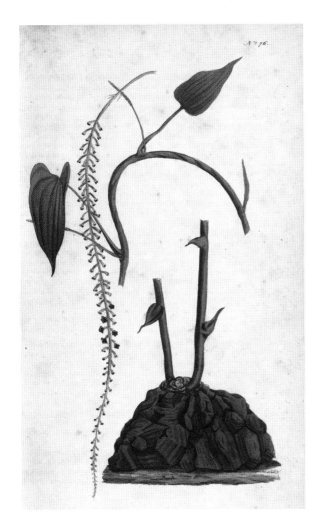

있는 길이 열렸다. 1944년 마커는 멕시코시티에 '신텍스'라는 제약회사를 설립했지만, 1945년 초 회사를 떠났다. 그는 바르바스코의 디오스게닌 수확량이 더 많다는 사실과 3년 안에 대량 생산이 가능한 수준으로 마가 성장할 수 있다는 것을 알았다(카베자 데 네그로는 6~9년이 필요했다). 신텍스의 화학자 칼 제라시(Carl Djerassi)와 루이스 미라몬테스(Louis Miramontes)는 바르바스코를 이용하여 덩이줄기를 가공하는 방법과 순수한 프로게스테론을 대량 생산하는 방법을 개발했다. 그들은 프로게스테론을 주사보다 경구피임약(노르에티스테론)으로 생산하기 시작했다. 월경 이상과 유산 치료를 위한 효능 실험에서 노르에티스테론이 가진 잠재성은 명확해졌다. 푸에르토리코에서 임상실험을 거친 후, 1960년 경구피임약 '에노비드'가 최초의 피임약으로 시장에 출시되었다. 이로써 멕시코는 고급 식물성 호르몬의 주요 생산국으로 우뚝 서게 되었다. 부정적인 측면도 있었다. 미고용된 소작농들이 중개인에게 마를 팔기 위해 악조건을 견뎌 가며 정글에서 마를 채취했다. 이는 지속 가능하지 않았다. 멕시코 정부가 마 채취를 국유화한 결과 야기된 1970년대의 가격 상승은 완전 합성과 같은 다른 방법이 재정적으로 성공할 수 있도록 만들었다.

멕시코 마(Dioscorea mexicana). 지상에 덩이줄기가 있는 멕시코 마의 특징은 남아프리카의 '코끼리발 마'(D. elephantipes)에서 눈에 띄듯이 다른 종에서도 발견된다. 사포닌이 풍부한 멕시코 마는 원예용 재료를 위한 과잉 채취와 약으로 마를 사용하는 현지인들로 인해 멸종 위기에 처해 있다.

일일초

Catharanthus roseus

섬세한 꽃, 강력한 치료 효과

> 일일초는 다른 외래종만큼이나 온실에 둘 만한 가치가 있다.
> — 필립 밀러(Philip Miller), 1708

아프리카 남동쪽 인도양에 있는 마다가스카르는 다양하고 독특한 동식물군이 자생하는 특별한 섬이다. 이곳의 자생식물 중 약 80퍼센트는 인위적으로 다른 섬으로 유입하기 전까지, 이 섬에서만 자랐다. 일일초(Madagascar periwinkle)도 그렇다. 가식(곁 심기)용 일년생 풀로 인기 많은 일일초는 화려하지 않으면서도 아름다워, 신부보다는 신부들러리에 가깝다고 할 수 있다. 하지만 일일초 조직에는 소아암의 양상을 바꾸는 독특한 알칼로이드 '빈블라스틴'과 '빈크리스틴'이 함유되어 있다.

원산지인 마다가스카르뿐 아니라 다른 섬에서도 일일초는 약초로서의 명성을 얻었다. 가령 자메이카에서는 일일초로 끓인 차가 당뇨병 치료제로 쓰인다. 인슐린이 당뇨병에 변화를 가져오긴 하지만 값이 비싸고 주사로 주입해야 했기 때문이다. 캐나다 웨스턴온타리오대학교 로버트 노블(Robert Noble) 연구실에서 1952년 자메이카에서 받은 재료로 일일초 잎의 효능을 실험했다. 경구용 조제약을 이용한 결과, 혈당과 글리코겐 수치에 미치는 효과는 실망스러웠다. 그러다 우연히 할리나 차이코프스키 로빈슨(Halina Czajkowski Robinson)이 혈액 속 포도당과 백혈구 수치를 검사했다. 실험 결과, 일일초 성분의 '무엇'인가가 우리 몸의 방어체계에 필수적이며 골수에서 생성되는 백혈구 생성을 억제하고 있다고 밝혀졌다.

1954년 생화학자 찰스 T. 비어(Charles T. Beer)가 그 팀에 합류하였고, 그로부터 4년 후 그 '무엇'인가를 분리하는 데(5,000번의 시도 끝에) 성공했다. 이들이 분리한 것은 '빈블라스틴'이란 이름의 알칼로이드로, 이를 종양 세포 배양에서 실험할 수 있었다. 비어의 빈블라스틴 생산 방식이 특허를 받을 것이라는 예측에도 불구하고, 미국 인디애나폴리스의 거대 제약회사 일라이 릴리(Eli Lilly)가 매우 유사한 연구를 진행했다. 이곳에서 의약품으로서의 잠재력을 가진 여러 식물에 대해 대대적인 분석을 실시하였고, 일일초와 당뇨병에 관한 소식을 이번에는 필리핀에서 듣게 되었다.

1959년 후반, 빈블라스틴은 임상실험에 들어갔다. 빈블라스틴은 1961년 시판되었고('Velbe'), 1962년 비슷하지만 좀더 유효한 알칼로이드인 빈크리스틴('Oncovin')이 그 뒤를 이었다. 병용 요법에 사용되는 빈블라스틴은, 비록 부작용은 있지만, 유아기 백혈병 치료의 보루가 되었다. 빈블라스틴 사용은 림프종암, 폐암,

에이즈 환자의 카포지육종(피부에 생기는 악성 종양의 하나), 자가면역 당착증 등으로 확대되었다. 일일초 약물은 세포 분열 시 염색체가 이동할 수 있게 돕는 분열 세포의 기관인 방추체의 미세소관 형성을 방해하는 '방추체 저해제' 역할을 한다.

앞서의 병에는 희망의 상징이지만, 일일초는 생물자원 수탈의 상징이 되기도 한다. 많은 이들은 선진국이 개발도상국의 정보와 자원을 착취하고 있다는 사실에 개탄한다. 일일초가 진화를 한 원산지 마다가스카르는 최상급의 알칼로이드를 생산하지만, 앞서 소개한 이야기 속의 일일초 재료는 다른 곳에서 왔다. 오늘날 다양한 나라에서 필요한 원료를 대량으로 제공하고 있다. 하지만 야생 식물을 채집하거나 소규모로 재배하는 마다가스카르 시골 사람들은 계속해서 낮은 가격을 받고 있다. 더불어 세계적인 서식지 파괴로 인해 생명을 살리는 이 꽃과 비슷한 다른 식물을 발견할 수 있는 기회가 줄어들고 있다는 우려도 있다.

일일초는 프랑스의 베르사유와 트리아농의 궁전 정원에서 관상용으로 처음 재배되었다. 그곳에서 난 종자는 18세기 런던 첼시 약초 재배원에 있는 필립 밀러에게 보내졌고, 그는 여름 내내 만발해 있는 일일초를 극찬했다. 겨울철 온기를 유지해 주어야 하는 것 외에 일일초 재배 조건은 쉽게 총족되어, 아열대와 열대지방 어디에서도 일일초는 귀화식물이 되었다.

기술을 바꾼 식물들

물질세계

레바논 삼나무가 자라는 땅을 지배하는 자들은 가장 값진 이 나무를 사용할 권리와 그 목재가 제공하는 아낌없는 혜택을 누렸다. 페니키아의 건축과 선박에 쓰이는 튼튼하고 향기로운 목재로 수요가 많았던 레바논 삼나무는 무역용으로 가치 있는 상품이었다. 삼나무의 수지 역시 높이 평가되었다. 따라서 삼나무는 식물의 물질적인 사용과 그 혜택을 보여주며 기술과 힘을 위한 기조를 세웠다.

지중해 동부 지역에서 삼나무가 했던 역할을, 유럽에서는 참나무가 했다. 다양한 항해자를 위해 널리 사용되었다. 당시 해상에서의 힘은 자국에서의 왕권과 맞먹는 중요한 것이었다. 참나무는 또한 많은 훌륭한 교회와 그 밖의 건물을 짓는 데 필요한 내구성과 견고성을 제공했다. 주목은 다른 식으로 힘을 제공했다. 주목으로 만든 튼튼한 사냥용 창은 그 사용 시기가 45만 년 전으로 거슬러 올라갈 만큼 오래되었다. 나무껍질 바로 안쪽에 있는 변재와 중심에 있는 심재 사이의 미묘한 유연성 차이를 이용해 만든 긴 활(큰 활, 장궁)은 15세기 잉글랜드가 아쟁쿠르 전투에서 승리하는 데 큰 공을 세웠다. 주목의 생화학은 또 다른 종류의 무기도 만들어냈다. 바로 빠르게 분열하는 특정 암 세포를 죽일 수 있는 의약품이다.

이 나무들 모두 가구를 만드는 데 사용할 수 있었지만, 새로움이 주는 충격은 늘 있기 마련이다. 열대지방에 도착한 유럽인들은 어마어마하게 큰 나무를 발견했다. 높은 습기와 무더운 날씨, 벌목꾼의 손이 닿지 않는 빽빽한 환경에서 성장이

활발한 나무였다. 이 발견을 계기로 그전까지 알려지지 않은 넓은 면적의 나무들을 사용할 수 있게 되었다. 열대 활엽수, 특히 마호가니는 18세기에 가구 제작용 목재가 되었다. 다루기 쉽고 원래 견고한 마호가니 제품의 인기는 매우 높았다. 마호가니 유행이 점차 사그라들 무렵이 되자, 열대 삼림 지역은 이미 생태적으로 위협을 받는 헐벗은 상태가 되었다.

목본성이면서 벼과에 속하는 대나무는 여러모로 쓸모있는 식물이다. 온대지방에서 열대지방에 걸쳐 서식하며, 목질로 된 줄기 속이 비어 있는 이 다년생 식물은 인간의 손에서 적응을 잘하는 것으로 드러났다. 섬유질이 풍부하여 견고성이 뛰어난 대나무는 일본에서 주택 건축에 사용된다. 길게 자란 커다란 대나무를 일렬로 묶어 부력이 큰 뗏목을 만들기도 했다. 중국에서 강철 케이블처럼 엮은 대나무는 현수교에서 강철 케이블 역할을 했다. 바구니에서 직물에 이르기까지, 대나무 섬유는 다양한 물건과 옷을 만드는 데 사용되어 왔다. 이렇듯 대나무는 인간의 요구를 계속해서 충족시키고 있다. 오늘날 대나무는 면(목화), 삼베(대마), 아마로 만든 리넨과 같이 좀더 전통적인 섬유와 혼합할 수 있다. 동물의 털도 물론 사용할 수 있지만, 식물성 섬유에는 다른 매력이 있다. 식물성 섬유로 끈, 밧줄, 천, 옷, 돛, 종이, 가구, 방직산업, 최신 유행 의상의 소재, 교수형에 쓰는 밧줄 등이 만들어 진다. 이 모든 식물이 우리의 물질세계를 이루는 원료가 된다.

왼쪽 위 웅장한 레바논 삼나무(*Cedrus libani*). 위쪽에는 솔잎과 솔방울(위가 수솔방울, 아래가 암솔방울). 성숙한 솔방울에서 나오는 날개 달린 종자가 세밀하게 묘사되어 있다.

오른쪽 위 방적을 준비하는 필수 단계로 소모기를 이용하여 목화를 빗질하고 있다. 피에르 소네라(Pierre Sonnerat)가 〈동인도제도와 중국으로의 항해〉(1782)에 기록한 내용이다.

레바논 삼나무

Cedrus libani

페니키아 제국의 건설

> 이제껏 내 친구였던 높이 자란 삼나무의 꼭대기가 천국까지 솟아 있을 것이니.
> 그것으로 높이가 72야드(약 66미터)가 되는 문을 만들지어라.
> — 〈길가메시 서사시〉, 다섯 번째 서판

레바논과 시리아의 가파른 산비탈 높은 곳에는 무려 40여 미터까지도 자라는 웅장한 침엽수인 레바논 삼나무가 작은 숲을 이루고 있다. 레바논 삼나무는 사이프러스, 노간주나무, 소나무와 함께 한때 레바논과 토로스산맥의 산비탈을 아름다운 상록수로 물들였던 나무들의 후예다. 현재 터키에 최고의 삼나무들이 남아 있다고 한다면, 이 우상적인 나무가 국가의 상징이라고 주장해 온 것은 레바논이다.

지질 연대를 측정했을 때, 삼나무속(*Cedrus*)은 비교적 나이가 많지 않다. 삼나무는 6,500~5,500만 년 전에 진화했으며 남아 있는 화석과 현존하는 종을 구별하기는 쉽지 않다. 인류 역사에 있어 삼나무는 레반트 해안 지역을 지배한 고대 문명에서 매우 중요한 나무였다. 삼나무 숲은 후기 청동기와 철기 시대 페니키아인에게 가장 귀중한 원자재를 제공했다. 이웃국가들(이집트, 아시리아, 이스라엘, 바빌로니아, 페르시아)은 이 원자재를 무역으로 확보하거나 조공으로 요구하거나 무력으로 뺏으려고 했다. 제1차 세계대전 중에 해안 철로 건설과 그에 따른 연료 공급으로 당시 남아 있던 레바논의 상당한 삼나무 숲이 벌목되었고, 그나마 남아 있던 숲도 재가 되어 버렸다. 이집트 파라오의 관에 사용될 정도로 한때 높이 평가되던 나무가 맞이한 슬픈 최후였다.

삼나무의 에센셜 오일은 나무에서 매우 좋은 향이 나게 한다. 고고학 유적지에서 발견된 여전히 향기로운 나무가 입증하듯이, 이 향은 매우 오래 지속된다. 수지에 함유된 다른 화학 물질은 나무에 구멍을 내는 해충과 미생물에 의한 부식으로부터 훌륭한 방어 수단이 된다. 18세기부터 유럽 공원에 심어진 조경용 삼나무의 윤곽이 펑퍼짐한 것과 달리 원산지 토양 위에서 보다 밀집되어 자란 삼나무는 키가 더 크고 곧았다. 삼나무는 주요 건축물과 선박 건축에 사용이 가능한 나무로, 고대부터 높이 평가되며 오랫동안 인기를 끌었다.

솔로몬 왕은 예루살렘에 있는 자신의 성전과 왕궁을 삼나무로 지은 것으로 유명하다. 그는 티루스의 왕 히람에게 삼나무 목재와 숙련된 목공을 요구하면서 그 대가로 은과 엄청난 양의 올리브 오일, 밀을 주겠다고 협상했다. 기원전 11세기 이집트 아문라 신전에 새로운 바지선을 만들 삼나무가 필요하자, 신전 관리인인 웬

페니키아인들은 상인이자 조선업자로 유명했다. 커다란 삼나무 숲에서 가져온 목재를 활용하여 하나의 돛에 여러 개의 노를 장착한 선박은 공해의 직선 항로를 이용하여 지중해 곳곳을 항해했다. 삼나무로 배를 만드는 것 외에도, 이들은 귀한 삼나무 목재를 거래하기도 했다.

Cedern-Gruppe am Libanon.

아몬은 이집트 테베에서 페니키아 비블로스까지 항해했다. 삼나무에 대한 대가는 이집트산 금, 은, 리넨, 파피루스 500롤이었다.

페니키아인들은 뛰어난 조선업자였다. 속도는 느리지만 큼직한 페니키아 상선은 지중해 전역을 항해했다. 길이로 이름난 삼나무 판자(와 돛대)는 견고성과 유연성도 갖추고 있었다. 특별히 두꺼운 세포벽이 나무 몸통 아랫면에 축적되어 있어서 가지의 무게로부터 나무가 곧바로 설 수 있도록 해준다. 그처럼 밀도가 높은 삼나무는 물에 담갔을 때 흡수하는 물의 양이 적어서 수지의 내수성을 높인다. 이와 같은 배를 이용하여 페니키아인들은 상아 조각, 귀금속으로 만든 보석 등 사치품을 수출하고 구리 덩이와 같은 원자재를 거래했으며, 페니키아의 항구에서 먼 목적지까지 귀중한 삼나무 목재를 배 뒤에 끌어서 당기며 다녔다.

레바논의 고대 삼나무 숲. 레바논 북부에 있는 신의 삼나무 숲(Horsh Arz el– Rab)은 고대 품종인 '세드루스 리바니'(*Cedrus libani*)를 보존하고 있는 유네스코 세계문화유산의 일부다. 레바논 삼나무(*Cedrus libani*)는 삼나무속 잔존개체군으로 테티스 해(고생대 말기에서 신생대 초기까지 북반구 유라시아 대륙과 남반구 곤드와나 대륙 사이에 있던 바다)가 지금의 지중해가 되기 이전에 이곳 산맥을 따라 자리잡고 있었다.

참나무

Quercus spp.
힘과 위엄

> 작은 도토리에서 커다란 참나무가 자란다.
> ─ 14세기 후반 영국 속담

〈북아메리카 산림〉(1865)에 나오는 영국참나무(*Quercus pedunculata*)의 잎과 도토리. 한 그루의 나무가 도토리를 생산하기까지 50년이 걸릴 수 있다. 그런 다음. 근계가 묘목보다 먼저 성숙함으로 다람쥐나 어치의 도움으로 땅속에 묻힌 도토리에서 작은 싹이 나오기까지는 2년이 걸린다.

참나무속(*Quercus*)은 최대 500종의 대규모 속으로 주로 북반구에 분포하지만 콜롬비아 안데스산맥에도 자생종이 있다. 참나무는 해발 4,000미터 높이에서도 살 수 있으며, 일부 상록수와 반상록수 종을 포함해 겉으로는 다양한 유형이 있지만, 가장 높이 평가되는 것은 키가 크고 위엄 있는 낙엽수들이다. 참나무는 천천히 자라는 활엽수로, 대체로 두껍고 울퉁불퉁하며, 타닌이 풍부한 나무껍질을 가지고 있다. 자연적으로 생기는 화학물질인 타닌은 가죽 가공이나 무두질, 와인 숙성에 이용되며, 또한 해충을 막아주고 썩지 않기 때문에 건축 자재로 특히 훌륭하다. 참나무의 목재는 두꺼운 섬유 세포벽으로 되어 있어 견고성이 좋다.

참나무는 아시아가 원산지이고 5,500만 년 전에 널리 퍼진 것으로 추정되며, 지금 분포는 최근의 지질시대에 일어난 생태계와 기후의 변화를 반영한다. 참나무는 풍매수분을 하기 때문에, 이 유형의 많은 식물이 그렇듯, 발아는 우연히 일어난다. 다람쥐는 대개 도토리를 분산시키는 데 도움을 주는데, 도토리를 땅속에 숨겼다가 그 위치를 기억하지 못하기 때문이다(아니면 어떤 사건이 일어나거나). 대부분의 참나무 종들은 온대 기후와 함께 비교적 비옥하고 습한 토양을 필요로 한다. 환경조건이 좋으면 개개의 나무가 수백 년간 살면서 어마어마한 크기로 자라기도 한다.

서로 다른 종의 참나무는 다양한 용도로 활용되어 왔다. 가장 인기가 많은 종은 영국과 북유럽의 많은 지역이 원산지인 퀘르쿠스 로부르(*Q. robur*)였다. 금속 선체가 등장하기 전까지 배를 만드는 자재로 쓰인 이 종은 영국이 해상에서 패권을 쥐는 데 큰 도움을 주었다. 조선용 목재로 쓰기 위해서는 몸통이 커야 자를 수 있고, 두드려 펼 수 있는 판자가 가볍고 물이 새지 않는데, 참나무는 이 모든 조건을 갖추었다. 퀘르쿠스 로부르가 영국 산림의 주를 이루었음에도 불구하고, 배, 주택, 가구, 땔감 등의 수요로 인해 17세기부터는 스칸디나비아 반도와 발트해 주변 국가로부터 상당량을 수입해야 했다. 가장 일반적인 미국 참나무 종인 흰참나무(*Q. alba*)는 선박회사 매사추세츠 베이컴퍼니가 큰돈을 벌도록 해주었다. 정착민들을 태우고 대서양을 건너온 배에 미국산 목재를 실어 날랐던 것이다. 또 하나의 미국 참나무 종인 라이브 오크(*Q. virginiana*)는 현재 많이 사용되지는 않지만, 모든 참나무 종 중에 가장 내구성이 좋은 것으로 여겨진다.

와인 애호가들이 특별히 애정을 느끼는 또 하나의 참나무 종은 코르크의 원료인 코르크참나무(*Q. suber*)다. 반상록수인 이 나무의 껍질은 특히 두꺼워서 고대 로마인들은 다양한 방법으로 사용했다. 예컨대, 단열 처리, 신발 밑창, 앵커 부표, 병마개가 있는 병 등이다. 이 나무껍질은 진화하면서 불에 대한 적응력을 가지게 된 것으로 보인다. 나무의 껍질이 재생하면서 10년마다 벗겨지기 때문에 나무는 100년 이상 살 수 있다. 도토리는 먹을 수 있어서(쓴 맛이 나는 타닌을 걸러낸 후), 19세기 후반까지 많은 아메리카 원주민, 특히 캘리포니아에서 기본 식량으로 사용되기도 했지만, 오늘날은 많이 소비되지 않는다. 하지만 도토리는 유명함 햄 생산지인 이탈리아와 이베리아 반도에서 지금도 돼지를 위한 기본 사료로 많이 쓰인다.

동아시아의 참나무 종인 그림 오른쪽의 갈참나무(*Quercus aliena*)와 왼쪽의 굴참나무 (*Quercus variabilis*)의 잎, 도토리, 껍질. 목재.
갈참나무는 유용한 재목이며, 굴참나무는 수확량은 적지만, 방수가 되는 밀랍으로 덮인 세포와 함께 유럽 코르크나무와 비슷한 특징을 가지고 있다.

주목

Taxus baccata, T. brevifolia

중세에는 긴 활, 현대에는 의약품

태평양 주목(*Taxus brevifolia*)의 가지. 알래스카 남동부에서 캘리포니아 북부에 걸쳐 북아메리카 서해안의 산악지대에서 자란다. 아메리카 원주민들은 이 나무를 사용하여 활과 창, 카누의 노를 만들었다. 주목에서 채취되는 항암제인 탁솔이 개발되기 전까지, 산림업은 주목을 골칫거리로 생각하고, 하층관목인 이 고대의 나무를 태워버렸다.

> 소수인 우리, 소수지만 행복한 우리, 형제의 무리여.
> – 윌리엄 셰익스피어, 〈헨리 5세〉, 4막 3장

1415년 10월 25일 성 크리스핀 축일 아침, 헨리 5세가 이끄는 영국 군대가 샤를 6세가 이끄는 프랑스 군대와 맞닥뜨렸다. 그날 헨리 5세는 전투에서 승리를 거두었고 아쟁쿠르의 전설은 그렇게 시작되었다. 오래전 연대기가 말해주듯, 영국군의 숫자는 프랑스군의 절반에 불과했지만, 영국 주목 또는 유럽 주목(*Taxus baccata*)으로 만든 긴 활로 무장한 궁수의 수는 훨씬 많았다. 두 군대 간에 차이를 만든 것은 전략적으로 배치된 이 치명적 무기였다.

주목은 고대의 무기 재료이다. 발굴된 것 중 가장 오래된 목재 유물 사이에서 사냥용 창들이 나온다. 잉글랜드 에섹스 지역의 클랙턴에서 나온 주목으로 만든 창 끝은 약 45만 년 전의 것이고, 독일 니더작센에서 발견된 매머드의 늑골에 꽂혀 있던 창은 9만 년 정도 된 것이다. 외츠 계곡 만년설에서 발견된 냉동 미라는 약 5,000년 전에 주목으로 만든 미완성 활을 가지고 이탈리아와 오스트리아 국경 지대에 있는 외츠탈 알프스로 간 것이었다.

잉글랜드의 헨리 8세가 통치할 무렵 긴 활의 전성기는 저물고 있었지만, 그래도 그 존재는 남아 있었다. 1545년 침몰한 헨리 8세의 전함 메리 로즈호를 인양했더니, 주목으로 만든 활과 장대 같은 상당량의 수송품이 발견되었던 것이다. 나무의 특징으로 보아 유럽이나 어쩌면 서아시아에서 수입한 주목임을 알 수 있다. 당시 무역의 상당 부분을 좌우하던 베네치아 상인들이 주목을 공급했기 때문이다. 지정된 수의 장대가 잉글랜드로 수입되는 와인의 배럴당 세금으로 책정되었다.

다른 나무들도 활을 만드는 데 사용되었지만, 주목은 아주 특별하다. 균일하고 곧은 주목 목재를 반지름 방향으로 자르면 자연스럽게 두 개의 층으로 나뉜다. 나무껍질 바로 안쪽의 옅은 색 변재로 수평인 바깥층을 만들면 팽팽한 줄의 장력을 견딘다. 활의 볼록한 안쪽면은 심재층으로 만들어 압축을 견딘다. 이 저항력은 궁수가 활을 당길 때 엄청난 에너지로 저장된다. 그 에너지로 화살이 날아가는 것이다. 강하면서 대단한 탄성을 가진, 수분을 이동시키는 주목의 통도 세포(헛물관)는 일련의 코일스프링 같은 역할을 하는 나선형세포벽비후를 가지고 있다.

주목은 눈에 띄는 재생력을 가진 장수하는 나무지만, 활대로 사용되면서 큰 피해를 입었다. 농지를 만들기 위해 산림을 개간한 것도 마찬가지였다. 메리 로즈호

시대부터 약 400년 후, 대서양 건너에 있는 태평양 주목(*Taxus brevifolia*)도 비슷한 압력에 직면했지만, 이번에는 몸속 세포 간의 전쟁에 연관되었다.

1962년 워싱턴 주에서 다 자란 태평양 주목의 껍질을 벗겨 그 효능에 대해 검사했다. 식물 생산물의 효능을 암치료제로 활용하기 위한 대규모 프로젝트의 일환이었다. 유효성분이 분리되고 그 구조와 작용기제가 밝혀지자, 임상 실험이 진행되었다. 나무껍질을 검사한 지 30년이 지난 1992년 탁솔(주목 수피에서 얻어진 항암제의 원료, 1994년 '탁솔'로 상표등록됨)이 진행 중인 난치성 난소암을 위한 의약품으로 인가되었다. 오늘날 초기 약물을 변형시킨 약들이 유방암, 폐암, 두경부암, 그리고 에이즈와 관련된 카포지 육종을 치료하는 데 사용되고 있다.

탁솔은 다 자란 태평양 주목의 껍질에서 추출되며, 소량의 정제약을 만들기 위해 다량의 탁솔이 필요한데, 껍질을 얻는다는 것은 나무를 죽이는 것을 의미한다. 1990년 임상 실험 성공이 엄청난 수요로 이어질 것을 인식한 환경주의자들은 미국 암학회와 탁솔 역사에서 중요한 과학자들과 손을 잡았다. 태평양 주목을 멸종위기종으로 등재시켜, 지속적으로 활용할 수 있도록 요청하기 위해서였다. 청원은 실패했지만, 태평양 주목 법은 주목을 보호하는 데 어느 정도 도움이 되었다. 그후 탁솔을 부분 합성하여 원료가 지속될 수 있도록 했다. 유럽 주목을 포함하여, 나무조각, 잔가지, 솔잎으로 약을 만드는 방법과 식물 세포 배양법이 개발되었다. 안타깝게도 인도 북서부와 네팔 서부에서 탁솔용으로 히말라야 주목(*Taxus contorta*)을 사용하면서 나무 수가 90퍼센트 줄었다. 히말라야 주목은 현재 세계자연보전연맹 레드 리스트(IUCN's Red List)의 멸종위기종에 이름이 올라 있다.

기사도 시대의 사랑을 그린 중세 우화. '장미 이야기'에 나오는 이 그림에서 날개 달린 사랑의 신 아무르가 연인을 겨냥하고 있다. 아무르는 긴 활을 들고 활을 당기고 있다. 활을 당기기 위해서는 엄청난 힘이 요구된다. 메리 로즈호에서 발견된 궁수들의 사체에서 왼쪽(활을 잡은 팔)과 오른쪽(화살을 당기는 팔) 어깨와 팔꿈치 뼈에서 특유의 비대칭이 발견된다.

아마

Linum usitatissimum

리넨과 리놀륨

> 사랑은 리넨처럼 쉽게 변하지만 달콤한 것이다.
> — 피니어스 플레치(Phineas Fletcher), 〈이부〉(Sicelides, 1614년 공연), 3막 5장

아마는 적어도 기원전 4,000~3,000년부터 인간의 옷이 되었다. 하지만 처음 경작하게 된 이유는 기름기가 많고 먹을 수 있는 씨 때문이었다. 약 8,000년 전 청아마(*Linum bienne*)에서 육종된 것으로 추정되는 아마의 소비는 여전히 옛날 방식이다.

아마는 재배 과정에서 불포화 지방산 함량이 증가하는, 유전적으로 중요한 사건으로 보인다. 아마씨 오일은 공기에 노출되면 천천히 산화하면서 굳는다. 아마씨 오일을 촘촘히 짠 리넨(아마 섬유)에 바르면, 고대의 갑옷을 견고하게 만들어 주었다. 같은 원리로 아마씨 오일을 섞은 색소로 리넨을 칠하면 겹겹이 건조시킬 수 있었다. 순수 예술에 사용한 아마씨 오일은 위험 요소로부터 목공품을 보호하기도 했다. 1860년대 프레더릭 월튼(Frederick Walton)은 마직포 위에 산화된 아마씨 오일과 코르크나 톱밥을 섞어 시트로 압축하여 리놀륨(또는 '리노'라고 부름) 바닥재를 개발했다. 1880년대 세균의 발견 이후로, 주부들은 카페트를 치워버리고 리놀륨을 깔기 시작했다. 리놀륨은 청소하기 쉬웠고, 아마씨 오일이 항세균제로 홍보되었다. 1950년대 비닐에 밀렸다가 다시 유행하고 있으며 이제 '친환경' 제품이다.

유지 식물과 비교했을 때, 섬유를 생산하는 아마는 키가 크고(1.2미터 정도) 위쪽에만 잎이 난다. 리넨은 고대 이집트에서 실용품이자 신성한 직물이었다. 신전의 사제들은 쉽게 표백되고 잦은 세탁을 견딜 정도로 튼튼한 순백색 리넨을 입었다. 약 기원전 2,000년 이집트 고분 벽화는 아마가 리넨으로 변하는 과정을 보여준다. 아마 가공을 할 때 첫 번째로 침수 처리를 하고 나서 솜타기를 하면 방직용 인피 섬유(껍질의 바로 안쪽 인피층에 있는 섬유)가 나온다. 아마 섬유는 옷감뿐 아니라 줄, 끈, 범포(돛천, 아마는 물에 젖으면 두 배로 강해진다)로 만들어진다.

아마가 잘 자라는 추운 북유럽과 서유럽의 리넨은 피부에 자극이 없고 흡수성이 좋기 때문에 양모 안쪽에 댈 수 있는 유용한 층을 만들었다. 면과 비단은 촉감이 좋았지만, 원산지 밖에서는 너무나 비쌌기 때문이다. 리넨은 가정용으로 집에서 짰으며 중세시대 후기에 융성한 도시에서는 스타일과 짜는 방식이 다양해진 고가의 리넨이 거래되었다. 침대 시트에서 제대포(제단 위에 까는 천)에 이르기까지, 고급 리넨은 제자리를 찾았다.

시중에 리넨이 많을수록 리넨을 사용한 후 남는 누더기 천이 많다는 것을 의

미했다. 누더기 천을 이용한 제지 기술은 12세기 중국에서부터 이슬람교도 지배하의 스페인을 통해 유럽으로 전파되었다. 16세기부터 리넨 직조의 중심지(브루제, 안트베르펜, 벨파스트)들은 계속해서 독특한 직물을 개발하여 명성을 얻은 반면, 러시아는 아마를 대량 재배했다. 해상에서의 무역과 전쟁은 범포와 선원들의 작업복에 대한 수요를 증가시켰다. 전쟁 양상이 변화하면서 리넨은 새로운 용도를 찾았다. 제1차 세계대전에서 리넨은 기관총 실탄 벨트에 탄약을 고정하는 천으로 쓰였다. 방수가 되는 리넨으로 비행기 프레임을 감싸기도 했다.

리넨의 단점은 탄성이 부족해 구김이 쉽게 간다는 것이다. 값싼 면에 이어 합성 섬유가 출현하면서 의류시장에서 리넨의 인기는 급락했다. 하지만 새로운 방식의 혼방, 높은 가격, 희소가치가 이 고대 직물에 새로운 기운을 불어넣었다. 또한 아마 식품이 다시 유행하고 있다. 아마의 알파-리놀렌산이 체내에서 심장혈관계 질환을 예방한다고 여겨지는 오메가 3 지방산으로 전환된다고 알려졌기 때문이다.

한스 크리스티안 안데르센(Hans Christian Andersen)의 변형 우화 〈아마〉(1843)에서 가장 유용한 식물인 아마는 밭에서 직물로, 누더기에서 종이로, 그리고 벽난로에서 최후의 제물이 되는 여행을 한다. 안데르센이 의도한 교훈은 유쾌한 금욕주의였을 수도 있지만, 작가는 이 우화를 통해 아마의 유용성을 군더더기 없이 보여준다.

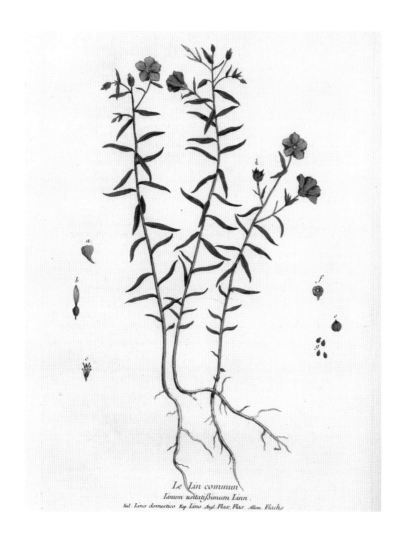

Le Lin commun
Linum usitatißimum Linn.
Ital. Lino domestico Esp. Lino Angl. Flax, Flits. Allem. Flachs.

대마

Cannabis sativa
직물과 오래된 밧줄

> 우리는 즐거운 세 명의 소년,
> 교수대 아래
> 대마 밧줄에 묶여 언제나처럼 노래를 불렀네.
> – 존 플레처(벤 존슨 외 합작), 〈피 흘리는 형제〉(약 1616년)

일년생 식물로 심어 재배한 대마는 5미터 높이로 자랄 수 있다. 이렇게 긴 줄기에서 나오는 인피 섬유로는 유용한 삭구(배에서 쓰는 로프 등)와 밧줄뿐 아니라 직물과 종이를 만들고, 대마 씨로는 식용유를 만든다. 서로 다른 식물의 섬유들이 모두 '대마'로 불려왔지만, 진짜는 '카나비스 사티바'(*Cannabis sativa*) 종에서만 나온다. 카나비스 사티바 중에 키가 작고 잎이 많은 품종은 향정신성 카나비노이드(대마의 화학성분)의 원료이다. 이 성분은 암꽃에 집중되어 있는데, 꽃 가까이에 잎는 잎과 함께 대마수지(하시시)와 마리화나로 가공된다. 줄기 섬유와 카나비노이드는 둘 다 대마 원산지인 중앙아시아와 동북아시아에서 매우 오랫동안 사용되어 왔다. 그중 중국의 주술사들은 치료 목적과 향정신성 효과를 위해 마약 성분을 사용하였다. 이러한 지식은 중국에서 서쪽으로 확산돼 인도로 갔을 수도 있고, 자체적으로 생겨났을 수도 있다. '뽕나무와 대마의 땅'이었던 중국의 신석기시대 도기에 마직물의 흔적이 있는 것은 당연하다. 누에로 만든 비단은 부자들의 옷감이었던 반면, 가난한 이들은 대마로 옷을 만들어 입었다. 유교의 영향으로 부모님이 돌아가시면 남은 자녀들은 빈부에 상관없이 삼베옷을 입고 애도하는 것이 자식의 도리였다. 중국 한 왕조(기원전 206년~서기 200년)에서는 새로운 대마 섬유와 재활용된 대마 섬유(의복과 어망에서), 뽕나무껍질을 이용한 제지 혁명이 일어났다.

아시아로부터 대마가 유입된 후, 대마 밧줄과 삭구는 고전시대 동안 지중해에서 빠르게 자리잡았으며 이후 거침없이 서쪽으로 퍼져나갔다. 선박의 규모가 커지고 구조가 복잡해지면서 무역, 탐험, 정복 등 모든 활동이 점차 대마에 의존하게 되었다. 대마와 리넨으로 만든 돛과 삭구는 배가 항해하는 데 도움을 주었고, 선원들은 대마천으로 만든 해먹침대에서 잤다. 엄청나게 굵은 밧줄로 배를 예인하고, 대마 밧줄로는 배를 정박시키는 한편, 대마끈으로는 수심을 측량했다.

신대륙의 버지니아 초기 정착자들은 땅과 기후가 적합하다는 이유로 대마를 재배할 의무가 있었다. 많은 시간이 흐르고 나서, 미국산 범포는 19세기에 나라를 개척하기 위해 서쪽으로 향하던 짐마차를 덮는 데 사용되었다. 하지만 해상에

CANNABIS SATIVA.
Der zahme Hanf.

대마(*Cannabis sativa*)는 마리화나 같은 마약뿐 아니라 많은 유용한 제품의 원료이기도 하다. 튼튼한 대마 줄기 섬유로 만든 밧줄은 합성섬유가 나오기 전까지 범선에 아주 중요했으며 썩는 것을 막기 위해 타르를 칠했다. 밧줄이 낡으면 풀어서, 거기서 나온 뱃밥을 선체와 목갑판의 구멍이나 틈새를 메우는 데 사용하였다. 뱃밥을 푸는 힘든 일은 해군을 처벌하는 데 이용되었다.

서의 수요 증가를 충족시킨 것은 러시아였다. 표트르 대제는 러시아의 광활한 땅 일부와 농노들을 대마 경작으로 돌릴 수 있는 가능성을 보았다. 이 시도는 대단히 성공적이어서 대마는 러시아의 주요 수출 작물이 되었다.

　대마는 범선의 종말과 합성섬유의 등장 이전까지 대단히 중요했다. 대마의 현대사는 마약으로의 사용이 주를 이루었기 때문에 재배와 소비는 불법이 되었다. 대마유와 대마 씨가 건강에 좋다는 이유와 함께 대마 섬유의 친환경적 특성이 점점 높이 평가되면서, 현재는 대마의 정신활성 효과성분인 THC(테트라히드로칸나비놀) 함량이 낮은 품종이 상업적으로 재배되고 있다.

No. 1497 Gossypium religiosum Willd

1497 Gossypium fuscum R.

= G. herbaceum G. religiosum, Roxb.
= G. barbadense var. religiosum, Mast.

목화

Gossypium spp.
세계가 입는 옷

세계 어디에서나 인기 있는 청바지 때문에 목화의 수요는 항상 높다. 하지만 여기에는 대가가 따른다. 현대적인 목화의 재배 방식에는 많은 양의 물은 물론이고 대개 석유에서 추출되는 다량의 비료와 살충제가 사용되기 때문이다. 난대 기후에서 목화는 다년생이고 나무로 자랄 수 있지만, 대개 일년생으로 취급되며, 이 경우 최대 2미터 높이의 커다란 관목이 된다. 목화는 비옥한 토양을 필요로 하며, 생장기에는 비가 많이 오고 수확기에는 건조해야 한다. 목화속(*Gossypium*)에 속하는 약 50종 가운데 단 네 개 종만이 여문 꼬투리에서 나오는 목화 섬유로 채취되어 왔다. 두 개의 신대륙 종인 육지면(*G. hirsutum*)과 해도면(*G. barbadense*)은 콜럼버스가 신대륙을 발견하기 이전에 사용되었고, 두 개의 구대륙 종인 인도면(*G. arboreum*)과 아시아면(*G. herbaceum*)은 오랫동안 좋은 평가를 받았다.

두 개의 구대륙 종은 야생 조상이 아직 확인되지 않았기 때문에 그 기원이 모호하지만, 아마 아프리카에서 왔을 것이라 추측된다. 인도에서 목화에 대한 고고학적 증거는 기원전 2,500년경으로 거슬러 올라간다. 그리스의 역사가 헤로도토스가 목화와 인도의 섬유 직조에 대해 설명한 적이 있으며, 인도의 저작물에서 목화는 심지어 그보다 빨리 언급되고 있다. '목화'(cotton)라는 단어는 산스크리트어에서 기원한다. 아랍인들은 8세기부터 자신들의 제국을 확장하면서 시칠리아와 스페인에 목화를 소개했다. 하지만 유럽의 방직 기술은 대단히 섬세하고 아름다운 모슬린과 친츠(chintz)를 생산하던 인도의 방식 기술을 따라가지 못했다. 유럽에서 대부분의 초기 목화는 사실상 목화와 아마를 섞어 만든 퍼스티언(fustian)이었다.

신대륙에서 목화는 콜럼버스가 신대륙을 발견하기 이전부터 이미 자리잡고 있었다. 해도면은 페루가 원산지이며, 어망을 만들기 위해 해도면이 필요했던 해안지역과 해도면이 재배되는 고지대 간의 중요한 무역 상품이었다. 기원전 1,000년부터 페루의 파라카스 문명은 목화를 낙타의 털과 섞어 짠 정교한 직물을 만들었다. '이집트 목화'는 현재 이집트에서 널리 재배되고 있지만, 사실 신대륙의 종인 해도면이다. 육지면은 특히 중앙아메리카에서 몇 차례 작물화된 것으로 추정된다. 16세기 초 스페인에서 온 침략자들은 몸에 닿으면 따가운 자신들의 모직물

맞은편 '고시피움 렐리기오숨'(*Gossypium religiosum*)의 꽃과 여문 꼬투리, 씨. 손으로 쓴 메모가 증명하듯, 이 남아메리카의 목화는 여러 차례 이름이 바뀌었다. 윌리엄 록스버러 경은 이 그림을 인도에서 의뢰했다. 인도에서 목화는 탁발승이 경작하거나 사원 근처에서 발견되는 것으로 명성을 얻었다.

과 리넨을 버리고, 대신에 아즈텍인들이 입던 부드러운 면을 입었다. 이 육지면이 현재 전 세계 면 생산의 거의 90퍼센트를 차지한다.

유럽에서 면이 대중화되기까지는 오랜 시간이 필요했지만, 대중화가 되자 직물 산업을 완전히 바꿔버렸다. 면은 모직이나 리넨에 비해 세탁하기 쉬웠기 때문에 청결과 공중보건에도 큰 영향을 끼쳤다. 원래 대부분의 유럽 목화는 동인도회사가 목화를 독점하고 있는 인도에서 비가공 상태로 수입되었다. 18세기 목화 꼬투리와 목화씨를 분리하기 위한 동력과 기계의 사용 및 목화 섬유의 빗질과 직조에서의 혁신이 잉글랜드 북부 랭커셔의 옷감 생산을 근본적으로 변혁시켰다.

미국인의 창의력이 면 가공을 향상시키기도 했다. 미국의 기계발명가 엘리 휘트니(Eli Whitney)가 1793년 발명한 조면기(목화씨를 분리하는 기계)로 인해 꼬투리의 목화씨에서 목화 섬유를 기계적으로 분리하는 것이 훨씬 빨라진 것이다. 이런저런 발전으로 면직물의 가격은 내려간 대신 수요는 증가했다. 점차 미국은 면제품 공급에서 인도와 경쟁을 벌이기 시작했다. 남부 주들은 목화 생산을 위한 기후 조건이 적합했기 때문에, 1807년 테네시에서 대규모 목화 재배가 시작되어 곧 확산되었다. 농장에 필요한 노동력은 아프리카 노예들로 꾸준히 채워졌고, 사탕수수를 세계 시장에 자리잡을 수 있게 했던 비인간적인 생산법이 지속되었다. 1853년경, 영국에 대한 미국의 목화 수출이 대폭 증가하면서 인도에 큰 손해를 입혔다.

미국에 남북전쟁(1861~65년)이 일어나면서 면 공급이 중단되었고, 인도는 그 공백을 부분적으로만 메울 수 있었다. 면 공급 중단이 랭커셔 목화 공장의 실업으로 이어지면서, 노예제도가 갈등의 한 원인이라는 사실에도 불구하고, 전쟁에 대한 영국인들의 지지 의견은 나뉘었다. 남부의 패배로 노예제도는 끝이 나고, 오랜 농장제도가 무력화됐지만, 남부에서는 면 단일 경작이 계속되었으며 더불어 해충과 질병이라는 문제점들이 발생했다. 19세기 후반부터 최악의 문제는 해충인 '목화 바구미'로, 암컷 바구미는 목화 봉오리에 알을 낳는다.

해충과 기업식 농업 사이에서 지속적으로 발생하는 갈등은 살충제와 유전자 변형(GM) 식물과 관련이 있다. 이러한 문제에 화학 비료, 과도한 물 사용까지 더해, 목화는 환경주의자들로부터 많은 비난을 받아왔다. 하지만 수요는 여전히 높다. 목화씨와 목화씨 기름은 동물 사료에서 페인트에 이르기까지 여러 용도로 쓰인다. 재활용된 섬유는 미국 화폐를 만드는 종이에 사용된다. 단섬유(목화같이 짧은 섬유의 총칭)는 폭탄, 신발, 핸드백, 제본에 사용되는 셀룰로오스 화합물을 만드는 데 들어간다. 목화 제품은 아이스크림, 엑스레이 필름, 래커(광택제), 화장품에도 등장한다. 세계적으로 면 소비를 촉진하는 것이 비단 청바지만은 아닌 셈이다.

위 에티오피아에서 축제 때 여성이 입는 면 드레스. 아시아면은 에티오피아에서 오랫동안 사용되어 왔지만, 현재 그곳에서 재배되는 대부분의 상업용 면은 신대륙 종(해도면)과 교배종이다. 가뭄에 더 내성이 있는 에티오피아의 종이 이 건조한 작물의 새 교배종에 필요한 유전 물질을 제공할 수 있을지 모른다.

맞은편 인도면의 다른 이름인 고시피움 네글렉툼(*Gossypium neglectum*)과 그것의 씨. 구대륙의 이 '나무 목화'가 어디에서 처음 작물화되었는지 확실하지 않지만, 나무 목화는 인더스 문명에 의해 개발되었으며, 그 결과로 나온 종은 신대륙 목화가 유입되기 전, 아시아 목화 생산의 주를 이루었다.

No. 1495
(1493) Gossypium herbaceum, W.

G. neglectum Tod.
fr.

대나무

Bambusoideae
다재다능하고 견고한 줄기

일본제 옻칠 그릇에 그려진 죽순의 끝부분과 섬세한 잎. 대나무의 상징적 표현과 서예 기법과의 유사성 때문에 대나무는 동아시아 미술에서 자주 묘사된다.

> 노동자는 손톱을 깎을 의무가 있지만 상류층은 손톱을 기른다,
> 그리고 밤이면 손톱에 작은 대나무 상사를 끼운다.
>
> – 페르 오스벡(Peter Osbeck), 1771

유럽과 북아메리카 사람들은 대나무가 풍부했던 19세기 중국과 일본의 물질 문화를 접하고서 속이 빈 대나무 줄기의 다양한 용도에 놀랐다. 이러한 이해는 중국과 일본 사회에 대해 배울 수 있는 기회를 제공했다. 다른 곳에서는 목재와 금속으로 만드는 많은 것들을 이곳에서는 대나무가 대체했다. 열대와 아열대 기후의 아시아 지역은 '대나무 시대'에 많은 혜택을 받으며 살았다.

오늘날 세계에서 가장 **빠르게** 성장하는 '목본' 식물(대나무는 실제로 나무가 아니다)의 경제적 잠재성에 대한 인식이 점차 증가하고 있다. 죽순대(*Phyllostachys edulis*)는 최대 생장기 동안 하루 만에 120센티미터나 자란다고 기록되어 있으며, 최대 28미터까지 자랄 수 있다. 이 경우 줄기는 건축에, 섬유는 직물에 이용되며, 어린 죽순은 먹을 수 있다.

대나무는 잎이 넓은 벼과 식물로, 숲에 서식하면서 그 환경에서 유일하게 다양화된 주요 벼과 식물이다. 전 세계에 약 1,400종(약 115속)이 있는 것으로 확인되고 있다. 대나무는 세 가지 족(簇)으로 나뉜다. 그중 밤부스족(Bambuseae)과 아룬디나리족(Arundinarieae)이 주를 이루고, 나머지 올리르족(Olyreae)은 대개 아메리카 대륙에서 자란다. 일부 대나무 종은 꽃이 거의 피지 않아 연구하기 어렵다. 1912년 일본 나가사토에서 죽순대 표본이 꽃을 피웠다. 여기에서 얻은 종자가 요코하마와 교토에 심어졌고, 서로 350킬로미터나 떨어져 있음에도 불구하고, 1979년 모든 대나무 줄기가 일제히 꽃을 피우며(집단 개화) 67년의 생명 주기를 마쳤다. 참대(*P. reticulata*)가 종자에서부터 꽃을 피우기까지 소요되는 예상 시간은 120년이다. 대나무는 또한 빠르게 증가하는 땅속 뿌리줄기를 이용해 영양 생식한다. 대나무에는 땅속에서 수평으로 확장하며 새 순을 위로 보내는 '기는 줄기'(runner)와 기본 대나무의 측면에서 새로운 줄기가 솟아나는 '덤불'(clumpers) 둘 다 있다.

이렇듯 종이 다양하고 성장도 **빠른** 만큼, 단순한 요리 용도(음식과 음식을 먹는 젓가락으로) 외에도 쓰임새가 매우 다양하다. 줄기를 쪼개어 엮을 수 있고, 대나무 발은 집을 짓거나 모자를 만들 때 사용할 수 있다. 흔해 보일 수 있지만, 물건을 담아서 옮기는 바구니는 꼭 필요한 것이다. 가령, 가금류를 담아 시장에 가져갈 수 있

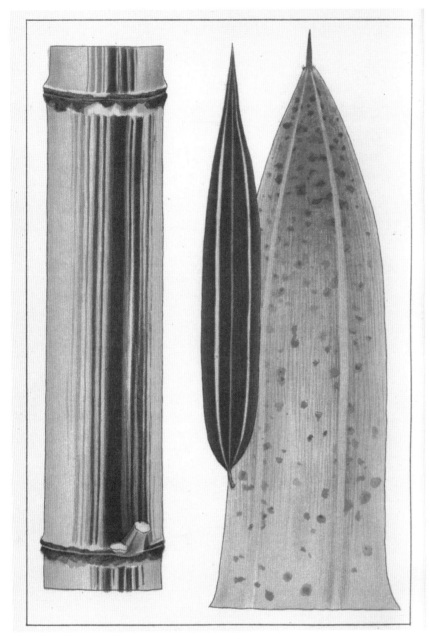

고 통발로 물고기를 잡을 수도 있으며 채반으로는 누에를 칠 수 있다. 케이블처
럼 꼬아 만든 대나무 섬유와 전체 줄기를 사용하면 강에 다리를 놓을 수 있고, 대
나무 뗏목도 만들 수 있다. 대나무는 물을 흘려 보낼 뿐 아니라 운반할 수도 있다.
관개수로관과 물레방아, 바구니와 컵처럼 말이다. 한쪽 어깨에 걸치는 간단한 장
대로 양 끝에 매달린 짐을 옮길 수 있고 두 개의 장대로는 가마를 만들 수 있다.
실외 가구부터 실내 가구, 집, 사원, 대규모 건물의 비계, 이 모든 것이 대나무로
만들어진다. 대나무는 필기구와 종이로도 사용된다. 자이언트 판다는 엄청난 양
의 대나무를 먹어야 하는데, 일부 종이 꽃을 피운 후 죽더라도 그 양은 충분하다.

마호가니

Swietenia spp.

최고급 가구 목재

> 모든 나무 가운데, 마호가니는 가장 견고한 가구로 적합하다. 마호가니는 다루기 쉽고, 무늬가 아름다우며, 광을 내기 쉬워서, 어느 방에서든 귀중한 가구가 될 것이다.
> — 토마스 쉐라톤(Thomas Sheraton), 1803

18세기 중반 디자인된 다리가 세 개인 마호가니 탁자. 파이 반죽의 가장자리를 연상시키는 특유의 디자인으로 엄청난 인기를 끌었다. 처음 이 탁자는 하나의 목재만을 이용해 만들었지만, 복제품들은 파이 반죽 형태의 가장자리를 나중에 추가로 만들었다. 사실 사진 속 탁자는 장난감이지만, 심지어 인형의 집에서도 최고의 제품만 쓸모 있었다.

마호가니가 고급 가구, 벽에 대는 판넬, 목공예품을 위한 자재로 오랫동안 사랑을 받아 온 이유는 쉽게 알 수 있다. 색감(건조된 후)이 매우 진하고 독특해서 그 색감이 실제 색상이 되며, 나뭇결은 섬세하고, 목질은 단단하고 내구성이 있기 때문이다.

'진짜' 마호가니는 스위에테니아속(*Swietenia*)에 속하는데, 이 이름은 린네의 네덜란드인 제자 니콜라우스 자케(Nikolaus Jacqui)가 자신의 후원자인 비엔나의 의대 교수, 게라르트 반 스비텐(Gerard van Swieten)에게 경의를 표하기 위해 붙인 것이다. 린네는 마호가니를 삼나무의 일종이라고 생각했다. 미국 남부의 마호가니는 북미 대륙과 카리브해의 열대지방 전역에 퍼져 있었고, 그 지역 사람들에 의해 오랜 세월 사용되었기 때문이다. 마호가니는 서로 밀접한 관련이 있는 세 개의 종, 스위에테니아 마하고니(*S. mahagoni*), 스위에테니아 후밀리스(*S. humilis*), 스위에테니아 마크로필라(*S. macrophylla*)로 구성된다. 스위에테니아 마하고니는 대개 플로리다 남부와 바하마가 있는 멀리 북쪽의 카리브해에서 발견되었다. 스위에테니아 후밀리스는 잎이 작고 더 건조한 기후를 선호하는 종으로, 남아메리카 북부에서 멕시코까지 퍼져 있다. 커다란 잎을 가진 스위에테니아 마크로필라는 현대 농장에서 가장 선호되는 종으로, 브라질과 온두라스에 주로 서식한다. 이 세 개의 종은 자유롭게 교배할 수 있다. 유럽과 북아메리카 인들이 원하는 아름다운 가구와 조각품, 건축에 필요한 대부분을 충당한 것도 이 세 종이었다. 마호가니 수입은 19세기 후반 정점에 달했으며, 그 무렵 이미 공급 부족에 시달렸다.

마호가니가 번성하기 위해서는 햇빛과 온기가 필요하다. 마호가니는 성장이 느리고 무리를 지어 서식하지 않기 때문에 언제라도 이용할 수 있는 마호가니 숲이란 존재하지 않는다. 따라서 외떨어진 나무들을 개별적으로 벌목해야 하고 배가 다닐 수 있는 수로, 도로, (현재)열차 종착역으로 수고스럽게 운반해야 한다. 마호가니는 적당한 공간만 확보되면 조림지에서도 재배할 수 있지만 '마호가니 나무좀'이라는 심각한 해충이 문제가 된다. 인도, 방글라데시, 인도네시아, 피지에 세운 조림지는 성공적으로 자리 잡았다. 이 웅장한 나무(스위에테니아 마크로필라는 높이 70미터, 직경 3.5미터까지 자랄 수 있다)를 보존하려는 시도로, 두 가지 중요한 일이 진행되고 있다.

19

Swietenia Mahagoni

첫째 마호가니는 '멸종위기에 처한 야생 동식물의 국제거래에 관한 협약' (CITES)에 올라 있어서 사용이 점차 규제되고 있다. 농장과 그 밖의 식량 관련 용도로 아마존의 토지가 개간되면서 마구잡이로 벌목하고 태웠다. 이러한 규제에도 불구하고, 대부분의 마호가니가 여전히 불법으로 벌목되고 있다. 현재 세계 최대 수출국인 페루에서는 최대 80퍼센트의 마호가니가 국제 규정을 위반한 채 수출되고 있는 것으로 추정된다. 둘째, 마호가니는 현재 다른 활엽수들을 대거 포함하고 있는데, 그중 일부는 심지어 같은 과가 아니다. 아프리카 마호가니는 카야속 (Khaya) 또는 엔탄드로프라그마속(Entandrophragma)에 속하며, 스리랑카 마호가니는 삼나무이다. 필리핀, 뉴질랜드, 중국 마호가니는 또 다른 종류의 나무이다. 이 나무들은 모두 '마호가니'란 이름으로 거래되고 있다. 마호가니는 가구뿐 아니라 최고의 전자기타에도 사용된다. 마호가니의 아름다움과 내구성은 여전히 특별 대우를 받고 있으며, 높은 가격이 매겨진다.

마호가니의 꽃이 핀 가지와 다섯 개의 열편이 있는 삭과와 씨. 삭과는 겨울 내내 나무에 매달려 있다가 봄이 되면 터지면서 공기 중으로 씨를 방출한다. 원산지인 카리브해에서는 마호가니 껍질로 만든 조제약을 약제로 쓰는 전통이 있었다.

경제를 바꾼 식물들

환금작물

위 커피나무(*Coffea arabica*)에 꽃과 미성숙 및 성숙된 장과가 달려 있다.

식물 생산물은 대개 물물교환되거나 돈으로 교환되어 왔다. 고대 지중해, 아시아, 신대륙의 무역망은 광범위했으며 대개 목재, 음식, 옷감 원료를 포함했다. 오늘날 환금작물(상품작물)을 이용하는 데 있어서 차이점은 주로 그 규모와 원산지 밖으로 작물을 대량 이식한다는 점이다.

담배는 유럽인들이 '연초'를 접하기 전 신대륙에 유입되었으며 대부분 현재와 같은 방식으로 사용되었다. 사탕수수는 유럽인들이 카리브해 지역과 미국 본토로 가져가기 이전에 태평양 제도에서 이미 아시아와 서남아시아, 아프리카로 수송되었다. 차나무는 중국에서 세심한 보호를 받다가, 종자나 묘목 상태에서 인도와 스리랑카, 마침내 아프리카로 밀반출되었다. 커피나무는 고향인 에티오피아에서 신대륙과 자바, 그리고 아프리카의 다른 지역으로 점차 확산되었다. 차, 커피, 사탕수수(설탕)에 대한 수요는 비슷하게 증가했고, 설탕과 담배(면과 함께)는 농장주들이 이 노동 집약적인 작물의 재배를 확대하면서 신대륙의 노예제도 성장에 불을 지폈다.

커피와 차처럼, 초콜릿도 각성제를 함유하고 있다. 처음으로 초콜릿을 맛본 신대륙의 감식가들과 달리 유럽인들은 단맛이 나는 초콜릿을 선호했다. 유럽인들은 또한 초콜릿 가공법을 개발했으며, 원산지인 중앙아메리카와 남아메리카 외에 현재 초콜릿 생산량의 많은 부분을 담당하고 있는 아프리카의 일부 열대지방까지 생산을 대폭 확대했다. 그 대신 아프리카는 중앙아메리카 및 남아메리카의 열대지방

The Flower, fruit, & plant of the Bananas.

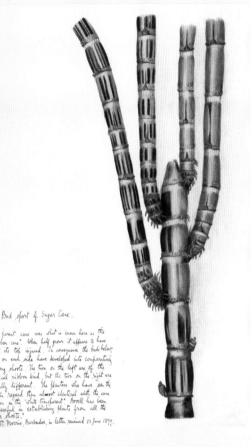

Bud short 4 Sugar Cane.

과 말레이시아, 인도네시아, 태국에 기름야자나무를 제공했다. 야자나무가 유입된 지역에서 대규모 농장 개발은 환경오염과 지역 서식지 및 열대우림의 파괴 등 단일 경작으로 흔히 발생하는 문제점들을 야기시켰다.

바나나는 현재 원산지인 동남아시아를 훨씬 벗어난 곳에서 재배되며 일 년 내내 먹을 수 있게 되었다. 바나나는 종자를 생산하지 않는데, 이 점이 의미하는 바는 바나나가 자연적 유전 변이를 하지 않는 클론이라는 점이며, 이는 단일 경작의 일반적인 폐해 외에도 우려되는 부분이다. 바나나는 신대륙에 유입되어 현지 노예들을 위한 식량이 되었으며, 19세기 후반부터 시작된 냉동 운송 덕분에 시장이 확대되었다.

아마존에 사는 사람들은 고무나무 수액의 특이한 특성에 대해 알고 있었지만, 상업적 이용의 성공을 위해서는 고무를 안정화하고 온도에 영향을 덜 받게 하는 화학기술(가황)의 적용이 필요했다. 처음에는 자전거, 그리고 자동차로 인해 고무 시장이 증가했으며, 아프리카 일부 지역과 중국, 필리핀에 대규모 고무 농장이 생겨났다. 화학은 인디고의 세계 공급에도 커다란 영향을 미쳤다. 아시아 인디고나무에서 추출한 것이든 유럽의 초본성 대청에서 추출한 것이든 상관없이, 인디고는 짙은 색감의 파란색으로 오랫동안 높이 평가되어 왔다. 수천년 동안 가치를 인정받아 온 인디고는 현재 실험실에서 대부분 합성되고 있다.

왼쪽 위 왼쪽에는 바나나나무가 있고, 오른쪽에는 꽃이 피고 열매가 열린 바나나 줄기가 있다. 존 코웰(John Cowell)의 〈호기심 많은 성공한 원예사〉(1730)에 나오는 채색한 판화의 세부 묘사. 한스 슬로언 경(Sir Hans Sloane)의 수집품으로 큐 왕립식물원 도서관에 있는 책에서 이 그림은 '해당 식물의 천연 색소로 그려졌다'고 표기되어 있다.

오른쪽 위 '사탕수수의 눈 돌연변이', 19세기 말 카리브해에 있는 바베이도스에서의 다양한 시험과 실험을 기록한 삽화 원본이다. 단맛이 나는 이 식물은 다양한 색과 무늬를 가지고 있다.

차나무

Camellia sinensis
글로벌 무역의 정점

나는 영원히 사는 것에는 전혀 관심이 없다.
오로지 차 맛에만 관심이 있다.
— 노동(Lu Tung), 9세기

티베트자치구 시가체 시에서 가져온 티베트산 찻주전자로, 영국의 식물학자 조지프 돌턴 후커가 식물과 함께 약탈한 후 큐 왕립식물원으로 보낸 것이다. 전통적으로 티베트인들은 전차(찻잎을 차기에 담고, 끓인 물을 부어 우려낸 찻물)를 선호했다. 전차를 만들 때 먼저 찻잎을 찐 다음 으깨서 숙성시킨다. 그리고 찻잎을 다시 한 번 빻아서 대나무 용기에 넣고 소금, 야크 젖으로 만든 버터, 뜨거운 물과 함께 섞은 다음, 화로에 올려 놓은 찻주전자에 넣고 따뜻하게 데운다.

차나무인 카멜리아 시넨시스(*Camellia sinensis*)와 차 음용은 모두 중국에서 기원한다. 차나무는 매력적인 상록관목(나무로 자라기도 한다)으로 고도, 온기, 충분한 강수량, 산성 토양을 필요로 한다. 커피나무 및 일부 다른 식물과 마찬가지로 찻잎도 두 가지의 중요한 알칼로이드를 함유한다. 바로 유명한 '카페인'과 '테오필린'이다. 둘 다 각성제이고 중독성이 있는데, 이러한 특성은 차와 커피를 마시는 문화가 오랜 세월 널리 확산된 이유를 이해하는 데 도움이 된다.

중국에서 차를 마시게 된 기원은 신화에 가려져 있지만, 찻잎은 아마도 기원전 500년 무렵부터 수확되고 차로 우려내 사용되었을 것이다. 차나무 잎은 심지어 그보다 일찍부터 씹는 용도로 사용되었을 것으로 추정된다. 카멜리아 시넨시스의 원산지인 중국 남서부 지역에서는 지금도 여전히 차나무 잎을 씹고 있기 때문이다. 차의 재배, 가공, 음용은 격변했던 중국 고대의 역사와 밀접한 관련이 있다. 차가 통화 및 공식적인 지불 수단으로 사용되면서, 차에 높은 비율로 세금이 부과되는 일이 잦았고, 수익의 극대화를 위해 국가가 독점하기도 하였다. 차 맛은 숭배의 대상이었으며 거의 종교적인 의미에까지 이르렀다.

대표적인 두 종류 차인 녹차와 홍차는 단순히 찻잎을 따고 가공하는 차이의 결과물이다. 찻잎을 딸 때는 끝부분(맨 위의 잎 두 개와 싹 하나)만을 따며 이 작업은 여전히 손으로 한다. 딸 때 조금 더 어리고 충분히 발효(산화)되지 않은 것은 녹차가 된다. 더 은은한 맛이 있어, 녹차는 중국에서 선호되는 음료였다. 홍차는 보다 완전하게 가공되고, 녹차보다 풍부한 맛으로, 중국 이외의 많은 나라에서 가장 선호하는 차가 되었다. 녹차와 홍차의 중간에 있는 우롱차 또한 인기가 많다. 차 건조는 엄청난 지식과 기술을 요구하는 정교한 과정이다. 제대로 가공되고 포장된 차는 보관하기 쉬운데, 이 점은 차가 세계적인 인기를 얻는 데 있어 중요한 요인이 되었다.

차 음용은 중국 사회에서 너무나 기본적인 일이어서 관련 의식인 다도가 발전했다. 중국에서 공부한 일본 수도승들이 805년 차를 들고 일본으로 돌아간

후, 다도는 일본에서 더욱 심하게 의식화되었다. 일본의 다도는 16세기 후반 센노 리큐(일본 다도를 정립한 승려이자 정치인)의 영향으로 가장 높은 수준의 형태에 도달했다. 이때의 다도는 엄격한 규칙에 얽매였으며 정확하게 설계된 방에서 한 명의 주인과 다섯 명의 손님이 차를 마셔야 했다. 입구와 출구, 다기, 대화, 차 마시는 순서가 신중하게 조율되었다. 어찌 보면, 차 자체는 넓은 의미의 다도에 있어 거의 부수적인 것이었지만, 차를 올바르게 준비하고, 끓여서, 완벽하게 대접해야 했다. 1591년 센노리큐가 죽은 이후 여러가지 형태의 다도가 소개되었지만, 다도의 중요성은 일본인들의 삶에서 하나의 특징으로 남았다.

차는 중국 사회에서도 중요했다. 중국을 침략한 몽골군은 차에 우유와 버터를 섞어 마시는 방법으로 맛을 향상시키기도 했다. 또한 육로를 통해 러시아 및 다른 아시아 국가들로 서서히 전파되었다. 차를 마셔본 것으로 기록된 최초의 러시아 인은 17세기 초 몽골 왕자와의 협상을 위해 보낸 두 명의 사신이었다. 광활한 러시아 전역에서 차가 인기를 끌게 된 후, 사모바르(러시아 가정에서 찻물을 끓일 때 사용하는 금속주전자)가 러시아 가정의 상징이 되었다. 사모바르 안에 설치된 편리한 파이프 덕에 뜨거운 물과 차를 언제나 따라 마실 수 있었기 때문이다. 대부분의 차는 몽골 접경 지대로 한때 큰 번영을 누렸던 도시 캬흐타를 통해 러시아에 전파되었다. 캬흐타가 역사적으로 중요했던 이유도 바로 차 시장 때문이다.

차는 배를 통해 유럽에 도착했다. 15세기 후반 희망봉을 거쳐 아시아로 향하는 항로가 개설된 후, 차에 관한 기록이 포르투갈을 비롯한 유럽의 다른 국가로 흘러 들어가기 시작했다. 17세기 초 네덜란드인들이 유럽으로 차를 수입하기 시작했고, 새뮤얼 피프스는 1660년 9월 25일 처음으로 자신의 '중국 음료' 체험에 대해 기록했다. 차를 구할 수 있게 되고, 런던의 일명 거래소 골목(Exchange Alley)에 있는 상인 토마스 가웨이(Thomas Garway)가 자신의 유명한 커피하우스(Garway's coffeehouse)에서 차를 팔면서, 커피와 차가 빠르게 유행하게 되었다. 또한 당시 차에는 수입세가 붙었기 때문에 많은 양의 차가 밀수되었다.

뗏목을 이용한 차 운송. 차 상자 포장 및 상표 표시, 차 칭량(무게 달기)까지 중국인들이 모든 것을 직접 관리했다. 19세기까지 중국의 공식 무역 대부분은 광저우 항을 거쳐야 했는데, 외국 상인들은 이곳에 무역소나 공장을 설립할 수는 있었지만 출입은 할 수 없었다. 그들은 중국 정부가 지정한 상인이나 공행(청나라 때 외국과 무역을 독점한 관허 상인들 조합)과 거래해야만 했다.

135

왼쪽 위 〈뉘른베르크의 헤스페리데스〉(1714)에 실린 요한 크리스토프 폴카머의 '파두아의 베르가못 오렌지'. 베르가못 오렌지(*Citrus bergamia*) 껍질에서 추출한 에센셜 오일은 얼그레이로 알려진 혼합차에 독특한 풍미를 준다. 이 오렌지는 스위트 레몬(*C. limetta*)과 사우어 오렌지(*C. aurantium*)의 교배종으로 여겨진다.

오른쪽 위 새뮤얼 볼(Samuel Ball)의 〈중국의 차 재배와 생산에 관한 이야기〉(1848)에 나오는 차나무 농장의 목가적 풍경. 볼은 광저우에 있는 동인도회사에서 차 감독관으로 근무했으며 영국으로 돌아온 후 영국령 인도와 영국 연방의 다른 지역에서 차 재배를 돕고자 책을 집필했다.

거의 두 세기 동안 유럽인들은 중국 어느 지역에서 차나무가 재배되는지 정확히 몰랐다. 중국에서는 무역이 엄격하게 통제되었고, 주요 항구인 광저우 너머로 출입할 수 있는 외국인이 거의 없었기 때문이다. 사실상 재배와 가공이 전부 이루어지는 중국 본토의 생산 현장에서부터 차를 운반하는 일은 조직의 뛰어난 솜씨와 육체 노동을 수반했다. 따라서 당시 녹차와 홍차가 서로 다른 차나무에서 나온다고 착각한 것은 너무나 당연하였다. 차 음용의 장점과 위험은 오랫동안 논쟁의 대상이었기에, 상습적으로 차를 마시던 18세기 사전 편찬자 새뮤얼 존슨(Samuel Johnson)은 자신의 습관을 옹호해야 했다. 하지만 차는 서서히 영국인들의 삶 한가운데 자리잡았다. 차에 대한 영국인들의 수요와 차의 대가를 은으로 지불 받기를 원하는 중국의 요구를 충족시켜야 했던 영국은 균형 잡힌 지출을 위해 중국으로의 수출을 모색하게 되었다. 바로 아편이 안성맞춤이었다. 따라서 19세기 아편전쟁은 일정 부분 차에 대한 영국인들의 집착 때문에 촉발되었다. 19세기 중반에는 대형 쾌속 돛배들이 중국과 영국의 항구 사이에서 속도전을 벌였고, 이 경쟁은 뉴스거리가 되었다. 제대로 가공되고 포장된 차는 보관이 쉽다는 점에서, 이러한 경쟁은 사실 최종적인 차의 맛과는 큰 관계가 없었다.

소비자 수요가 증가하면서 차를 재배할 수 있는 다른 지역(인도 등)에 대한 탐색이 촉진되었다. 초기의 어려움을 극복하고 나자, 처음에는 인도 아삼, 다음으로 다르질링과 다른 구릉지대로 옮겨가며 영국령 인도에서 차 재배는 점점 더 성공을 거두었다. 이를 계기로 케냐와 동아프리카의 일부 지역을 포함한 다른 곳에서도 차나무 농장이 생겨났다. 실론에서는 기존의 커피 농장들이 진균성 질병에 의

(Sold as sale 1875)

Tea plant.

꽃이 핀 차나무의 가지. 원예용 동백나무와 같은 속이다. 끝부분 또는 끝에 난 새싹. '잎 두 개와 싹 하나'를 일 년에 두 번. 초봄과 늦봄/초여름에 수확한다. '싹'은 피지 않은 꽃이 아니라 아직 덜 자라 열리지 않은 잎이다.

해 초토화된 후에 차 재배로 큰 성공을 거두었다.

차는 여전히 세계에서 가장 인기 있는 음료 중 하나이다. 특히 영국, 호주와 초기 생산지인 중국과 인도에서 그렇다. 현대의 차 산업은 브랜드가 주를 이루고 있으며, 이 브랜드들은 립톤(Lipton, 토마스 립톤이 1890년 설립한 영국 차 브랜드)과 트와이닝(Twinings, 1700년대 T. 트와이닝이 세운 영국 홍차 브랜드) 같은 과거 기업가들의 이름을 여전히 유지하고 있다. 베르가못 향의 풍미를 더한 얼그레이 차 역시 유명한 이름이다. 1908년경 출시되어 감식가들의 비웃음을 샀던 티백은 한때 상류층을 위한 음료였던 차를 마침내 대중화하는 데 기여했다.

커피나무

Coffea spp.

세상을 깨우다

> 커피는 우리를 진지하고, 엄숙하고, 철학적으로 만든다.
> 조나단 스위프트(Jonathan Swift), 1722

카페인은 세계에서 가장 일반적으로 사용되는 향정신성 약물이다. 사실상 찻잎은 커피콩보다 카페인 농도가 높지만, 커피 한 잔은 차 한 잔보다 열 배 정도 많은 카페인을 함유한다. 코페아속(*Coffea*)은 특히 중요한 두 가지 종을 포함하는데, 바로 '아라비카'(*arabica*)와 '로부스타'(*robusta*)이다. 이 두 종이 사실상 전 세계 커피 생산량의 전부를 차지할 정도다. 아라비카는 더 진하고 섬세한 향과 맛을 내는 반면, 로부스타는 가격이 싸고 좀더 강하고 쓴 맛을 내기 때문에 인스턴트 커피에 주로 사용된다. 대부분의 상업용 커피는 이 둘을 혼합해서 사용한다.

커피는 열대지방에 분포하는 꼭두서니과에 속하며 커피 관목은 강수량이 충분한 온난한 기후의 고도에서 잘 자란다. 커피는 현재의 에티오피아가 원산지로, 이곳에서는 여전히 커피가 재배될 뿐 아니라 야생으로 자라기도 한다. 전설에 따르면, 한 젊은 염소지기가 커피 열매(씨앗 또는 콩)를 먹은 염소들이 평소와 달리 기운 넘치는 것을 발견했다. 그후 자신도 커피 열매에 빠지게 되었다. 전설은 이쯤에서 접어 두기로 하고, 커피콩을 빨아먹었던 것이 거의 확실한 최초의 커피 음용법이었을 것이다. 그러다 각성 작용을 하는 카페인이 함유된 음료를 만들기 위해 잎과 장과를 끓이게 되었다.

중세 아랍 책에서 처음으로 커피를 언급하며, 수세기 동안 커피 음용은 북아프리카와 서남아시아에서만 국한되었다. 커피는 밤을 새워 명상을 할 수 있게 해준다는 이유로 이슬람 성직자들이 좋아하는 음료가 되었다. 커피콩은 후에 동쪽으로 전파되어 17세기 초 무렵에는 인도, 스리랑카와 다른 아시아 국가에서도 경작되었다. 그 무렵 유럽인들은 한 잔의 커피에 어떤 효과가 있는지 얼핏 알게 되었다. 1475년경 콘스탄티노플에는 커피하우스가 있었고, 이 지역 유럽인들은 이 새로운 음료에 열광했다.

커피하우스는 17세기 중반부터 런던, 파리, 암스테르담, 비엔나, 베를린 등 유럽의 주요 도시에서 유럽 문화의 중심이 되었다. 이런 공공 시설에서는 신문을 보고 다양한 시사 문제를 논하는 것이 음료만큼 중요했지만, 커피와 차는(두 음료와 초콜릿은 대략 비슷한 시기에 등장했다) 커피하우스가 그곳에 존재하는 이유였다. 비엔나에서 커피하우스는 근대에 이르기까지 줄곧 문화적, 정치적으로 중요한 역할을

Coffea arabica

했다. 1683년 비엔나 공성이 해제된 후, 비엔나 사람들은 커피콩을 발견했다(오스만제국이 두 달간 비엔나를 포위한 이후 발발한 전투로, 이 전투로 오스만제국은 비엔나 점령을 포기해야 했으며 오스트리아 대공국은 헝가리 등 이 일대를 지배하게 되었다.-편집자 주). 퇴각하던 오스만 군대가 이 귀한 콩을 포함하여 자신들의 보급품을 두고 떠난 것이 계기가 되었다.

커피는 흔히 한 나라에서 가장 인기 있는 카페인 음료 자리를 두고 차와 경쟁해왔으며, 두 음료 모두 사교적인 역할과 각성 효과를 주는 역할을 똑같이 해왔다. 프랑스인은 차를 즐겼지만 18세기에 들어 커피가 차를 앞질렀다. 프랑스혁명 전날 파리에는 2,000개의 커피하우스가 있었을 정도다. 19세기 영국에서는 차가 커피를 대신했다. 값이 싸고 운송과 보관도 쉬웠기 때문이다. 1670년에 이미 커피하우스가 있었던 미국에서는 커피가 승자였다. 근대의 커피 역사는 19세기 세계 최대의 커피 소비국이었던 미국의 경제적, 정치적 운명과 밀접한 관련이 있다. 이 무렵 커피 재배는 환경 조건과 노동력 공급이 유리한 세계의 많은 지역으로 점차 확산되었다.

이 지역들은 대체로 유럽의 식민지 일부였으며, 아메리카 대륙의 브라질, 콜롬비아, 코스타리카와 아프리카의 케냐, 아시아의 실론(단기간), 자바(조금 더 오랜 기간)를 포함했다. 브라질은 오랫동안 주요 커피 생산국이었다. 브라질의 수확량은 악천후나 간헐적 가뭄에 주기적으로 영향을 받아 왔지만, 무엇보다 심각한 것은 커피나무가 견디지 못하는 매서운 추위였다. 커피는 브라질 국제 수지에 매우 중요했기 때문에 연이은 정부들이 비축량을 과잉시켜 국제 가격 상승을 돕고, 흉작 시기에 재배자들이 어려움을 극복할 수 있도록 커피재배자협회를 지원했다. 대개 미국의 국제 금융업자들이 커피 농장주와 매장에 투자하기도 했다.

아라비카 커피나무의 꽃(오른쪽)과 그 뒤에 열리는 콩(왼쪽). 마누 랄(Manu Lal, 대략 1798년–1811년 활약)이 그린 이 수채화는 식물, 동물, 인간의 자연주의적 묘사를 원하는 영국인들의 요구를 충족시키기 위해 인도 화가들이 개발한 캄파니 학파(Company School) 스타일로 그렸다. 랄을 포함한 많은 화가들이 인도를 통치한 동인도회사를 위해 일했다.

커피 재배는 손으로 콩을 직접 수확해야 하기 때문에 상당히 노동집약적인 농업이다. 커피콩은 연속적으로 성숙하기 때문에 기계적 수단은 큰 소용이 없다. 커피 생두는 대개 소비되는 국가에 로스팅용으로 수출된다. 로스팅은 이론상으로는 쉽지만, 딱 맞게 하기는 어렵다. 옅은 색 콩은 오래 로스팅을 할수록 탄다. 로스팅 과정에서 커피에 아로마(세계 최고의)와 맛을 생기게 하는 방향족(芳香族) 화합물과 휘발성 화합물이 방출된다. 비록 맛은 달라도 개봉한지 얼마 안된 인스턴트 커피병에서도 잠시나마 아로마를 느낄 수 있다. 조지 워싱턴(George Washington)이라는 벨기에인이 1906년, 과테말라에서 인스턴트 커피를 개발했다(그가 처음은 아니었다). 그후 워싱턴은 미국으로 이주했다. 제1차 세계대전은 뜨거운 물만 있으면 어디에서든 쉽게 커피를 만들 수 있는 이 신제품에게 하늘이 내려준 기회가 되었다. 미군은 워싱턴을 '군인의 친구'라고 불렀다. 인스턴트 커피는 현재 대부분 판매용 병에 가루나 작은 알갱이가 들어 있는 동결 건조 커피로 제조된다.

오늘날 많은 사람들에게 '커피'는 인스턴트 커피를 의미한다. 하지만 과거의 커피하우스가 신문과 온기를 찾는 사람들을 만족시켰던 것처럼 '커피하우스'의 새 물결이 요즘 컴퓨터 세대의 요구를 만족시키고 있다. 새로운 커피하우스들은 자신이 마시는 카페인 음료의 원산지, 맛, 스타일에 관심이 많은 현대적인 고객을 만들었다.

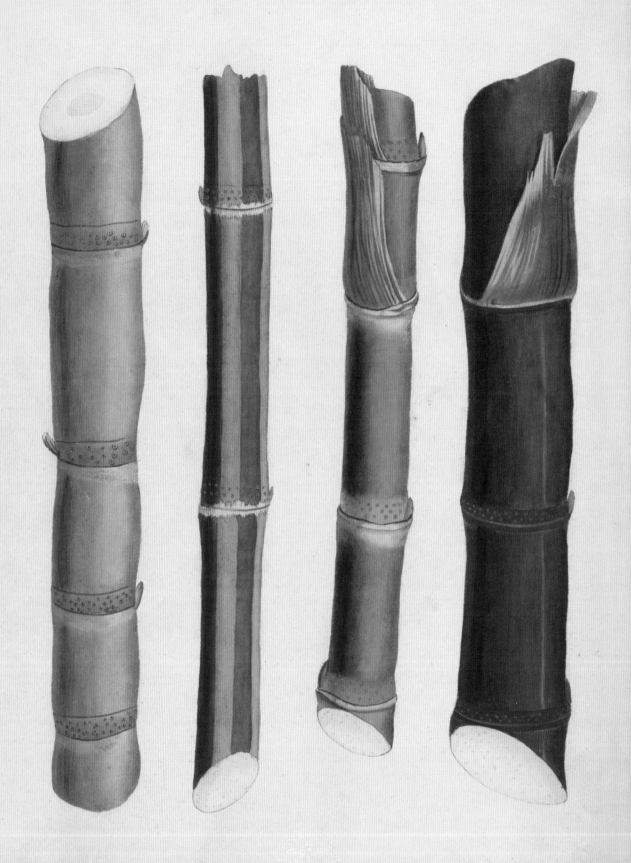

사탕수수

Saccharum officinarum

노예무역의 감미료

> 증오를 몰아내려 그대 주위에 사탕수수를 두르네.
> 나를 사랑할지 모르는 그대, 내 사랑과 결코 헤어지지 않으리.
> ─ 아타르바베다 찬가

단 것을 좋아하는 입맛은 사실 새로울 것이 없다. 값싼 정제당을 쉽게 사용할 수 없던 오래전부터 인간은 자연발생적으로 생기는 단 맛을 찾아냈다. 그렇게 찾은 당은 식물과 동물 어디에나 있다. 설탕의 '당'인 자당이 특히 풍부한 것은 사탕수수(*Saccharum officinarum*)이다. 볏과에 속하는 사탕수수는 뉴기니에서 처음 경작되었을 것으로 추정된다. 비록 교배가 쉬운 다른 속들이었고, 그 야생 원종에 대해서는 알려지지 않았지만 말이다. 대나무처럼 속이 비어 있는 많은 줄기들과 달리, 사탕수수 줄기의 중심은 섬유질로 되어 있으며 사탕수수 즙은 약 17퍼센트의 자당을 함유한다. 이 기쁜 사실이 발견된 것은 오래전이었다. 기원전 훨씬 이전에 태평양 제도에서는 사탕수수를 씹었고 인도(알렉산더 대왕은 인도의 사탕수수를 고국으로 보냈다)와 중국에서는 사탕수수를 재배했다. 서기 1세기 초반에 집필 활동을 했던 그리스의 지리학자이자 역사학자 스트라보(Strabo)는 일찍이 벌 없이도 '꿀을 생산하는 갈대'에 대한 설명을 반복한다.

고체 설탕을 만들기 위해 사탕수수 수액을 추출하고 졸이는 과정은 고대에도 알려져 있었다. 인도인들은 정제되지 않은 이 갈색의 고체 설탕을 '재거리'(jaggery)라고 불렀다. 서기 7세기 무렵 페르시아인들은 석회를 넣으면 재거리가 흰색이 된다는 것을 발견했다. 아랍인들은 서남아시아 전역, 북아프리카, 지중해 몇몇 섬에 대체로 관개시설을 둔 설탕 농장을 설립하였다. 설탕은 매우 비싼 가격에도 불구하고, 이 지역에서 유럽으로 서서히 진출하기 시작했다. 주로 과당으로 이루어진 꿀은 계속해서 주요 감미료로 사용되었다.

사탕수수는 열대 식물로 강수량과 일조량이 풍부한 비옥한 땅에서 잘 자란다. 어떤 것은 6미터까지 자랄 수도 있다. 사치품에 대한 유럽인들의 기호가 증가하면서 이베리아 반도의 국가들(스페인, 포르투갈 등)이 마데이라 제도(모로코 서쪽 대서양의 섬들)와 카나리아 제도(아프리카 서북부 부근 에스파냐령 섬들)에 농장을 설립했다. 콜럼버스는 자신의 두 번째 신대륙 항해에 사탕수수를 가져갔으며, 이를 통해 카리브해 섬들이 알맞은 경작지임이 드러났다. 설탕은 생산하는 데 많은 노동력이 필요했으므로 가격이 비쌌다. 억센 줄기는 뿌리 근처를 잘라줘야 했고, 잎은 껍질을

맞은편 색이 서로 다른 네 개의 사탕수수 품종. 자생 식물군과 수입 외래종을 다룬 프랑수아 리하르트 드 투삭(Francois Richard de Tussac)의 〈카리브해의 식물군〉(1808)에 실려 있다.

아래 데이비드 리빙스턴(David Livingstone)의 두 번째 잠베지 강(아프리카 남부 최대의 강) 탐사에서 존 커크 경(Sir John Kirk)이 가져온 비정제 설탕 한 병. 커크 경은 1858년에서 1863년까지 이 탐험에서 공식 의사 겸 박물학자로 활동했다. 큐 왕립식물원 관장들로부터 높은 평가를 받은 열정적인 식물학자였던 그는 잔지바르 섬의 부영사가 되었고, 술탄과 협력하여 섬의 노예제도를 없애는 데 성공했다.

벗긴 즉시 으깨야 했으며, 즙은 끓여서 여과를 거친 다음 또 다시 끓여야 했다. 심고 수확하는 것도 몹시 고된 작업이었다. 사탕수수는 마디 하나만큼을 도랑이나 구멍 하나에 심었을 때 가장 잘 자란다. 사탕수수 밭은 강수량이 충분하지 않을 때 제초와 관개가 필수이며, 가공 역시 쉬운 일이 아니고 많은 연료가 필요했다. 마데이라 제도는 사탕수수 재배와 생산으로 광범위한 규모의 산림이 파괴되었다.

17세기 유럽에 차, 커피, 초콜릿이 들어오면서 설탕에 대한 수요도 현저히 증가했다. 바베이도스, 자메이카, 브라질 및 신대륙의 다른 지역에 있는 농장에서 일할 인력도 필요했다. 고용 계약에 의한 노동 구조로는 충분하지 않다는 것이 입증되었고, 아프리카 노예는 '끔찍한' 해결책이 되었다. 1662년부터 영국의 노예무역이 폐지된 1807년까지, 약 3백만 명의 아프리카인들이 비위생적이고 비좁은 배로 수송되었다. 포르투갈, 스페인, 네덜란드, 미국인들 역시 미국 루이지애나뿐 아니라 브라질과 다른 식민지에 있는 설탕 농장을 위해 적극적인 노예 수송 시스템을 가지고 있었다. '중간 항로'로 알려진 아프리카에서 아메리카 대륙까지의 항해는 삼각 항로의 일부였다. 배들은 아프리카 서해안에서 노예와 교환할 물품을 가득 싣고 리버풀, 런던, 브리스틀로 떠났다. 대서양을 가로질러 농장까지 노예 수송을 마친 배들은 귀중한 화물을 싣고 돌아오곤 했다. 아프리카의 노예 상인들은 아프리카 내륙에서 불운한 희생양들을 노예로 붙잡았는데, 대부분 남성이었지만 여성과 아이들도 있었다. 생존율은 항해에 따라 가변적이었지만, 형편없고 부족한 식량에 비좁고 비인간적인 환경으로 상황은 늘 열악했다.

사탕수수 재배 방법의 개선으로 농장의 환경은 점차 나아졌다. 사탕수수는 크기가 매우 다양했으며, 농장 면적이 아니라 노예 숫자가 중요했다. 노예제도는 그것이 실시된 신대륙 및 그 외 지역의 역사를 규정하는 단서가 된다. 19세기 들어 프랑스, 영국, 미국, 네덜란드, 스페인, 포르투갈 인들이 노예제도를 폐지한 후, 아시아, 폴리네시아 섬(태평양 중남부 여러 섬), 지중해 국가들에서 설탕 노동자를 유입하면서 설탕 생산국들의 민족 구성에는 지울 수 없는 혼혈의 피가 남게 되었다.

설탕 1톤을 생산할 때마다 아프리카인 한 명이 목숨을 잃었다는 추정이 있다. 하지만 17세기 유럽과 북미의 설탕 가격이 급락한 원인은 엄청난 작업 규모였으며, 설탕은 대다수 사람들이 쉽게 구할 수 있는 흔한 상품이 되었다. 마지막 정제 과정은 대개 연료와 인력 공급이 더 쉬운 공급지 이외 지역에서 이루어졌다. 영국인들은 심지어 설탕 일부를 설탕 생산지인 식민지에 재수출하기도 했다.

사탕수수 재배에 필요한 기본 요건은 그대로지만, 생산 과정은 지난 세기를 거치며 달라졌다. 사탕수수 수확은 이제 기계가 하기 때문에 평지가 선호되며, 사탕수수 압착과 즙 추출도 대부분 기계화되었다. 버리는 것도 거의 없다. 사탕수수를 처음 끓인 후 남는 잔여물인 당밀은 요리에 사용되거나 증류하여 럼으로 만든다. 설탕을 증류하면 알코올과 바이오 연료를 만들 수 있고, 다른 생산품으로는 화학 물질, 비료, 동물 사료 등이 있다. 현재 주요 사탕수수 생산국은 브라질과 인도다.

〈인도의 식용 곡물〉(1886)에서 농업화학자 아서 H. 처치(Arthur H. Church)는 '커다란 깃털 같은 꽃'이 피면 사탕수수는 수확할 준비가 된 것이라고 설명했으며, 사탕수수를 보여주는 전면 삽화에 이 꽃의 세부 묘사를 포함시켰다. 사탕수수는 한 번 꽃을 피우면 당분을 함유한 줄기가 성장을 멈춘다.

설탕을 만드는 또 하나의 원료는 사탕무(*Beta vulgaris*)이다. 독일의 화학자 안드레아스 지기스문트 마르그라프(Andreas Sigismund Marggraf)는 18세기 중반 이 뿌리 작물에서 상당한 농도의 자당을 추출할 수 있다는 사실을 발견했다. 사탕무는 다양한 토양과 기후를 견딜 수 있기 때문에, 나폴레옹 전쟁 당시 영국에 대한 대륙 봉쇄 기간에 프랑스에서 사탕무를 재배하고 가공할 것을 장려하여 군인들이 당분을 유지할 수 있도록 했다. 완제품으로 나오는 자당은 사탕수수의 자당과 동일하며, 오늘날 전 세계 설탕의 약 20퍼센트가 사탕무에서 나온다. 비만, 당뇨 및 기타 설탕과 관련된 '문명사회의 질병'이 세계적으로 걱정임에도 불구하고, 설탕은 여전히 인기가 높다. 설탕의 단맛은 즐거움뿐 아니라 고통도 준다.

카카오나무

Theobroma cacao

신의 음식

> 크리드 씨가 갑자기 일어서더니 우리의 해장술로 만들어 놓은 초콜릿 한 단지를 가지고 왔다.
> 새뮤얼 피프스, 1663년 1월 6일 일기

맞은편 카카오나무의 꽃, 잎, 열매. 아래쪽에는 꽃, 열매와 씨앗의 내부가 세부 묘사되어 있다. 베르트 홀라 판 누튼(Berthe Hoola van Nooten)의 〈자바 섬에서 선별한 꽃, 열매, 씨앗〉(1863)에 수록된 것이다. 누튼은 네덜란드 여왕이 출간을 도왔음에도 불구하고, 미망인이 된 후 생계 유지 수단으로 식물을 그렸다. 누튼의 그림은 열대지방의 화려한 이국적 정취를 정확히 담아냈으며 피터 드 파너마커(Pieter De Pannemaeker)의 화려한 다색 석판으로 되살아났다.

중앙아메리카와 남미의 많은 고대 문화에서 카카오나무(코코아나무)는 특별한 위치에 있었다. 마야 문명의 창조 신화에 등장했고, 아즈텍 문명은 카카오 콩(씨앗)을 유통화폐로 사용했다. 아즈텍인들은 초콜릿을 매우 높이 평가하여, 먼 곳으로부터 나무를 수입하였다. 심지어 그보다 오래된 올멕 문명(기원전 1,200년경부터 중앙아메리카에서 번성했던 문명)도 카카오나무의 콩을 높이 평가하였는데, 궁극적으로 '카카오'란 단어가 지금은 안타깝게도 사라진 그들의 언어에서 파생되었을 것으로 추정된다. 마야인들은 카카오나무, 그 나무의 씨와 생산물을 모두 '카카오'라고 불렀으며, 어원이 같은 말이 다른 중앙아메리카 언어에도 존재한다. 초콜릿을 좋아했던 린네가 현재 사용되는 카카오의 학명을 지었는데, 바로 '신의 음식'이라는 뜻을 가진 테오브로마(Theobroma)와 토착어 카카오(cacao)를 붙인 테오브로마 카카오(*Theobroma cacao*)다.

테오브로마 카카오는 적도 북위 또는 남위 20도 이상의 지역에서는 자생하지 않는 까다로운 나무다. 카카오나무는 그늘, 고온, 습도가 필요하다. 현대식 농장에서는 대개 고무나무나 바나나나무가 상층(수관층)을 제공한다. 카카오의 꼬투리는 나무의 몸통과 줄기에 붙어서 자라며 꽃은 오로지 각다귀에 의해서만 수정된다. 꽃의 극히 일부만 꼬투리를 생산하며 건강한 나무는 매년 30개 정도의 꼬투리를 생산한다. 꼬투리 안에 씨앗을 둘러싸고 있는 과육은 달지만 생두는 상당히 쓰다. 생두는 발효, 건조, 로스팅, 키질(얇은 껍질 제거)의 과정을 거친 다음에야 카카오 '리커'(카카오 페이스트)로 만들 수 있다. 카카오나무는 중앙아메리카에서 경작되었으나 그 기원이 어디인지에 관해서는 논쟁이 계속되고 있다(아마존 강 유역으로 추정됨). 테오브로마의 또 다른 종(bicolor) 역시 멕시코 남부에서 브라질에 이르기까지 재배되고 있는데, 이 지역에서는 파탁스테(pataxte)로 불리는 생산물을 마시거나 좀더 비싼 카카오 씨앗과 섞는다.

아메리카 원주민들은 즙이 많은 카카오 과육을 먹기도 하고 콩을 갈아서 음료로 만든 다음 거기에 칠리, 바나나 같은 다양한 향료를 섞어서 마셨다. 엄청난 숭배의 대상이었던 만큼 카카오는 여러 의식에도 사용되었다. 마야인들에게는 카카오 신과 주기적인 축제가 있었다. 초콜릿을 마시는 용도로 공들여 만든 식기들이

THEOBROMA CACAO

Ponie Vanier Gibert à Bruxelles

초콜릿의 고향과 카카오나무를 재배하는 각국에서 온 카카오 생두 품종: 실론(스리랑카), 과야킬(에콰도르), 카라카스(베네수엘라), 포르투갈령 아프리카, 트리니다드, 사모아. 이 상자들은 한 때 리버풀 대학교 마테리아 메디카(본초) 박물관 전시품의 일부였다. 초콜릿이 오랫동안 의료용으로 사용되어 왔다는 점과 디크 초콜릿의 '플라바놀'(항산화제로 알려진 폴리페놀의 한 종류)이 건강에 좋다는 꾸준한 주장을 상기하게 된다.

현재 남아 있는 것으로 보아, 콩을 담았던 항아리 용기와 어쩌면 콩도 중요한 인물의 무덤에 남아 있었을 것이다. 중앙아메리카의 더위와 습기를 견디고 기적적으로 살아남은 실제 콩이라고 여겨졌던 한 저장품이 실은 점토를 콩 모양으로 곱게 빚은 모형이었음이 드러났다. 언제나 비싼 카카오 콩은 상류층과 부유층만의 전용품이었다. 초콜릿은 사람을 취하게 만들기 때문에 여성과 어린이에게는 너무 위험하다고 여겨졌다. 카카오 콩은 카페인과 테오브로민을 포함한 복잡한 구조의 알칼로이드를 함유하고 있는데, 이런 물질은 오늘날 취하게 만드는 물질보다는 각성제로 묘사될 것이다.

콜럼버스는 세 번째 신대륙 항해 도중 포획한 카누에서 카카오 콩을 처음 봤지만, 유럽인들이 이 이국적인 음료를 맛보게 된 것은 스페인 사람들이 멕시코에 도착하고 나서였다. 유럽인들은 처음부터 카카오를 좋아하지는 않았지만, 얼마 안 있어 바닐라 및 다른 향신료를 섞어 풍미를 더하는 법을 알게 되었다. 지금처럼 달콤한 음료로 만들기 위해 마침내 설탕이 추가되었다. 카카오 콩은 1544년 무렵 스페인에 도착했고, 1585년 무렵에는 단순히 신기한 것이 아니라 하나의 상품이 되었다. 비록 원산지에서와 마찬가지로 카카오 콩이 너무 비싸서 왕족과 상류층만이 마음껏 즐길 수 있었지만 말이다. 초콜릿은 이탈리아를 포함한 유럽의 다른 지역으로 서서히 퍼져 나갔다. 프랑스인들은 17세기 초에 초콜릿을 알게 되었고, 1657년 무렵 런던에는 초콜릿 판매상이 있어서, 이윽고 티하우스와 커피하우스에서 초콜릿 음료를 마실 수 있게 되었다. 스페인인들은 계속해서 초콜릿에 칠리를 첨가한 반면, 유럽인들은 대개 초콜릿을 달고 뜨겁게 마시는 것을 선호했다.

비록 치료나 사교 목적으로 이용된 것이 대부분이지만, 초콜릿 제품을 구입할 수 있는 곳이 더 다양해지면서 요리사들도 초콜릿을 활용하기 시작했다. 유럽에서의 수요 증가로 트리니다드(트리니다드 토바고의 남부 섬)와 자메이카를 포함한 일부 카리브해 섬에 카카오나무들이 추가로 심어졌다. 1655년 영국이 스페인으로부터 자메이카를 점령하자, 자메이카는 영국 시장을 위한 주요 초콜릿 생산국이 되었다. 농장들은 원래 중앙아메리카 품종인 '크리올로'(Criollo)를 재배했다. 이 품종은 고급 초콜릿을 생산했지만 질병에 매우 약했다. 병충해가 트리니다드 섬의 농장들을 거의 휩쓸고 나자, 좀더 강인한 품종인 포라스테로(Forastero)가 크리올로를 대체했다. 포라스테로는 브라질에서 야생으로 자라다가 발견된 것이었다. 포라스테로의 강인함과 클리올로의 고급 풍미를 결합한 교배종들이 개발 중에 있기는 하지만, 현재 포라스테로는 전 세계 생산량의 거의 80퍼센트를 차지한다. 국제 시장은 카카오나무의 풍토적 제약 안에 있는 많은 지역에 테오브로마 카카오나무 경작을 확대시켜 왔다. 현재 서아프리카가 세계 최대의 생산지이다.

꼬투리를 가공하면 수많은 생산물이 나오며 각각의 생산물은 용도가 있다. 씨앗과 과육을 햇빛에 발효하는 것은 풍미를 내기 위해 필수적이며 19세기 초까지 소비되는 형태였던 지방을 제거하지 않은 페이스트를 만들어 낸다. 그러다 1828년, 네덜란드인 콘라드 판 호텐(Coenraad van Houten)이 자신의 아버지와 함께 이 페이스트를 3분의 2로 줄여, '코코아'라는 제품을 만드는 공정으로 특허를 냈다. 추출된 약간의 코코아 버터를 잔여물에 다시 추가하면 우리가 '초콜릿'이라고 부르는 (입에서 녹는) 고체 물질을 만들 수 있다. 그로부터 20년이 지나지 않아 초콜릿 바가 출시되었다.

우리에게 익숙한 많은 초콜릿 과자의 이름들이 19세기에 시작된 것이다. 가령, 영국의 캐드버리(Cadbury), 스위스의 린트(Lindt), 미국의 허쉬(Hershy) 등이다. 대량 생산되는 여느 제품들과 마찬가지로 초콜릿 완제품은 종류가 다양하며 대개 코코아 분말 함량에 따라 결정된다. '밀크 초콜릿'은 앙리 네슬레(Henri Nestle)와 일하던 스위스의 한 제과점이 1876년 분유를 추가하면서 발명되었다. 초콜릿은 이제 모든 맛을 가지고 있다.

Tab. 99.

Nicotiana Tabacum. L.
Der gemeine Tobak.

담배

Nicotiana spp.
연초 도매상(존 바츠의 소설—역주)

> 보기에 혐오스럽고, 냄새는 지독하며, 뇌에는 해롭고, 폐에는 위험한 습관.
> – 잉글랜드 제임스 1세, 1604

담배는 거의 전 세계에서 악마로 묘사되어 왔지만, 수요는 여전히 많다. 이는 현대에 생긴 현상만은 아니다. 16세기 초, 담배가 유럽에 소개된 이래 옹호자뿐 아니라 비판자 역시 꾸준히 있었다.

담배속(*Nicotiana*)의 일종이 호주에 존재하기는 했지만, 현재의 담배는 신대륙에서 유래했으며 이 지역에서 수천년 전에 의도적으로 경작되었을 가능성이 있다. 두 개의 토착종 니코티아나 루스티카(*N. rustica*)와 니코티아나 타바쿰(*N. tabacum*) 중에 타바쿰이 현재 담배 생산량의 대부분을 차지한다. 담배 원산지는 남미의 동부 지역일 가능성이 있지만, 콜럼버스가 신대륙을 발견하기 이전의 서반구 전역에 여러 품종이 분포된 채 사용되고 있었다. 가지과(토마토와 감자를 포함하는)에 속하는 담배는 품종과 재배 조건에 따라 약 20센티미터에서 3미터까지 자라는 일년생 초본이다. 담배는 잎을 목적으로 상업용으로 재배되며 수확 후에는 사용을 위해 건조된다.

담뱃잎은 수많은 알칼로이드를 함유하는데, 그 중 1828년 두 명의 독일인, 빌헬름 하인리히 포셀트(Wilhelm Heinrich Posselt)와 칼 루드비히 라인만(Karl Ludwig Reinmann)에 의해 분리된 '니코틴'(nicotine)이 지금까지도 가장 강력하다. 담배는 심리적으로도, 생리적으로도 중독성이 있다. 고함량일 경우 환각을 유발하기도 하는데, 이는 콜럼버스의 신대륙 발견 이전 아메리카에 있던 제사장들과 주술사들이 인정한 사실이다. 마야와 아즈텍 두 문명에서는 담뱃잎을 귀하게 여겼다. 아메리카인들은 '연초'를 지금과 같이 다양한 방법으로 사용했다. 연초는 일찍이 유럽인들이 담배에 붙인 명칭이다. 아메리카 사람들은 시가(여송연)를 만들고, 연초를 파이프로 피우고, 코담배를 만들어 맡고, 차와 관장제에도 썼다. 담배는 의식용으로도 중요해서 북아메리카 부족들은 정교한 파이프를 만들어 일부는 전쟁을 위해, 일부는 평화를 위해 사용했다.

콜럼버스는 첫 번째 항해에서 담배를 받았다. 처음에 그의 부하들은 담배를 버렸지만, 지금의 쿠바에 두 번째 착륙했을 당시 일부 선원들이 담배를 피웠고, 그렇게 해서 담배는 스페인으로 가져간 신대륙 물품 중 하나가 되었다. 처음에 담배는 의료용으로도 사용되었지만, 흡연은 눈깜짝할 새에 지중해 국가들로, 그리

맞은편 담배(*Nicotiana tabacum*)와 알칼로이드인 니코틴 모두 장 니코(Jean Nicot)의 이름을 딴 것이다. 그는 16세기 포르투갈 리스본에서 프랑스대사로 근무했다. 리스본에서 담배, 특히 담배의 의학적 용도에 대해 알게 된 그는 그 씨앗을 프랑스 궁정으로 보냈고, 카트린 드 메디시스 프랑스 여왕은 이를 좋아하게 되었다. 장 니코는 여왕에게 담뱃잎을 피우는 대신, 코담배를 맡듯 잎을 으깨어 들이마실 것을 권했다.

아래 가마를 탄 인도의 대부호가 하인이 들고 있는 후커 파이프(물담뱃대)로부터 물담배를 피우고 있다. 인도에서는 담배에 설탕과 장미 향수를 섞었을 것이다. 이집트와 다른 나라에서는 담배에 과일, 민트, 당밀을 섞어 시샤(물담배)와 향후 비슷한 시샤 파이프(물담뱃대)를 만들었다. 후커와 시샤 모두 들이마시기 전에 연기가 물을 따라 거품처럼 올라온다.

고 나서 담배가 1564년경 유입된 영국으로 퍼져나갔다. 엘리자베스 1세는 담배를 피웠지만, 그녀의 후계자인 제임스 1세는 담배를 극렬히 반대했다. 하지만 그도 담배 관세가 재정 부양책이 된다는 것만큼은 인정했다. 비록 관세로 인해 밀수가 조장되기는 했지만 말이다.

유럽에서는 처음에 대부분의 담배를 파이프에 피웠고 일부는 시가로 말기도 했다. 18세기에는 코담배(가루로 만든 담배를 코로 흡입하는 것)가 인기를 끌면서 화려하게 장식된 코담배갑을 제조하는 풍습이 생겼다. 담배는 공개적으로는 남성의 전유물이었지만, 여성들도 코담배를 맡기 시작했고, 하위 계층 여성들의 흡연도 증가했다. 흡연 습관은 주택 건축과 만찬 의례에도 영향을 미쳤다. 식사를 마친 여성들이 남성의 곁을 떠나 파이프, 시가, 포트 와인을 즐겼던 것이다. 대저택들은 대개 흡연실을 가지고 있었고 때때로 당구대가 있기도 했다.

담배는 신대륙 버지니아에 있는 초기 영국인 개척지의 첫 번째 주요 환금작물이었으며, 그들의 경제적 생활력에 커다란 역할을 했다. 1613년 이미 담뱃잎은 영국으로 수출되고 있었으며, 18세 중반 무렵에는 남동쪽 해안 지방에 있는 식민지 주들의 주요 소득원이었다. 처음에는 담배 재배가 소규모로 이루어졌으나 소작농들이 수요를 충당하기 위해 경쟁하면서, 아프리카 노예를 쓰는 방법으로 사업을 확대했다. 담배 농장은 카리브해의 일부 섬에도 설립되었다.

담배 재배는 미국 중서부까지 확대되었다. 그리고 1850년대 오하이오의 한 농장주가 담배 산업을 바꾸게 될 새 품종을 발견했다. 담배를 종이에 마는 궐련(시가렛)은 콜럼버스가 신대륙을 발견하기 이전에도 여러 형태로 이용되어 왔으며, 영국 군인들은 크림전쟁(1853~56년)에서 터키인들이 궐련을 피우는 것을 보고 그 방법에 대해 알게 되었다. 벌리(burley)라는 이름의 새 담배에는 엽록소가 거의 없었고 노란색 담뱃잎은 훨씬 순했다. 벌리는 기계로 마는 궐련에 애용되었는데, 들이마시기가 훨씬 쉬웠고 흡연자들이 더 많은 니코틴을 흡수할 수 있었기 때문에 결국 담배에 중독되도록 만들었다.

20세기로 전환될 무렵, 특히 두 가지 사건이 궐련의 기하급수적 증가를 가능하게 했다. 첫 번째는 19세기 중반 대량 발행되는 신문과 잡지의 출현에 이은 광고의 영향력 증가였다. 대규모의 다국적 담배 회사들이 브랜드 로열티 확보를 시도하면서, 광고는 어디에나 있었고, 영리했으며, 청년, 의사, 여성 등 서로 다른 집단을 타겟으로 삼았다. 그중에서 마지막 집단이 시장을 대규모로 확대시켰다. 훨씬 더 독립적이고 소비할 돈이 있는 신여성과 흡연에 연관성을 부여했기 때문이다. 두 번째 원인은 제1차 세계대전 발발이었다. 어느 편인지를 막론하고, 후방에 있던 인원을 포함하여, 전쟁에 참가한 수백만 명의 청년들이 값싸고, 종종 공짜인 궐련을 구할 수 있었던 것이다. 결국 많은 이들이 전쟁이 끝난 후에도 습관적으로 담배를 피우게 되었고, 이 경향은 제2차 세계대전에서도 반복되었다.

20세기 전반부에 흡연은 확산되었고 종종 미화되었다. 비록 담배로 인한 수익

을 환영하는 정부가 담배에 관세를 매기긴 했지만, 대부분의 사람들이 금전적으로 감당할 수 있는 것이 되었다. 그 시기 의사들은 20세기 이전에는 희귀병이었던 폐암의 증가를 인식하기 시작했다. 1950년대 초, 미국과 영국에서 두 쌍의 연구자들이 거의 동시에 흡연이 현대에 만연한 질병과 밀접한 관련이 있음을 보여주는 신중한 연구서를 출간했다. 미국의 연구자 어니스트 와인더(Ernst Wynder)와 에바츠 A. 그레이엄(Evarts A. Graham)은 폐암으로 죽은 환자들의 부검 결과와 흡연 통계에 상당한 연관성이 있음을 보여주었다. 처음에 자신들이 도로 포장에 쓰이는 물질의 연구 결과를 보고 있는 것이 아닌가 착각했던 영국 연구자들, 오스틴 브래드포드 힐(Austin Bradford Hill)과 리처드 달(Richard Doll)은 폐암으로 병원에 입원한 환자들의 인생사를 좀더 신중히 연구했다. 그들은 가능성 있는 많은 원인들을 제외시키고, 최종적으로 흡연이 범인이라고 결론을 내렸다.

돌이켜보면 증거는 결정적이었지만, 그 증거가 널리 인정되는 데는 10년 이상이 걸렸으며, 담배 제조사들은 몹시 기만적인 태도를 취했다. 처음에는 부인했고, 다음으로는 '더 안전한' 선택을 했으며, 그 다음 '선택권'이라는 매우 효과적인 카드를 내밀었다. 심지어 담배 광고가 금지된 나라에서도 흡연율은 아주 서서히 감소해왔다. 개발도상국에서는 흡연율이 여전히 매우 높다. 아무래도 담배는 당분간 우리 주위에 있어야 할 운명인 것 같다.

〈일 타바코 오페라〉(1669)의 파이프 디자인. 담배의 사용과 담배 제품은 다양한 용기와 장비를 낳았으며 일부는 그 자체로 아름다운 물건이 되었다.

인디고, 대청

Indigofera tinctoria, Isatis tinctoria

트루 블루, 남빛 염료를 찾아서

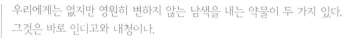

> 우리에게는 없지만 영원히 변하지 않는 남색을 내는 약물이 두 가지 있다.
> 그것은 바로 인디고와 대청이다.
> — 엘리야 베미스(Elijah Bemiss), 1815

인디고는 18세기 사우스 캐롤라이나, 플로리다, 카리브해, 남미에서 농작물로 재배되었다. 존 G. 스테드만(John G. Stedman)은 남미에서 인디고가 재배되는 것을 목격했으며 〈수리남의 흑인 폭동을 배경을 한 5년간의 탐험 이야기〉(1796)에 그 내용을 기록했다. 그는 노예 소유주들의 잔인함에 충격을 받았다.

파란색은 식물, 음식에서 희귀하므로 언제나 소중하게 여겨졌다. 파란색은 어떤 나라에서는 상복 색이며 북아프리카의 투아레그족과 고대 영국의 전사들이 입는 색이다. 이 파란 색소의 대부분은 식물에서 힘들게 추출되는데, 그중 두 가지가 중요하다. 바로 인디고(*Indigofera tinctoria*)와 대청(*Isatis tinctoria*)이다. '인디고'라는 단어는 인디고를 비롯해 다른 많은 식물의 잎에서 추출한 염료를 뜻하며, 많은 수의 귀중한 염료가 유래한 '인도'(인디아)에서 파생된 것이다. 인디고 생산은 힘들고 복잡한 과정이지만 콜럼버스 이전의 신대륙과 구대륙 모두에서 여러 차례 발견되었다. 인디고 잎은 석회나 오줌과 섞은 다음 통에 담아서 발효시켜야 한다. 액체가 증발되고 추가 처리가 끝나면 선명한 파란색 가루가 남는데, 이 가루는 쉽게 덩어리로 굳어서 운반하기 쉽다. 인디고는 염료, 물감, 화장품 등 많은 곳에 쓰였으며, 다른 색과 혼합을 위한 베이스가 되기도 했다. 인디고는 매우 귀했기 때문에 콜레라, 출혈성 질환 등 많은 질환에 대한 치료제와 임신 촉진제로 사용되었다.

인디고는 열대성 관목처럼 생긴 식물로, 특히 인도에 많지만 동남아시아 전역에서 볼 수 있다. 인디고는 기원전이 끝나갈 때부터 원산지에서 재배되고 이용되었다. 인도 섬유는 일찍부터 높은 가치가 있었고, 인디고는 실크로드와 다른 경로를 통해 거래되었다. 고대 그리스와 로마 인들도 인디고를 높이 평가했지만, 대청에 의존해야 했다. 대청은 온대 기후에서 자라는 2년생 초본 식물이다. 대청도 똑같이 귀중한 염료를 생산했고 가까이에서 구할 수 있었지만 추출은 더 어려웠다. 대청의 인디고틴 농도가 훨씬 낮았기 때문이다. 고대 이집트가 어떻게 파란색 염료를 가질 수 있었는지는 여전히 의문이다. 대청에서 추출한 염료일 수도 있지만, 인디고가 그 지역에서 매우 일찍부터 거래되었다. 이슬람교도들은 꾸준히 파란색을 좋아했다.

아시아로 가는 유럽의 항로는 질 좋은 인디고를 더 쉽게 구할 수 있게 만들었다. 영국이 인도에서 패권을 잡은 후, 영국인들은 인디고를 수입해 의류 산업에 적극 사용하도록 장려했다. 유럽의 대청 생산이 부활한 것은 나폴레옹이 영국과의 통상을 금지하고 군복에 쓰일 프랑스 대청 생산을 장려하면서였다. 프랑스, 독일, 영국의 대청 재배는 19세기 전반에 걸쳐 계속되었다. 19세기가 저물어가면서 두 대청은 유럽에서 12세기부터 점차 인기를 끈 파란색의 원료를 제공했다. 파란색은 동정녀 마리아와 관련이 있었고, 프랑스 왕궁에서 선택한 색이 되었다. 독일의 에르푸르트 마을은 대청의 재배와 가공에서 나오는 수익으로 대학을 세웠다.

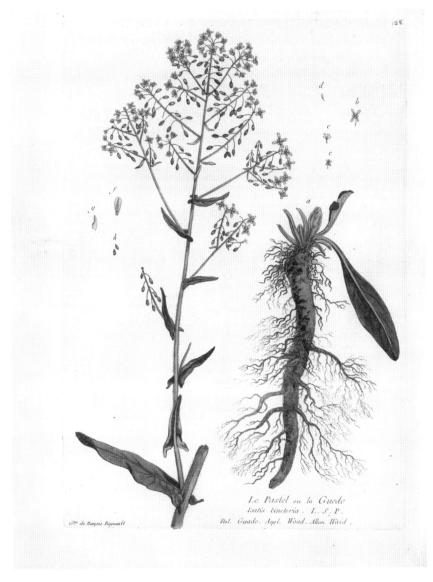

Le Pastel ou la Guede
Isatis tinctoria. L. S. P.
Ital. Guado. Angl. Woad. Allem. Waid.

가지 사건이 근대 인디고에 큰 영향을 미쳤다. 1873년 재단사 제이콥 데이비스와 리바이 스트라우스(리바이 스트라우스 앤 컴퍼니)가 낸 청바지 금속 장식(주머니 부분을 강화하기 위해 리벳을 박기 시작함) 특허는 목장주, 농부, 카우보이들이 필요로 하는 내구성 있는 청바지를 탄생시켰다. 색이 고르게 바래지 않는 것이 특징인 청바지는 독특한 복장이 되었으며, 이 보편적인 매력은 인디고의 지속적인 수요를 보장했다. 1897년 독일 화학자 아돌프 폰 바이어(Adolf von Baeyer)가 인디고 합성(인공제법)에 성공하면서 그 수요는 충족되었다. 대부분의 천연 인디고 생산은 이제 인도와 아프리카 일부 지역, 그리고 자연이 만드는 남빛 염료를 여전히 높이 평가하는 서구 장인들에 의해 소규모로 이루어진다.

고무나무

Hevea brasiliensis

아마존의 소중한 고무 수액

> 매우 가벼웠던 나무의 수(속)
>
> 안드레아 나비게로(Andrea Navigero), 1525

맞은편 고무나무(*Hevea brasiliensis*)의 잔가지와 꽃(꽃잎이 부족하고 날카롭게 묘사), 종자가 세 개 들어 있는 견과. 열매가 익으면 터지면서 종자가 모체 나무에서 15미터까지도 날아갈 수 있다. 농장에서 나무들은 태핑(고무나무에서 라텍스[고무 수액]를 채취하기 위하여 나무껍질을 얇게 깎아내는 작업) 효과 덕분에 25미터 높이로 자라며 아마도 35년간의 쓸모 있는 생애를 살 것이다. 고무나무는 이제 쓰레기로 태우기보다 친환경 목재로 판매되고 있다.

수많은 식물이 고무를 생산하지만 브라질 '고무나무'만 오늘날 상업용으로 사용된다. 고무나무는 신대륙이 구대륙에 선사한 많은 선물 중 하나이며 유럽에 오기 오래전부터 사용되고 숭배되었다. 아마존 사람들은 이 나무에서 채취할 수 있는 고무 수액의 놀라운 방수성을 알고 있었고, 고무 사용은 콜럼버스가 신대륙을 발견하기 이전에 중앙아메리카와 남미에 확산되었다. 그릇, 신발, 악기 등이 경화 고무로 제조되었으며 고무는 의약, 의식, 의례 용도로도 쓰였다.

16세기 초, 아즈텍인으로 구성된 팀이 스페인 왕궁에서 고무공(고무를 생산하는 또 다른 식물로 만든)을 이용한 경기를 시연했다. 실제로 유럽인들은 손을 사용하지 않거나 고무공이 땅에 닿지 않게 하면서 굴렁쇠를 통과시키는 그 공 경기에 대단히 매료된 것으로 보인다. 18세기 들어서야 박물학자들은 고무나무와 고무에 본격적으로 관심을 가졌다. 프랑스의 기술자이자 아마추어 식물학자인 프랑수아 프레노(Francois Fresneau)는 1747년 고무나무와 그 수액을 얻는 태핑 과정에 대해 설명했고, 남미의 다른 사람들도 고무의 특별한 성질에 대해 자국 사람들에게 설명했다. 고무를 사용하기 위한 유럽인들의 초기 시도는 성공적이지 못했다. 19세기 초 다양한 사업가들이 부츠와 우비, 방수천을 만들기 위해 고무를 수입했다(고무로 연필 자국을 지울 수 있다는 점이 주목 받기도 했다. 그렇다. '지우개'가 등장한 것이다). 그러나 이 모든 사업은 실패로 돌아갔다. 너무 더운 날씨에는 고무가 녹고 너무 추우면 고무가 딱딱해지면서 갈라졌기 때문이다.

타개책은 1839년에 나왔다. 괴짜 미국인 발명가 찰스 굿이어(Charles Goodyear)가 무수히 많은 실험을 한 끝에, 녹고 있는 고무에 황을 추가하면 안정화된다는 사실을 발견한 것이다. 그 결과 극단적인 온도가 더 이상 실망스러운 결과를 내지 못했다. 굿이어는 가족과 함께 이곳저곳을 전전하고, 후원자를 구하고, 채무자 감옥에서 세월을 보내기도 하며 대부분의 생을 보냈다. 그의 이름이 사후에 국제적인 타이어 회사(굿이어 타이어)의 이름으로 남기는 했지만, 굿이어는 생전에 자신의 성공적인 발견에 대해 보상을 받지는 못했다. 비슷한 시기, 영국의 화학자인 토머스 핸콕(Thomas Hancock)은 좀더 나은 화학 지식을 가지고 보다 구체적으로 그 과정을 연구했으며, 가황 처리한 고무로 영국 내 특허를 획득했다(핸콕은 이것을 '경화

Hevea brasiliensis Müll. Arg.

단단한 가황 고무로 만든 다양한
물건들.
그러나 이제는 대부분
플라스틱으로 제조될 것이다. 고무
파이프로 담배를 피우는 동안 어떤
냄새가 날까 상상해 보면 꽤나
흥미롭다.

고무'로 불렸지만, 굿이어의 '가황 고무'가 더 많이 쓰이는 용어다).

굿이어는 고무의 다양한 용도를 전파하는 일을 결코 멈추지 않았다. 런던 만국 박람회(1851년)와 파리 만국박람회(1855년)에서 굿이어는 가구, 잉크스탠드, 꽃병, 빗, 브러시 및 다양한 일상용품을 전시했다. 모두 고무로 만든 것이었다. 자금을 모으려는 그의 노력은 실패했지만, 그는 공공 전시를 통해 이 융통성 있는 식물성 소재의 가능성을 세상에 알렸다. 커져가는 인기는 브라질의 고무나무 재배자들과 고무 상인들에게 호재였지만, 원료를 채취하는 사람들에게는 아닐 수 있었다. 고무 수액 채취는 시간이 오래 걸리고, 지루했으며, 고된 노동을 필요로 했다. 고무 수요가 늘면서 고무 농장을 만드느라 아마존 열대우림은 계속 파괴되고 공터 발생이 가속화되었다. 고무 수요의 증가로 고무나무(*Hevea brasiliensis*)가 번성할 수 있는 다른 지역에 대한 탐색 또한 활발해졌다. 그리고 그 나무는 특정한 그 고무나무여야만 했다. 이와 관련해 브라질의 주앙 마틴 다 실바 코치뉴(Joao Martins da Silva Coutinho)는 브라질 고무나무의 확실한 우수성을 입증했다.

큐 왕립식물원 관장인 조지프 돌턴 후커는 고무나무 재배를 확산시키는 데 있어 산파 역할을 했다. 브라질에 있는 그의 대리인들이 1876년 큐 왕립식물원에 도착한 종자를 생산했다. 아주 소량만 발아했음에도 불구하고 묘목들은 후에 싱가포르로 보내졌다. 묘목은 후에 모두 죽었다. 실론에 있는 고무나무들도 처음 몇 년간은 어려움을 겪었지만 결국에는 성공적인 농장들로 자리잡게 되었다. 싱가포르 식물원 감독관으로 1888년 헨리 N. 리들리(Henry N. Ridley)를 임명한 것이 전환점이 되었다. 리들리는 지칠 줄 모르는 열렬한 고무 애호가였다. 그는 최적의 재배 조건은 무엇인지, 어디에서, 어떻게, 얼마나 자주 태핑 작업을 할 수 있는지, 종자와 묘목을 운송하는 가장 좋은 방법은 무엇인지에 대해 실험했다. 좀더 효율적으로 고무를 채취하는 방법, 특히 고무 수액을 응고시키기 위해 산(acid)을 사용하는 방법도 고안해냈다. 19세기가 끝나갈 무렵, 말레이시아를 포함한 동남아시아가 고무의 주요 공급지로 성장했다. 수요 충족을 위해 사용된 고용 계약 시스템이 주원인이 되어 현재 이 지역에서는 중국인들이 눈에 띄게 늘어났다. 어디든지, 농장을 만드는 데에는 토지 개간과 대규모의 인력이 필요했기 때문이다.

19세기 후반기에 고무 제품의 사용이 지속적으로 증가했지만, 자전거와 자동차용 타이어는 이제 막 대규모의 새로운 시장을 개척했다. 프랑스에서는 타이어 제조기업 미쉐린을 세운 미슐랭(Michelin) 형제, 에두아르와 앙드레가 차량에 고무를 사용한 개척자가 되었다. 1891년 그들은 쉽게 벗겨지고 수리되는 자전거용 타이어로 특허를 얻었다. 자동차가 등장하면서 솔리드 타이어(속에 공기가 없고 고무로만 만들어진)의 한계가 드러났다. 시속 15마일 이상의 속도에서 솔리드 타이어가 바퀴를 망가뜨리는 경향이 있었던 것이다. 공기압 자동차 타이어가 해결책이었으며 1895년 미슐랭 형제가 이를 입증했다. 150킬로미터마다 타이어를 교체해야 했음에도 불구하고, 세계는 이것이 성공적인 방법이었다고 확신했다.

자동차 타이어는 매우 중요하지만, 고무의 수많은 용도 중 하나일 뿐이다. 자동차와 대부분의 다른 현대적인 기계들이 호스, 부속품, 워셔, 케이블 피복 및 다른 많은 부분에 고무를 포함하고 있다. 고무는 또한 부츠, 신발, 장갑, 콘돔, 그리고 그 밖의 많은 것들에 여전히 사용된다. 이를 계기로 화학자들은 고무의 독특한 성질이 가지고 있는 분자의 주성분을 연구하게 되었다. 독일의 화학자 헤르만 슈타우딩거(Hermann Staudinger)는 고무가 수소와 탄소의 고분자(긴 사슬)로 구성되어 있다는 것과 황의 추가로 인한 경화가 고무의 화학적 결합을 안정화한다는 것을 보여주었다. 그는 이 연구로 공적을 인정받아 1953년 노벨상을 수상했다. 합성 고무가 현재 널리 사용되고 있기는 하지만, 일부 용도에서 합성 고무는 천연 고무를 대신할 수 없다. 게다가 천연 고무는 재생이 가능하다. 브라질은 이제 고무를 거의 생산하지 않는 반면, 말레이 반도는 여전히 주요 생산지이며 중국도 이 경쟁에 뛰어들었다.

바나나

Musa acuminata × balbisiana
세계가 가장 좋아하는 과일

바나나는 커다란 다년생 초본 식물로, 가짜 줄기가 잎집에서 만들어진다. 커다란 잎은 오랫동안 지붕 재료, 포장 재료에서 우산에 이르기까지 다양하게 사용된 역사를 가지고 있으며, 일부 품종은 일회용 '생물학적 접시'로 쓰기 위해 인도 남부에서 재배되고 있다. 수천년 동안 바나나는 기저에 있는 작은 '새끼'를 분리하고 심는 방법으로 번식되어 왔지만, 현재는 성공적인 조직 배양 기술이 개발되었다.

> 인도에는 또 하나의 나무가 있는데, 훨씬 크며, 그 열매의 크기와 당도는 더욱 놀랍다. 이 나무의 잎은 그 모양이 새의 날개를 닮았고, 높이가 3큐빗에 폭이 2큐빗이디(1큐빗은 약 45cm).
> — 플리니우스, 서기 1세기

바나나는 이제 어디에서나 쉽게 볼 수 있고 가격도 저렴하기 때문에 귀한 과일이라거나 고맙단 마음을 갖기 어렵지만, 1870년대 이전에는 사실상 온대지방에서 구할 수 없었고 대부분 생산지에서만 소비되었다. 바나나는 동남아시아에서 기원하지만, 야생 품종은 종자가 있었고 먹을 수 있는 부분은 거의 없었다. 따라서 자연 교배종으로 추정되는, 무종자의 먹을 수 있는 품종이 아시아와 그 섬에서만 오랫동안 높이 평가되어 왔다. 바나나는 따뜻한 날씨와 많은 양의 물을 필요로 하며(적도 북위나 남위 약 30도를 제외하고는 자연적으로 자라지 않을 것이다) 배수가 잘 되고 비옥한 토양에서 번성한다. 바나나의 독특하고 커다란 잎은 커다란 외줄기에서 나온다. 수꽃은 불임인 반면에, 암꽃(또는 암수한그루의 꽃)은 열매를 생산한다.

　이 커다란 초본 식물의 열매에는 종자가 없기 때문에 곁가지(흡지 또는 새끼)로 번식되어야 하며, 이 방법으로 아시아와 말레이 제도 전역에 확산되었다. 바나나는 멀리 하와이까지 확산되었으며, 이슬람교도 상인들이 바나나를 아프리카에 소개했을 수도 있다(인도네시아를 통해 그보다 일찍 소개되었을 수도 있다). 아프리카에서 바나나는 기본 식량이 되었다. 바나나의 번식 방식은 새로운 재배 품종이 재배될 수 없다는 것을 의미하며, 일부 자연종이 존재함에도 불구하고 가장 일반적인 상업용 품종인 캐번디시(Cavendish)가 19세기 잉글랜드 데본셔 공작의 빅토리아식 온실에서 개발되었다. 바나나가 클론이라는 사실이 의미하는 것은 바나나가 현재 가장 큰 걱정거리인 병충해와 질병에 특히 민감하다는 뜻이다. 과거에 널리 확산되었던 상업 품종인 그로 미셸(Gros Michel, 1950년대까지 주로 재배된 품종으로 파나마병에 감염됨)은 1930년대 곰팡이에 악영향을 받았다. 바나나는 유럽의 탐험 시대 이전에 아시아, 오세아니아, 아프리카 전역으로 확산되었다. 포르투갈인은 바나나를 카나리아 제도에 소개했고, 그곳에서 다시 카리브해로 가져갔다. 카리브해에서 바나나는 주로 아프리카 노예들의 식량으로 사용되었다. 바나나는 일 년 내내 계속 열매를 맺는다는 장점이 있으며 식물의 왕국에서 가장 큰 생산자 중 하나다. 바나나는 탄수화물이 풍부하고 칼륨 함유량이 높으며 비타민 C가 풍부하다.

　하지만 바나나는 장거리 운송이 어렵기 때문에, 전 세계에서 쉽게 먹을 수 있

기 위해서는 더 빠른 해로 수송과 냉장 보관이 필요했다. 유나이티드프루트 컴퍼니(치키타)와 델몬트를 포함한 몇몇 미국 식품회사들이 카리브해 섬들과 중앙아메리카와 남아메리카에 있는 농장들을 빠르게 개발하고 엄청난 규모로 확대했다. 수입업자와 선박업계 거물 사이의 파트너십 회사인 영국의 피프스가 서아프리카 나라들과 영국 시장에서 같은 일을 했다. 선하주인 알프레드 루이스 존스 경(Sir Alfred Lewis Jones)은 리버풀 부두에 자기 배가 들어오면 사람들에게 바나나를 나눠 주었다. 잠재 고객들이 이 새로운 과일을 좋아하도록 장려하는 차원에서였다. 이 사업가들은 많은 유럽인들이 계절에 따른 섭취 음식에 제약을 받던 시기, 일 년 내내 먹을 수 있는 과일로 바나나를 정착시켰다. 열대 기후의 여러 나라에서 바나나는 중요한 현지 식량이며 인도에서는 이 식물 전체가 다양한 방법으로 소비된다. 서구에서는 대체로 생으로 먹긴 하지만, 세계의 많은 지역에서 흔히 요리해서 먹는다. 그밖에 플랜테인 품종(plantain)은 아프리카, 아시아, 카리브해에서 널리 사용된다. 플랜테인은 약간 다른 염색체 배열을 가지고 있지만 익숙한 바나나와 같은 종이다. 플랜테인은 대체로 요리해서 먹으며, 똑같이 영양가가 높다.

베르트 훌라 반 누튼의 〈자바에서 선별한 꽃, 과일, 채소〉(1863)에 나오는 프랑스 플랜테인(Musa x paradisiaca)은 인도네시아와 태평양 제도에서 발견된다. 플랜테인은 다양한 단계에서 먹을 수 있다.
덜 익었을 때는 탄수화물이 많고, 익었을 때는 달다. 나중에 사용하기 위해 건조시킨 것은 갈아서 밀가루에 넣을 수도 있다.

기름야자나무

Elaeis guineensis

경제 대 환경

기름야자나무는 서아프리카와 중앙아프리카의 열대우림이 원산지이다. 키가 크고 수명이 긴(최대 30미터 높이로 자라며 150년까지 살 수 있다) 이 나무는 자두 크기만 한 열매를 맺는다. 19세기 후반 상업적으로 이용하기 전에는 대체로 야생이나 재배되는 나무에서 이 열매를 수확했으며, 사람들은 나무에 함유된 풍부한 오일을 가공하는 방법을 오랜 세월에 걸쳐 발견해 왔다. 기름야자의 과육으로 만드는 전통적인 오일은 붉은 색이며 원산지에서는 요리에 사용되었지만 장거리 수송이 어려웠다. 따라서 이 오일을 처음 접한 유럽인들은 그 특징을 묘사하면서도 외국에서의 잠재적 가치는 적다고 보았다. 하지만 이 오일은 일찍부터 아프리카 내에서, 멀리 이집트까지 거래되었을 것이다. 종자나 낟알을 수확하여 분리한 후, 열매의 과육 부분이 부드러워지면 이것을 압착하여 정제된 야자유를 얻는다. 이 전통적인 방법은 현대에 훨씬 개선되었지만 여전히 필수적이다. 또 다른 오일은 낟알로 만드는데, 소비되는 국가에서 가공하기 때문에 흔히 낟알 통째로 수출된다.

야자는 요리뿐 아니라 비누, 향수, 마가린에도 적합한 것으로 밝혀져 유럽에서 수요가 증가했다. 그 국제적인 관심의 중심에 윌리엄 레버(William Lever)가 있었다. 사업가인 그는 자신의 형제 제임스와 함께 현재 유니레버(Unilever)의 일부인 레버 브러더스(Lever Brothers)를 설립했다. 그들은 아프리카에 있는 영국 식민지에서 생산되는 야자유를 수출하기 시작했지만, 농장용 넓은 토지를 확보하기 어렵게 되자 사업의 중심을 벨기에령 콩고로 옮겼다. 레버는 영리한 광고를 하는 동시에 식물성 오일을 사용하여 값싼 비누를 생산해 판매했다. 그는 유명한 자선가(영국 노동자들을 위해 '포트 선라이트'라는 시범 마을을 세움)였음에도 불구하고, 동시에 값싼 노동력을 착취했고 아프리카의 처참한 노동 조건을 통해 이익을 얻었다.

버터의 값싼 대용품으로 1869년 프랑스에서 개발된 마가린의 인기가 증가하면서 식물성 오일에 대한 수요도 커졌다. 야자유는 다른 오일보다 화학적 처리를 많이 하지 않아도 됐기 때문에 선택 받는 제품이 되었다. 새로운 운송 수단이 야자유 수송을 쉽게 만들었고, 그로 인해 서구의 기업가들은 야자유의 상업용 생산을 위해 다른 지역을 찾게 되었다. 네덜란드인들이 개척한 자바 섬이 첫 번째 새로운 지역으로 선택되었고, 결과는 성공적이었다. 특히 새 품종이 우연히 유입된

Palmae
(Cocoineae)

Elaeis guineensis L.

아프리카 기름야자나무와 수꽃과 암꽃, 열매 또는 핵과, 그리고 종자. 인도네시아에서 있었던 기름야자나무 농장 확대는 가난한 농부들에게 수입원을 제공하고 개발도상국에 수출 작물을 제공한다는 경제학적 의견과 열대우림 파괴 등 환경이 악화된다는 환경론적 의견 사이의 갈등을 보여주는 전형적인 예다. 물론 기름야자나무를 환금작물로 자리 잡게 한 식민지 농장주들에게 그러한 우려는 전혀 문제가 되지 않았다.

다음에 더욱 그랬다. 머지않아 인도네시아와 말레이시아가 목록에 추가되었다. 말레이시아는 현재 세계 최대의 야자유 생산국으로, 부작용은 오랑우탄의 전통적인 고향이기도 한 많은 열대우림 지역이 파괴되고 있다는 점이다. 독특한 종의 기름야자나무(*Elaeis oleifera*)가 남미에서 발견되는데, 이 종은 현지에서 사용되지만 대규모 생산을 위한 것은 아니다. 현재 남미의 몇몇 나라에서 아프리카 종들이 상업용으로 재배된다. 야자유는 유리 지방산 함유율이 낮아서 건강을 염려하는 서구의 소비자들에게 매력적이다. 현대 야자유 생산은 유리 지방산의 비율에 따라 등급이 나뉘며, 프리미엄 제품의 유리 지방산 비율이 가장 낮다. 야자유는 튀김에 필요한 고온을 견디며, 비타민 A, D, E와 두 가지 필수 산을 함유하고 있어 '건강에 좋은' 마가린의 주원료가 될 수 있다.

풍경을 바꾼 식물들

웅장한 식물의 아름다움

식물은 살아 있는 풍경을 만든다. 식물은 자신들이 자라는 땅에 색을 입히고 형태를 만든다. 숲은 헤아릴 수 없는 대상으로, 비밀스러운 전설의 소재가 될 수 있다. 초원은 망망대해처럼 광대하며 머나먼 지평선으로 눈길을 주게 한다. 식물은 사막 풍경에 간간이 끼어들며 육지와 바다의 경계를 구분할 수도 있다. 한데 모여 환경을 이루는 조경 식물은 예술과 문학에 결합하여 하나의 미학을 제공해왔다. 동양에서는 풍경화가 가장 높이 평가되는 화풍이다.

그러한 식물들은 어떻게 지구를 만들어 왔을까? 어떻게 우리의 목적에 맞게 풍경을 조정해 왔으며, 이 식물들이 제공하는 생산물을 어떻게 활용해 왔을까? 북반구 대륙에 버티고 서 있는 웅장한 낙엽송들은 거대한 북방 수림의 중요한 구성원이다. 낙엽송이 가진 많은 용도를 통해 낙엽송이 어떤 문화의 형성을 도왔는지 알 수 있다. 예컨대, 겨울에 눈이 올 때 신는 신발, 건축을 위한 목재, 아름다운 일본 분재 등이 그렇다. 북미의 거대한 삼나무는 두 가지 경쟁력을 가지고 있다. 유용하게 쓸 수 있는 생산적인 목재인 동시에 오늘날 관광업을 통해 인간의 정서에 미칠 수 있는 영향력이다. 캘리포니아에 남아 있는 숲은 어쩌면 인간이 도끼를 들고 들어가기 전부터 이미 오래된, 훨씬 더 야생에 가까웠던 숲의 유물일 것이다.

생존을 위해 적응하면서 심지어 산불의 혜택까지 받는 유칼리나무(유칼립투스)는 독특한 호주의 식물 유산을 대표하며, 특히 그 에센셜 오일이 많은 인기를 누

리고 있다. 유칼리나무는 현재 전 세계의 상업용 나무 생산이 만든 새로운 풍경의 일부다. 농장 밖에서 자라는 호주 유칼리나무(Tasmanian Blue Gum)는 캘리포니아의 몇몇 지역에서 침투성 식물이 되어, 자생 식물을 몰아내고 단일 경작을 초래했다. 이 예상치 못한 결과와 함께 우리는 인간이 때때로 풍경을 어떻게 변화시키고 조작하는지 다시 한 번 상기하게 된다. 하지만 유칼리나무는 벌과 벌새를 돕고, 토양 침식을 막기도 한다. 일부 진달래속 역시 오명을 얻었다. 하지만 순백의 광활한 히말라야를 배경으로 자생지 산비탈에 옷을 입히고 있는 진달래의 색깔은 장관이다. 미국 서부에 있는 커다란 선인장은 극한의 조건에서 생존이 가능한 식물이다. 사막 한가운데 있어 서부 영화로 대표되는 할리우드 영화 산업의 아이콘이기도 한 이 식물은 아메리카 원주민의 사막 문화에서 오랜 역사를 가지고 있다. 선인장은 또한 유럽인들이 대륙을 횡단하여 서쪽으로 이동하면서 생긴 문화 충돌을 상기시키는 역할을 한다. 맹그로브는 소금물에 살고 있는 식물 특유의 성질을 보여준다. 맹그로브는 놀라운 적응력으로 해안 침식을 막으며 육지와 바다 사이의 경계에서 번성한다. 뉴질랜드 원주민 마오리족은 은나무고사리를 특별히 중요한 식물로 받아들였다. 이 나무의 몸통은 목재로 사용되었고 길게 갈라진 잎으로는 침대를 만들었다. 은빛의 잎 뒷면은 꺾어서 바닥에 놓고 달빛을 쬐게 하면 길을 가르쳐 주기도 했다. 식물을 통신 수단으로 이용한 것이다.

왼쪽 위 커티스 식물학 잡지(1859)에서 '진달래속의 왕자'로 묘사된 로도덴드론 누탈리(*Rhododendron nuttallii*). 이 작은 나무(10미터)는 황홀한 향기가 나는 하얀색 꽃으로 윗부분이 덮이며 진달래속 중에 가장 크다.

오른쪽 위 대담한 화가 마리안느 노스가 보르네오, 사라와크에 있는 맹그로브 습지의 짙은 녹음을 담아냈다(1876, 세밀화). 노스는 고무 장화를 신고 치마를 무릎까지 들어 올린 채 보르네오를 횡단했으며, 주로 배를 이용했다. 이 그림도 아마 배 위에서 그렸을 것이다.

낙엽송

Larix spp.
북방 수림의 웅장한 침엽수

> 우리는 이제까지 본 것 중에 가장 광활한 낙엽송의 숲을 계속 걸었다.
> 가지가 멋진 키가 크고 호리호리한 나무였다.
> — 헨리 데이비드 소로(Henry David Thoreau), 1864

북방 수림은 북반구 풍경에서 눈에 띄는 특징이다. 북방 수림은 세계에서 가장 큰 산림지대로 그 규모가 엄청나기 때문에 오랫동안 기후와 이산화탄소 수치에 중요한 생태학적 영향을 미쳐왔다. 대부분의 숲과 마찬가지로 북방 수림도 다양한 초목을 포함하고 있지만, 낙엽송과 그 외의 침엽수들이 주를 이룬다. 침엽수는 산의 서늘함을 좋아하고 습하고 얼어 있는 저지대 토양을 견디지 못하기 때문에, 침엽수가 미치는 범위는 기후변화와 북극 얼음 규모의 변화에 따라 수천년 동안 영고성쇠를 거듭해 왔다. 낙엽송은 북미, 중유럽과 서유럽, 히말라야에서 시베리아와 일본에 이르는 아시아에 널리 분포한다. 낙엽송은 낙엽성의 침엽수 중에 이례적으로 겨울이 되면 '바늘'처럼 생긴 잎의 색이 변하고 잎이 진다. 침엽수는 고대 식물군으로 약 3억 년부터 존재했으며 소나무같이 대부분의 나무가 상록수이다.

낙엽송속(*Larix*)는 약 12개 종으로 이루어진 비교적 규모가 작은 속이다. 이 나무는 크기가 상당하며(30~50미터) 빨리 자란다. 매혹적인 진홍색 솔방울에서 종자가 자라며 이 솔방울은 종자가 떨어진 다음에도 계속 남는다. 다 자란 솔방울은 종에 따라 다르기 때문에 식물 분류에 필수적이다. 낙엽송은 빠른 속도로 자라기 때문에 귀중한 연료원이 되며 목질은 부드럽지만 내구성은 강하다. 수지 함량이 높아서 물이 새지 않으며 땅속에서 썩지 않는다. 이러한 특징 때문에 낙엽송은 울타리, 구덩이 버팀대, 일반적인 건축 용도로 많이 사용되었다. 낙엽송은 또한 천천히 타기 때문에 철을 제련할 때 유용한 재료로 간주된다. 로마인들은 배를 건조하는 데 낙엽송을 사용했으며, 이 전통은 오랫동안 지속되어 스코틀랜드의 트롤선과 호화 요트는 여전히 낙엽송으로 건조된다. 러시아인과 시베리아인은 집을 짓거나 난방을 할 때 낙엽송에 의존했다. 아메리카 원주민들은 유럽인들이 정착하기 오래전부터 이 나무를 사용했다. 하마라타크(Hackmatack) 또는 타마라크(Tamarack)(둘 다 아메리카 낙엽송)는 낙엽송의 토착어로 '눈신을 만드는 나무'라는 뜻을 가지고 있다. 태핑 작업을 통해 얻어지는 낙엽송의 테레빈유(송진을 증류하여 얻는 정유)는 인간과 동물을 위한 의약품에 모두 사용되었다.

낙엽송의 주요 종은 잎에 난 무늬를 기반으로 두 가지 군으로 분류된다. 낙엽

송은 일본, 시베리아, 유럽산이냐, 북미의 서부산이냐처럼 주요 분포지로도 잘 구별된다. 다양한 용도를 가진 식물답게 낙엽송은 성공적으로 이식되어 왔다. 최초로 낙엽송을 심은 것은 기껏해야 17세기 영국에서였을 것이다. 런던의 일기 작가이자 원예가 존 이블린은 에섹스의 첼름스퍼드 여행에서 본 유럽 낙엽송(알프스가 원산지)에 감탄했다.

가장 눈에 띄는 '낙엽송 축제'(어두운 색의 상록수 사이에서 낙엽송의 아름다운 가을 단풍을 볼 수 있는 행사)는 스코틀랜드 하이랜드의 던켈드에 있는 사유지에 역대 아톨 공작들이 감독한 것이었다. 18세기 중반 2대 공작이었던 존 머레이가 약 150그루의 유럽 낙엽송(*decidua*)을 심었다. 그의 아들과 손자가 이를 이어받아 사유지 내 농업용으로 쓸모 없는 땅에 수백만 그루의 낙엽송을 심었다. 1895년 일본 낙엽송(*kaempferi*)과 유럽 낙엽송의 교배가 이루어졌다. 이 교배종은 특히 잘 자라고 건강했으며 현재 '던켈드 낙엽송'(Dunkeld Larch)으로 알려져 있다. 던켈드 종은 영국에서 가장 일반적인 상업용 낙엽송이며 전 세계적으로 높은 가치를 가지고 있다. 정반대로 이 낙엽송은 분재용으로 가장 인기 많은 나무이기도 하다.

유럽 낙엽송 가지와 솔방울들(왼쪽 아래는 수솔방울, 오른쪽 아래는 암솔방울). 새로 자란 솔잎(왼쪽 상단에 세부 묘사)과 함께 있는 수솔방울이 가지에 달린 밝은 초록색 다발처럼 보인다.
모든 겉씨 식물과 마찬가지로 씨앗이 겉으로 드러나 있으며, 솔방울의 보호를 받고 있긴 하지만 열매나 주머니에 둘러싸여 있지는 않다.

미국 삼나무

Sequoia sempervirens

나무 세계의 티탄(그리스 신화에 나오는 거인족)

> 미국 삼나무는 한 번 보고 나면, 강한 인상을 남긴다. 아니면 당신과 늘 함께 하는 환상이 생긴다. 미국 삼나무는 우리가 아는 여느 나무와는 다르다. 다른 시대에서 온 사절들이나.
> – 존 스타인벡(John Steinbeck), 1962

'내가 보낸 가장 추운 겨울은 샌프란시스코의 여름이었다'라고 누군가가 말했다. 그 누군가가 마크 트웨인이 아닐지라도, 그곳 해무의 축축한 냉기를 부인할 수는 없다. 해무는 캘리포니아 해류의 차가운 바닷물 위쪽 공기가 대륙과 만나면서 생긴다. 이 기후 패턴이 해안 지역 미국 삼나무(*Sequoia sempervirens*)와 완벽하게 맞는다. 이 고대 침엽수는 오늘날 세계에서 가장 키가 큰 나무라는 기록을 가진 115.5미터의 하이페리온 삼나무이다. 높이가 아니라 부피로 측정한 가장 큰 나무는 캘리포니아 시에라네바다산맥 서부에 서식하는 근연종 자이언트 세쿼이아(*Sequoiadendron giganteum*)다.

미국 삼나무는 오리건 남서부에서 캘리포니아, 몬테레이 바로 아래에 이르기까지 태평양 연안을 따라 폭 8~56킬로미터의 좁고 긴 지역에서 자란다. 대체로 약 300미터 고도에서 자라며 일부는 그보다 더 높은 지대에서 발견되기도 한다. 나뭇잎이 고온이나 결빙 온도를 견디지 못하기 때문이다. 미국 삼나무를 포함한 침엽수들은 꽃식물이 성공적인 방산진화를 시작하기 전, 쥐라기(중생대 중기)의 거대한 침엽수림에서 먼 조상을 찾을 수 있다. 좀더 오래되어 화석화된 조상들은 미국 서부와 멕시코 북부, 유럽과 아시아의 해안을 따라 발견되는 세쿼이아와 매우 비슷하다(아시아에 서식하는 메타세쿼이아는 중국 쓰촨성부터 후베이성의 좁은 지역에서 발견된다). 따라서 크지만 국한된 지역인 이 길다란 해안은 한때 좀더 널리 퍼졌던 개체군의 유물일 수도 있다. 미국 삼나무는 관상용 표본목으로 현재 세계의 다른 많은 지역에서도 재배된다.

미국 삼나무의 분포 범위에서 매우 적은 비율(5퍼센트로 추정)만이 원시림을 구성한다. 미국 삼나무는 가볍고 부식에 강해 18세기 스페인인들이 정착하면서부터 높은 평가를 받아왔지만, 숲이 본격적으로 벌목된 것은 1849년 골드 러시 때였다. 위풍당당한 미국 삼나무를 보존하려는 관심은 1900년 셈페르비렌스클럽과 1918년 세이브더레드우드 연맹의 설립으로 이어졌다. 뒤이어 보호 구역이 빠르게 생겨났지만 벌목꾼들은 계속해서 나무를 벌채했다. 현재 해무의 감소가 새로운 위협으로 추가되기도 했지만, 목재업계와 환경보호가 사이의 갈등은 여전하다. 이

나무의 키와 용수량 때문에 기후가 더 건조해지고 따뜻해지면 심각한 문제가 초래될 수 있기 때문이다. 미국 삼나무는 기공(氣孔)을 통한 수분의 흡수를 인정받은 최초의 나무였다. 또한 해무로부터 물을 저장하고 미네랄을 용해하여 생태계의 다른 구성원에게 떨어뜨려 준다.

　대부분의 사람들은 미국 삼나무를 우러러보지만, 이 나무에 마음을 빼앗긴 소수의 극단적인 식물학자들이 있다. 그들은 지상 90~105미터 높이에 있는 캐노피에 새로운 세상을 창조했다. 나무에 아늑하게 둘러싸인 채, 2,000년을 산 식물도 있는 이곳에는 양치식물, 월귤나무, 심지어 진달래속을 포함하여 한 번도 땅에 닿은 적 없는 180종 이상이 수세기에 걸쳐 쌓인 축적물에 뿌리를 내리고 있다. 지의류와 이끼, 도롱뇽, 민달팽이, 벌, 딱정벌레와 함께 이곳에서 번성하고 있다. 캐노피는 가지에서 파생한 나무 줄기들이 서로 붙어 있어서, 마치 이 나무들이 이미 중년의 나이에 있을 때 지어진 중세 교회의 공중 부벽을 닮았다. 죽은 지 오래된 중심부 식물의 뿌리에서 나무의 나이테가 갑자기 나타나, 미국 삼나무 재건이 활기를 띨 수 있게 되었다. 이 현상이 오랫동안 계속될지는 알 수 없다.

증기를 이용한 기계가 등장하기 전, 미국 삼나무의 벌목과 운반. 목재소에서 사용 가능한 목재로 변형시키는 일은 인간 능력의 한계에 가까웠다. 두 사람이 한 팀이 되어 6일 동안 매일 12시간씩 작업해야 하나의 나무를 벨 수 있었다. 마리안느 노스의 그림 〈캘리포니아, 게르네빌에 있는 미국 삼나무 아래서〉(1875) 속 오두막이 나무의 엄청난 크기를 말해주고 있다.

사와로 선인장

Carnegiea gigantea

개척 시대 미국 서부의 상징

> 나는 사와로 선인장으로 변할 것이다. 그래서 영원히 살며 여름마다 열매를 맺을 것이다.
> 아메리카 원주민 피마족 신화

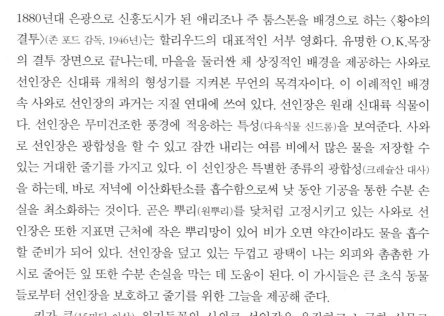

마리안느 노스의 〈애리조나 사막의 초목〉에 나오는 세부 묘사. 노스의 개인주의적인 작품은 식물 삽화와 19세기 후반 순수 예술의 요구 조건 그 어느 것도 충족하지 못한다는 비난을 받았다. 하지만 그녀는 이 독특한 풍경의 일부로 사와로 선인장을 확실하게 포착했다.

1880년대 은광으로 신흥도시가 된 애리조나 주 툼스톤을 배경으로 하는 〈황야의 결투〉(존 포드 감독, 1946년)는 할리우드의 대표적인 서부 영화다. 유명한 O.K.목장의 결투 장면으로 끝나는데, 마을을 둘러싼 채 상징적인 배경을 제공하는 사와로 선인장은 신대륙 개척의 형성기를 지켜본 무언의 목격자이다. 이 이례적인 배경 속 사와로 선인장의 과거는 지질 연대에 쓰여 있다. 선인장은 원래 신대륙 식물이다. 선인장은 무미건조한 풍경에 적응하는 특성(다육식물 신드롬)을 보여준다. 사와로 선인장은 광합성을 할 수 있고 잠깐 내리는 여름 비에서 많은 물을 저장할 수 있는 거대한 줄기를 가지고 있다. 이 선인장은 특별한 종류의 광합성(크레슐산 대사)을 하는데, 바로 저녁에 이산화탄소를 흡수함으로써 낮 동안 기공을 통한 수분 손실을 최소화하는 것이다. 곧은 뿌리(원뿌리)를 닻처럼 고정시키고 있는 사와로 선인장은 또한 지표면 근처에 작은 뿌리망이 있어 비가 오면 약간이라도 물을 흡수할 준비가 되어 있다. 선인장을 덮고 있는 두껍고 광택이 나는 외피와 촘촘한 가시로 줄어든 잎 또한 수분 손실을 막는 데 도움이 된다. 이 가시들은 큰 초식 동물들로부터 선인장을 보호하고 줄기를 위한 그늘을 제공해 준다.

키가 큰(15미터 이상) 원기둥꼴의 사와로 선인장은 웅장하고 느긋한 식물로 175~200년을 산다. 꽃이 피는 성숙기까지는 천천히 도달하며(30~35년) 촛대같이 생긴 가지들이 나타나기까지는 그로부터 50년이면 충분하다. 이 식물은 줄기 끝 부분에 꽃이 피는데, 줄기가 많을수록 꽃도 많아지고 번식 성공률도 증가한다. 4월부터 6월까지 밤이 되면 광택이 나는 흰색의 깔때기 모양 꽃이 핀다. 꽃에서 나는 익은 멜론 향은 이 꽃의 수분 매개체인 작은긴코박쥐를 유혹한다. 다음 날 아침부터 꽃이 지기 전까지는 흰날개비둘기와 곤충들이 차지한다. 각각의 꽃은 24시간만 지속된다. 그 후로는 지방이 풍부한 많은 수의 종자를 가진 빨간색 열매가 5월에서 7월까지 열린다. 열매는 힐라딱따구리(Gila woodpecker)를 비롯한 다양한 동물의 유용한 식량원이 된다. 힐라딱따구리는 선인장 줄기를 쪼아 주머니처럼 생긴 둥지를 만든다. 딱따구리가 이 주머니를 떠나고 나면, 다음에는 요정부엉이(elf owl)가 들어 온다. 상처에 대한 대응으로 사와로 선인장은 그 주변에 굳은살을 만든다. 선인장이 죽으면 '사와로 부츠'라고 알려진 이 둥지는 그대로 남는다.

나무 모양의 사와로 선인장은 북미 소노라 사막에 집중된 독특한 식물군의 일부다. 다른 지역에서는 살지 않으며 군데군데 숲을 이루고 있다. 멕시코 중부에 있던 사와로 선인장의 조상이 800~1,500만 년 전 이 지역의 사막화에 대처하고 진화한 것이라고 여겨진다. 사와로는 콩과 관목인 다른 식물과 관련된 생물군계의 중요한 일원이다. 팔로 베르데에 있는 보호수는 사와로 묘목이 자신보다 크게 자라고 더 오래 살 때까지 사와로 선인장을 보호한다.

소노라 지역의 아메리카 원주민들은 오랫동안 사와로 선인장을 기념하고 활용해왔다. 죽은 사와로의 늑골 모양 나무를 이용하여, 피마족과 토호노오오덤족은 사와로 열매를 수확하여 생으로 먹거나 씨앗을 남겨 두었다가 갈아서 음식에 넣기도 한다. 열매를 시럽으로 만들어 기우제 때 마실 와인으로 발효시키기도 한다. 기우제는 사막에서 생명의 부활을 기념하는 오래된 의식이었다.

커티스 식물학 잡지(1892)에 등장한 사와로 선인장. 조지프 돌턴 후커는 큐 왕립식물원 팜하우스에 있는 사와로 선인장에 대해 자랑스럽게 기록했다. 잉글랜드에서 이 멋진 식물이 꽃을 피운다는 것은 원예학의 쾌거 중 하나로 간주해야 한다는 것이었다. 선인장은 식물원의 외래종들과 부유한 아마추어 재배자들의 소장품 사이에서 자리를 잡았다.

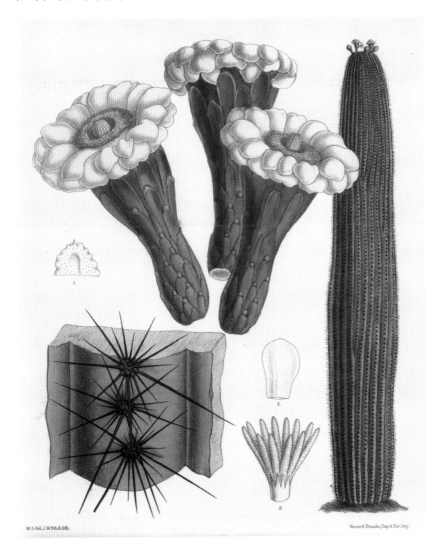

171

은나무고사리

Cyathea dealbata

빛나는 마오리족의 상징

뉴질랜드는 8천만 년에서 1억만 년 전 호주에서 분리되며 특별한 동식물군이 성장할 충분한 시간을 가질 수 있었다. 뉴질랜드의 동식물군은 매우 특이해서 1769년 영국의 식물학자이자 박물학자 조셉 뱅크스 경이 탐험가 제임스 쿡과 함께 인데버 호를 타고 이 섬을 찾았을 때, 그는 자신이 조사했던 최초의 400종의 식물 가운데 단 15종만 알아볼 수 있었다고 한다. 이 섬에 자생하는 식물군의 89퍼센트가 오직 뉴질랜드에만 있었기 때문이다. 동물들도 한때 똑같이 외래종이었지만, 그중 일부는 유럽인들이 도착하기 전에 이미 멸종되었다.

뉴질랜드 식물상의 12퍼센트 이상을 구성하는 식물과 관련이 있는 고사리는 매우 오래된 식물이다. 고사리 조상에 관한 증거는 데본기 중기(고생대, 약 3억 8,500만 년 전)로 거슬러 올라가며 나무고사리는 트라이아스기 중기(중생대, 약 2억 3,500년 전)에 존재했다. 오늘날 고사리는 그 종류와 서식지가 매우 다양하지만 진화를 겪으며 거의 변한 것이 없다. 따라서 생물학에서 고사리를 주로 이용하는 이유는 초기 형태를 가진 생명체의 기본 메커니즘을 연구하기 위해서다. 크기와 일반적인 외형은 '나무'지만, 나무고사리는 가지를 뻗는 일이 거의 없으며 나무껍질도 없다. 대신 오래된 잎(길게 갈라진 잎)의 울퉁불퉁한 기부를 지의류나 이끼, 다른 생물들이 추가적으로 덮고 있어 보호를 받는다. 근계는 매우 조밀한 편이어서 크기가 큰 경우(최대 25미터까지)에는 대개 주변 식물들이 지탱해 주어야 한다. 다른 고사리처럼 나무고사리도 잎 뒷면에 붙어 있는 포자를 통해 번식한다. 나무고사리의 두 가지 주요 속은 딕소니아(*Dicksonia*)와 키아테아(*Cyathea*)로, 둘 다 지리적으로 널리 분포해 있다.

은나무고사리는 뉴질랜드에 있는 수많은 나무고사리 중 하나지만, 서기 1250~1300년경 폴리네시아 동부에서 건너와 이 섬에 영구 정착한 마오리족으로부터 특히 높은 평가를 받았다. 은나무고사리는 10미터 정도의 높이로 자랄 수 있으며, 2~4미터 길이의 길게 갈라진 잎이 나무 위쪽에서 방사상으로 펼쳐진다. 마오리 족이 카퐁가(kaponga) 또는 퐁가로 알고 있는 은나무고사리는 은백색의 잎 뒷면에서 영어 이름을 딴 것으로, 달빛을 받으면 은백색으로 인해 위엄 있는 모습을 갖게 된다. 이 특징을 이용하여 잎을 뒤집어 땅 위에 올려 놓고 자신이 온 길을 표시하는 전통도 있었다. 마오리족은 또한 이 식물을 이용하여 쥐를 막아주는 식품 저장고를 짓기도 하고, 가정용 도구를 만들기도 했다. 이후 튼튼하고 내구성 있는 나무의 몸통은 울타리 제작과 조경에도 쓰이고, 꽃병과 상자를 만드는 데도 사용되었다. 은나무고사리의 속과 어린 잎은 요리로 쓸 수 있으며(마오리족도 그렇게 했다) 화상이나 베인 상처를 위한 드레싱, 설사 치료제 등 의약품으로도 사용이 가능하다.

은나무고사리는 빅토리아 시대의 영국과 북미까지 휩쓸었던 고사리 열풍(양치식물 열풍)의 중요한 일부였다. 전문 중개인들이 생겨났고, 북반구의 부유한 사람들이 외래종을 원산지 밖에서 재배하고자 하면서 고가에 팔렸다. 은나무고사리는 현재 뉴질랜드 전역에 불규칙하게 분포하는데, 모든 나무고사리는 원예가를 위한 수출 및 다양한 이유로 초래된 서식지 파괴로부터 보호를 받아야 한다. 뉴질랜드에서 은나무고사리는 국가적인 상징이 되어 그 독특한 은색잎이 국가대표 럭비팀인 올블랙스(All Blacks)의 검정색 상의를 장식하고 있다.

〈1826~1829년에 걸친 라스트로라브 군함의 항해〉(1833)에 나오는 뉴질랜드 은나무고사리의 잎(세부 묘사된 포자와 함께). 이 항해는 뒤몽 뒤르빌(Dumont D'Urville) 선장의 지휘 아래 두 번 이루어진 프랑스의 남반구 탐험 중 첫 번째였다. 이 두 번의 항해는 유럽인들의 소장품에 새로운 물건을 추가하는 데 매우 중요한 역할을 했다.

유칼리나무는 호주의 주요 경재(활엽수에서 얻는 목재) 공급원이다. 식민지 시절, 많은 이들이 열대지방을 모든 종류의 농장에 대한 미답의 영역이라고 보았을 때, 이 나무들이 식물원에서 시험되었다(이 사진은 자바 섬의 보고르 식물원에서 찍은 것이다). 모든 비토착종과 마찬가지로 유칼리나무는 심각한 침략성 골칫거리가 될 수 있다.

유칼리나무

Eucalyptus spp.
호주를 대표하는 나무

> 웃는물총새가 유칼리나무 고목에 앉아 있다.
> — 메리언 싱클레이(Marion Sinclair), 1932

유칼리나무속(*Eucalyptus*)은 크기와 모양이 매우 다양한 약 500종으로 이루어진 대규모 속이다. 호주와 태평양 제도의 몇몇 섬이 원산지이며 적응력이 뛰어나 현재 전 세계에서 볼 수 있다. 고무나무(여러 종류의), 페퍼민트나무, 블러드우드나무와 같은 다수의 속명은 유칼리나무의 다양한 특성과 용도를 나타낸다.

유칼리나무는 수백만 년 전 호주가 이미 아시아 대륙에서 분리된 상태, 그러나 이전보다 더 습한 환경이었을 때 진화했다. 호주의 환경이 변하면서 회복력을 가진 이 속의 일부가 적응력을 키워 유칼리나무가 널리 확산되고 주를 이루게 되었다. 무엇보다 매우 깊고 넓게 뻗은 근계가 지표수가 거의 없는 환경에서 이 나무들을 생존할 수 있도록 만들었다. 다음으로 유칼리나무는 흔히 번개로 인해 산불이 발생한 다음에도 번성할 수 있었다. 불은 사실상 나무 종자의 발아를 돕고, 재가 풍부한 임상(산림 지표면의 토양과 유기 퇴적물의 층)은 유칼리나무 묘목이 자라는 데 완벽한 조건을 제공한다. 게다가 성숙한 나무의 껍질 바로 안에 있는 싹이 산불에 의해 자극되어 재 속에서 불사조처럼 되살아날 수 있었다. 너무나 많은 종이 생태적 지위가 거의 없는 호주에 적응하면서 유칼리나무의 속은 새로운 지역으로 이식되지 못했다. 그중 유칼립투스 레그난스(E. regnans)라는 종은 세계에서 가장 키가 큰 꽃나무로 숲의 다른 경쟁자들보다 높이 자란다.

호주 원주민들은 유칼리나무를 이용하여 창과 부메랑, 간단한 카누를 만들었다. 18세기 후반부터 유럽인들이 호주에 정착한 이후 이 나무의 왕성한 생장력과 다양한 쓰임새가 알려지면서 세계 다른 많은 지역에 수출되었다. 표본목은 사실상 어디에나 있으며 상업용 농장들이 브라질, 아메리카, 북아프리카와 인도에 있다. 많은 종이 대단히 빠른 속도로 성장하기 때문에(일부 묘목은 1년 안에 1.5미터, 10년 안에 10미터까지 자랄 수 있다) 훌륭한 장작이 된다. 실제로, 1에이커(약 4,000제곱미터)의 유칼리나무 숲에서 얻을 수 있는 생체량은 다른 어떤 나무의 생체량과도 맞먹는다. 유칼리나무는 습지에 심으면 효율적으로 물을 흡수하기 때문에 습지의 물을 빼내는 데 이용할 수 있고, 모기는 유칼리나무의 휘발성 고무진을 싫어하기 때문에 말라리아 억제에도 도움이 된다.

유칼리나무는 다수의 가치 있는 생산물을 산출한다. 유칼리나무 오일은 나무

Eucalyptus persicifolia.

가 가진 적응 메커니즘의 독특한 특징을 담아내어 유칼리폴(시네올)과 같은 일부 오일은 의약용으로, 때로는 향수에도 사용된다. 시드니 근처의 블루마운틴산맥은 그 지역의 광활한 유칼리나무 숲에서 생기는 자극적인 연무(연기와 안개)에서 그 이름을 딴 것이다. 예컨대 유칼립투스 구니(*E. gunnii*)와 같은 유칼리나무의 잎, 나무 껍질, 열매는 염색에 사용되는 다양한 색소를 만들어내며, 타닌의 중요한 공급원이기도 하다. 유칼리나무는 또한 훌륭한 바람막이고 되고, 그 합판은 악기를 만드는 데 사용할 수 있으며 수지 합판의 핵심이다. 펄프는 제지의 주재료이다.

　상업적으로 대단히 중요한 나무임에도 불구하고 유칼리나무의 공격적인 생장력과 세계적인 확산은 환경보호 활동가들 사이에 오명을 낳고 있다. 나무의 오일 덕분에 포식자들로부터 비교적 해를 입지 않는다는 사실도 유칼리나무의 번성을 도왔다. 이 나무의 잎을 소화시킬 수 있는 유일한 동물인 코알라는 호주에서만 진화한 유대류 동물이다. 앉은 채로 유칼리나무 잎을 먹고 있는 이 먹보의 모습은 독특한 호주 생태계의 유명한 상징이다.

런던 해크니의 로디게스 묘목원 식물 진열실에 있는 유칼립투스 페르시키폴리아(*Eucalyptus persicifolia*)의 꽃. 식물학 정기간행물의 일부이면서 교묘한 광고이기도 한 이 멋진 판화는 조지 쿡(George Cooke)의 작품이다. 이 관상용 유칼리나무는 서리로부터 보호하기 위해 묘목원 온실에서 재배되었다. 이 식물의 희귀성이 안목 있는 재배자의 마음에 들었을지 모른다.

진달래

Rhododendron spp.

산에 핀 꽃

> 세 개의 진달래. 하나는 다홍색, 다른 하나는 화려한 잎이 달린 하얀색,
> 그리고 마지막 하나는, 당신이 상상할 수 있는 가장 사랑스러운 것.
> – 조지프 돌턴 후커, 1849

'분류학상의 악몽'이라 할 수 있는 진달래속(*Rhododendron*)은 전체 식물계에서 가장 큰 속에 속한다. 진달래속에는 800개 이상의 종이 있는데, 그중에는 아직까지 진달래속으로 불리는 다른 종들도 있을 것이다. 남반구 호주에도 자생종이 있기는 하지만, 대체로 북반구 식물인 진달래속은 크기, 형태, 서식지에 따라 천차만별이다. 어떤 것은 고산 식물처럼 아주 작고, 어떤 것은 '로도렌드론 기간테움'(*R. giganteum*)이라는 이름이 붙은 것처럼 최대 30미터의 큰 나무이다. 진달래속은 울창하고 화려한 열대의 풍경을 만들 수도 있고, 초목은 극한의 환경인 높은 히말라야에서 발견되기도 한다. 진달래속은 심지어 다른 나무에서 자라는 착생식물이 될 수도 있다. 진달래속의 근계는 대체로 조밀하지만 건조한 기후에서 일부 종은 좀더 분산된 뿌리를 가지기도 한다. 거의 모든 종이 하나의 공통된 특징을 갖는데, 바로 산성토양을 필요로 한다는 점이다.

눈에 띄고 광택이 나는 짙은 녹색의 잎과 옅은 파스텔색부터 진홍색, 심지어는 파란색에 이르는 폭넓은 범위의 색을 가진 화려하고, 대개 향기 나는 꽃을 가진 수많은 종의 진달래속은 조경뿐 아니라 원예용 식물이 되었다. 동유럽의 작은 종은 17세기 초에 재배되었고, 프랑스의 박물학자 겸 여행가인 조제프 피통 드 투른포르는 1700년대 초, 아나톨리아에서 '로도렌드론 폰티쿰'(*R. ponticum*)을 극찬했다. 유럽인들이 본격적으로 진달래속에 매료된 것은 18세기 유럽에 유입된 북미 종을 발견하면서였다. 린네는 진달래속을 분류하면서 어제일리어(*Azalea*)를 다른 속에 포함시켰지만, 어제일리어가 더 큰 부류의 일부 아속을 차지하면서 현재 이 둘은 함께 통합된다. 오늘날 정원에서 똑같이 높이 평가되는 어제일리어는 대체로 낙엽성이거나 일부 낙엽성이며 동류에 비해 크기가 작고 덜 공격적이다.

1840년대 후반 히말라야를 포함하여 인도에서 식물을 채집하던 조지프 돌턴 후커는 진달래속의 풍경을 보고 감탄했다. 그는 히말라야 남쪽에 있는 시킴 주에서만 28개의 새로운 종을 발견했는데, 자신의 저서 〈히말라야, 시킴 주의 진달래속〉에서 이들 종에 대해 설명했다. 이 거대한 속의 지리학적, 형태학적 범위를 체계적으로 연구한 것도 후커였다. 그는 영국으로 돌아와서도 연구를 이어갔으며

자신의 아버지인 윌리엄 후커의 뒤를 이어 큐 왕립식물원 관장이 되었다. 두 사람은 새로운 종 가운데에서도 몇 개의 아시아 종을 영국, 다음으로 유럽과 북미에 소개했는데, 사실 대부분의 아시아 종이 이미 이전 세기에 소개되었다. 그중 다수는 중국 서부가 원산지였다.

진달래속은 교배가 쉽기 때문에, 내한성(추위를 견디어 내는 성질) 향상과 꽃의 색깔과 크기를 포함한 새로운 특징이 요구되면서 새로운 품종이 주기적으로 개발되어 왔다. 새로운 품종은 대개 동양과 서양의 만남에서 나왔다. 예컨대 1814년부터 영국에서 있었던 초기 교배에서는 터키 품종(R. ponticum)과 미국 품종(R. periclyme-noides)을 교배했다.

진달래속은 자생지와 토양과 기후가 비슷한 환경에서 잘 자란다. 원예용으로 재배되는 많은 식물처럼, 진달래속도 다양한 병충해와 질병에 시달렸다. 그러나 그 단점이 원예가들의 흥미를 떨어뜨리지는 못했다. 꼭 필요한 산성토양이 없었던 원예가들은 대개 토탄을 수입했는데, 그로 인해 오래된 토탄 늪은 고갈되어 갔다. 동시에 몇몇 종, 특히 이전에 기본적인 접목을 위한 대목으로 쓰였던 로도덴드론 폰티쿰이 쉽게 귀화식물이 되어 분방하게 확산되면서, 새롭고, 예기치 않은 풍경을 창조해 냈다. 스코틀랜드에서는 돼지를 풀어 뿌리를 들쑤시게 해 근계를 약화시킴으로써 원치 않는 진달래를 통제했다. 대체로 관상용이긴 하지만, 진달래속은 다른 모든 식물과 마찬가지로 아시아에서 특히 약용으로 쓰이며 어린 잎을 요리에 사용하는 경우도 있다.

맹그로브

Rhizophora and other species
육지와 바다 사이

맹그로브는 보통 해안가, 강가, 개울가에서 자란다. 몸통은······ 많은 뿌리에서 자란다.
이런 나무가 자라는 곳에서는 말뚝 같은 뿌리들 때문에 걷기가 불가능하다.
— 윌리엄 댐피어(William Dampier), 1697

길다란 맹그로브숲이 열대와 아열대 지방의 해안가 약 1,500만 헥타르를 덮고 있다. 다양한 부류의 특화된 식물들, 하나의 야자나무 종을 포함해 약 70종의 나무(최대 30미터), 관목, 양치식물과 교배종들이 '진짜' 맹그로브로 간주되며, 그 중 38종이 맹그로브숲의 주를 이루는 '핵심' 종이다. 맹그로브는 해안가 생태계를 형성하며 다른 많은 식물과 동물을 돕는다. 조수의 영향을 받는 연안 지역에 서식하는 맹그로브는 바다에 의한 지속적인 마모, 태풍에 의한 파괴, 이례적인 사건의 영향으로부터 육지 주위를 보호한다. 2004년 12월 26일, 인도양에 대규모 해저지진에 의해 엄청난 높이와 속도의 해일이 밀려왔다. 이 파도가 도달한 해안에서 파도의 힘을 완전히 흡수할 수 있는 것은 아무것도 없었지만, 온전한 맹그로브숲 뒤편 내륙 지역에서는 피해가 상당히 완화되었다. 반면 맹그로브가 남아 있지 않은 지역, 대개 새우 양식을 위해 맹그로브를 제거한 곳에서는 피해가 극심했다.

공중에서 보면 만조와 간조 사이에 있는 맹그로브숲은 그 경계가 확실히 구분된다. 바다와 내륙 사이에 있는 초록색 반점처럼 보이기 때문이다. 하지만 맹그로브는 배 위에서 가장 잘 보인다. 바다에서 보면 맹그로브를 육지와 해수 사이, 대개 진흙탕에 불안정한 조간대에 서식할 수 있게 하는 적응력과 맹그로브숲의 다양한 형태를 제대로 볼 수 있다. 뿌리가 술처럼 달린 맹그로브는 해안가, 작은 늪, 또는 삼각주로 인해 갈라진 수많은 수로를 따라 길고 좁은 땅 위에 서식한다. 해수에서도 살 수 있지만 맹그로브가 번성하는 지역은 염분이 강의 담수나 높은 강우량에 의해 낮아진 곳이다. 얕은 유역에서는 매일 조수간만의 보호를 받아 더 넓은 숲이 생겨난다. 군데군데 침수된 맹그로브는 만조 시 범람하는 섬이나 곶에 서식하기 때문에 낙엽이나 다른 유용한 잔해가 쌓이기 어렵다.

맹그로브는 여러가지 방식으로 자신이 처한 반염수 환경에 대처한다. 모든 부분이 뿌리를 통해 흡수되는 소금의 양을 최대한으로 줄인다. '리조포라'(*Rhizophora*)는 부지런한 소금배출자다. '아비세니아'(*Avicennia*)를 포함한 다른 종은 나뭇잎에 특유의 결정체를 남기는 소금분비선을 통해 소금을 배출한다. 이 식물군의 3분의 1이 소금이 잎에 쌓이도록 한 다음 필요에 따라 소금을 버린다. 건

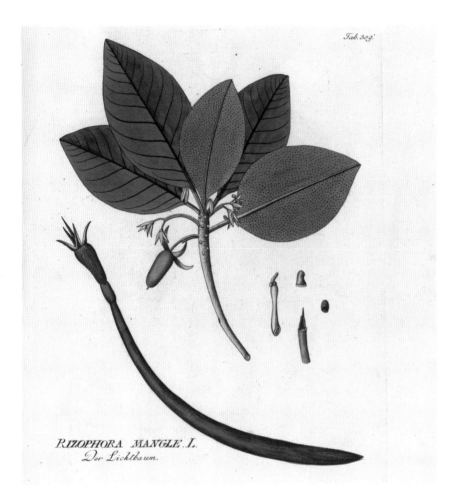

Tab. 329.

RHIZOPHORA MANGLE. L.
Der Lichtbaum.

레드 맹그로브(*Rhizophora mangle*)의 잎과 번식체. 레드 맹그로브는 아프리카 서해안과 적도 북위와 남위 28도 사이에 있는 아열대의 동해안 및 서해안, 열대의 아메리카 지역이 원산지이다. 퇴적물을 가두는 맹그로브의 능력은 물의 여과를 돕고, 퇴적물을 이탄에 축적하는 것으로 카본 싱크(이산화탄소 흡수계) 역할을 한다.

강한 숲을 위해서는 맹그로브 재건이 필수적이지만, 물밑의 변화와 물의 움직임이 묘목 성장에 변덕스러운 환경을 만든다. 이를 해결하기 위해 맹그로브는 종자가 모체에 붙어 있는 동안 종자를 발아하게 하는 다양한 수단을 개발해왔다. 그렇게 생긴 번식체는 상당히 커질 수 있어서 리조포라 무크로나타(*R. mucronata*)의 번식체는 길이가 1미터나 된다. 다 자란 맹그로브는 물렁물렁한 갯벌밭에 잘 대처해야 한다. 이를 위해 리조포라는 텐트 고정줄처럼 줄기 높은 곳에 있는 기둥 뿌리를 이용한다. 추가적인 뿌리는 가지에서 자랄 수 있다. 헤리티에라(*Heritiera*)는 태풍이 잦은 해안가에 나무를 고정시키기 위해 넓은 지역에 거대한 판자 뿌리(판근)를 내린다. 단단하게 고정된, 이런 커다란 생명체는 진흙 속에서 숨을 쉴 수 있어야 한다. 그래서 일부는 줄기에 피목(껍질눈)을 가지고 있다. 다양한 모양과 크기의 호흡뿌리(호흡근)는 속이 비어 있는 수평뿌리(수평근)에서 튀어나와 있다. 매력적인 이 풍경이 맹그로브를 구할 수 있다. 맹그로브의 실용적 잠재력뿐 아니라 미학적 측면도 점차 높이 평가되고 있기 때문이다.

숭배와 흠모의 식물들

신성함부터 강렬한 아름다움까지

식물은 인간의 신체뿐 아니라 감각과 영혼이 요구하는 것까지 충족시킨다. 식물 숭배는 최초로 만들어진 공예품 일부에서 그 증거를 찾을 수 있으며, 고대 사회의 신화에는 식물의 신들이 가득하다. 오늘날 주요 종교서들도 식물의 중요성과 신성함을 이야기한다. 자연 숭배, 자연 보호, 식물에 감사하는 사회, 꽃 축제 등 식물이 가진 다양한 의미와 연관성, 식물이 주는 즐거움에 대해 우리가 계속해서 존중하고 관심을 가질수록 모든 것은 더 빛을 발한다.

연꽃은 고인 물에서 자라는 능력과 죽었다가 부활하는 것처럼 보이는 능력으로 신성시된다. 연꽃은 부활과 순수의 강력한 상징이며 연꽃의 상징적인 봉오리와 활짝 피어 있는 꽃은 힌두교와 불교의 전통을 장식한다. 장미는 전형적인 사랑의 꽃으로, 어디에서 자연 서식을 하든지 널리 사랑받았던 이유는 변하기 쉬운 성질 때문이다. 동양과 서양에서 온 서로 다른 종이 만나면서 똑같은 형태가 시간이 흐르며 변화했다. 장미 애호가들은 무수히 많은 색을 가지고 있으며 향기롭고, 반복해서 꽃을 피우는 장미를 사랑했다.

꽃에 대한 건강한 열정과 광기 사이의 갑작스런 전환이 세계 여러 지역에서 한 번 이상 있었다. 매력적인 작약(부와 명예를 상징하는 중국 꽃)은 중국 당 왕조에서 원예사들이 커다란 꽃을 생산하기 위해 경쟁하면서 거금에 팔렸다. 서양에서는 소비자들의 요구를 충족시키기 위해 위험한 식물 사냥 탐험이 이루어졌다. 난초

는 새로운 소장용 식물을 찾는 탐욕스러운 감식가들의 손에 시달렸다. 난초는 또한 식물과 수분 매개체의 독특한 관계를 이해하고자 하는 사람들에게 보다 과학적인 호기심을 자아냈다. '튤립파동'은 네덜란드 황금기에 맹위를 떨쳤으며, 그 결과 지속불가능한 선물(先物) 시장이 생겨났다. 네덜란드인들은 작고 섬세한 튤립을 찾느라 중앙아시아 산비탈까지 샅샅이 뒤지고 다니며 마구 훼손했던 오스만제국의 터키인들과 똑같은 열정에 휩싸였다. 튤립은 중국 매화가 그랬던 것처럼 많은 화가들에게 미적 영감을 주었으며, 매화는 여전히 겨울 풍경이 한창으로 보일 때 봄의 전조가 되었다. 이 앙증맞은 꽃은 헐벗은 줄기 위에 잎이 나오기도 전에 핀다. 매화의 섬세한 아름다움을 포착하기 위해 필요했던 섬세한 붓질이 다수의 뛰어난 화가와 서예가들의 붓질 기술을 연마시켰다.

에덴동산에 있던 금단의 열매는 무엇이었을까? 사과와 석류는 둘 다 별칭을 가지고 있으며 번식, 불멸, 풍요와 연관성이 있다. 대추야자나무도 영생의 상징이다. 이 사막의 아이콘은 '생명의 나무'라는 개념과 오랜 연관이 있다. 열매는 사람들을 구제하고 달콤하게 하며, 잎은 대표적인 평화의 상징이다. 신성함과 의식과 관련된 순수성은 유향의 속성이다. 유향은 유향나무속(Boswellia) 수지를 건조시킨 것이다. 수천 년간 종교 의식에서 태워온 유향의 냄새는 예배(숭배)의 경험을 공유하는 데 있어 종종 필수적이다.

왼쪽 위 석류의 화려한 꽃(오른쪽은 겹꽃 품종)과 성장 중인 열매. 아래로는 익은 석류가 갈라져 그 안에 있는 육질의 가종피가 보인다.

오른쪽 위 두 개의 고급 튤립. 오른쪽으로 꺾인 '드라콘티아'(Dracontia)와 '바리에가타'(Variegata). 이탈리아의 의사이자 식물학자인 안토니오 타르지오니 토제티(Antonio Targioni Tozzetti)의 〈꽃과 시트러스 과일 모음집〉(1822–30)에 수록.

맞은편 초록색 날개가 달린 난초인 오르키스 모리오(Orchis morio). 영국이 원산지인 난초 중 하나로 찰스 다윈은 이 매혹적인 꽃을 이용하여 난초 수분에서 곤충의 역할이 무엇인지 밝히기 위한 실험을 했다.

Lotus

Painted in India between 1860 & 1870
by Mrs Fanny C. Russell 21 June, 1928.

연꽃

Nelumbo nucifera

순수와 부활의 신성한 꽃

> 우리에게 죄가 없다고 상상할 수 있을 때,
> 우리는 여름 새벽녘에…… 연꽃으로 피어난다.
> – D. T. 스즈키, 1957

새로 시작하는 하루의 빛과 온기 속에서 연꽃 봉오리는 더없이 조심스럽게 속삭이며 꽃잎을 펼친다. 낮 동안 연꽃의 기분 좋은 향이 강렬해지며 수분 매개체인 곤충을 유인한다. 닫힌 꽃 안에서 하룻밤을 보내게 될 곤충들이다. 곤충들은 연꽃이 방출하는 온기에 따라 계속해서 바삐 움직인다. 3일 후, 연꽃의 찬란한 아름다움은 지기 시작한다. 꽃잎은 떨어지고 상징적인 원뿔 모양의 씨방석을 남긴다. 이 씨방석은 부풀어 오르면서 옆으로 기울고, 성장이 끝나면 콩처럼 생긴 종자를 물속으로 떨어뜨릴 것이다.

꽃잎의 수명은 짧지만, 종자의 수명은 상당히 길다. 천 년 이상 된 종자가 성공적으로 발아된 적도 있다. 줄기 위쪽에 있는 연꽃의 섬세한 아름다움은, 이 순수의 상징이 고인 물에서 번성한다는 점에서, 아래에 있는 뿌리줄기와 대조를 이룬다. 수면 위로 가시 달린 줄기에 지탱하고 있는 원형 잎은 윗부분이 방수가 되도록 적응이 돼서 대부분의 빗물을 떨쳐 낸다. 우묵한 중심부에 갇힌 빗물은 기공으로 흡수된 후 기공과 연결된 줄기의 특별한 수로를 거쳐 뿌리줄기까지 내려간다. 이 구조가 추가적인 물과 기체 교환 수단을 제공한다. 물에서 살면서도 여전히 더 많은 물을 필요로 한다는 것은 연꽃이 그만큼 크다는 증거이다. 빠르게 성장하는 연꽃은 대량의 클론을 생산하며 강이나 호수의 수심이 얕은 곳과 습지를 빠르게 채울 수 있다.

이 모든 것이 수천년 동안 계속되었다. 아시아의 난대지역과 열대지역(이란에서 일본, 카슈미르와 티베트에서 뉴기니를 지나 호주 북동부까지)에 산재해 있는, 오늘날 우리가 알고 있는 연꽃은 한때 더 널리 퍼졌던 개체군의 유물이다. 지질 연대를 거치는 동안, 백악기에 두드러졌던 연꽃은 이후 좀더 춥고 건조한 대지에서 밀려났다. 연꽃에 대한 우리의 사랑이 이 식물의 복귀를 도왔을지 모른다.

많은 원산지에서 연꽃은 고대 문화 및 그 종교와 지울 수 없는 연관성을 가지게 되었다. 어디를 여행하든, 정복을 위해서든 포교가 목적이든, 사람들은 연꽃을 가지고 다녔는데 그로 인해 자연적인 확산과 인위적인 확산의 패턴이 모호하게 되었다. 어느 곳에서나 연꽃은 '부활'의 식물이었다. 비가 내린 후, 마른 연못

맞은편 1860년에서 1870년 사이 인도에서 그려진 연꽃 수채화. 연꽃에 대한 높은 평가는 아시아 전역에 확산되어 있으며 꽃이 피는 것을 기념하는 축제는 중요한 관광 자원이 되었다. 연지(연꽃이 핀 연못)는 중국 양쯔 강 유역에 있는 항저우 시후호(서호) 문화경관의 일부로, 당 왕조 이후 이곳을 기념해 왔으며 현재 유네스코 세계 문화유산 보호지역이다.

아래 아타나시우스 키르허의 〈중국도설〉(1667)에서 우상 '부처'가 자신의 연꽃 위에 앉아 있는 모습. 중국 불상에 대한 기록을 이해하려고 했던 키르허는 불상을 이집트와 그리스의 신들과 동일시했다. 따라서 부처는 이시스나 키벨레에 상응하는 여신이 된다.

183

숭배와 흠모의 식물들

맞은편 리처드 듀파(Richard Duppa)의 〈고대의 연꽃과 인도의 타마라 삽화집〉(1816)에 있는 '인도의 타마라'. 타마라의 중앙 돌기에 있는 씨들이 장밋빛의 꽃잎 사이에서 확실히 보인다. 법학을 공부한 듀파는 식물학, 미술, 정치학에 관한 책을 집필했으며 이탈리아에서 그림을 그리며 시간을 보냈다. 이 흥미로운 책에는 그의 다양한 재능이 녹아 있다.

아래 19세기 후반 연꽃의 씨로 만든 인도의 묵주. 인도에서는 주요 종교의 신자들이 묵주를 사용하며, 묵주는 대개 씨로 만들어진다. 연꽃의 신성한 특징이 이 선택을 상서로운 것으로 만드는지도 모르겠다.

에서 다시 자라는 모습은 연꽃에 신비로운 특징을 부여했다. 연꽃은 오랫동안 메소포타미아의 삶에 등장했다. 가령, 연꽃은 우루크의 전쟁과 풍요의 여신 이난나 숭배와 관련이 있어, 그 문양이 보석과 도장에 널리 사용되었다. 연꽃 모양의 홀 (sceptre)은 왕권의 상징이었기 때문에 기원전 14세기 후반 알렉산더 대왕이 페르시아의 다리우스 3세를 물리치기 전까지 메소포타미아 지역의 연이은 제국을 거치면서 그 중요성을 유지하였다. 페르시아의 영향 아래, 연꽃은 기원전 1,000년경 나일강에서 자라던 기존의 파란색, 흰색 수련과 함께 분류되며, 이시스(고대 이집트 풍요의 여신)의 의식에서 이 수련을 대체했던 것으로 보인다. 출산과 부활의 여신으로 이시스는 그리스 로마의 판테온에서 대표적인 이집트 신이 되었다.

연꽃은 인도의 신앙에서도 대단히 중요했을 것이다. 힌두교 신화를 뒷받침하는 베다(성전)에 기록된 것처럼, 비슈누와 락슈미는 창조설의 중심이다. 거대한 뱀 위, 허공에 떠 있는 비슈누는 자신의 배꼽에서 연꽃의 싹을 틔운다. 꽃이 피면 그 안에서 브라마가 나와 우주를 창조하기 시작한다. 풍요와 번영의 여신인 락슈미는 연꽃을 손에 든 채 태어나거나 브라마처럼 연꽃 위에 앉아 있다. 연꽃은 락슈미의 상징이 된다. 연꽃은 한낱 장식품이 아니다. 베다 교리가 발전하면서, '마음의 연꽃'은 인생에 있어 영적인 추구의 목적지인 개인 내면의 우주를 담는 그릇이 되었다.

연꽃은 우주의 대혼란 위에 있는 지구를 떠받치고 있는 것처럼, 부처도 떠받치고 있다. 다양한 교리를 가진 불교는 인도에서 중국, 한국, 일본, 티베트, 스리랑카로 확산되며 각 지역에 적응하고 지역적인 연관성을 띠게 되었지만, 연꽃은 불교의 중심 이미지로 남았다. 깨우침을 얻는 데 있어 연꽃의 필수적이고 상징적인 역할이 소중히 여겨지고 함양되었다. 연꽃 봉오리가 진흙(인간의 악) 속에서 피어오르는 것처럼 모든 세속적인 것 위에 떠오르는 것을 추구함으로써, 불교 수행자들은 열반에 이를 수 있다. 법화경(대략 기원전 100년)은 단순한 교리를 신봉하는 대승불교에서 가장 중요한 경전 중 하나였다. 서기 13세기 일본인 승려 니치렌이 이 경전을 발전시킨 학파를 세웠다.

메이지유신(1868년) 이후 일본이 세계에 널리 알려지면서 자포니즘 (일본풍의 사조)이 유럽과 미국에서 점차 인기를 얻었다. 연꽃은 동양에 대한 이 새로운 흥미에 있어서 필수적인 요소였으며, 자연에서 영감을 받은 유리, 도자기, 보석, 가구, 직물 등 아르누보 후기 레퍼토리와 결합되었다. 연꽃은 의식을 고취하는 관상용 식물로서 오늘날 가능한 곳이면 어디에서든 재배되고 있다. 영성이 가득한 연꽃은 우리 몸에도 좋다. 동아시아와 남아시아에서는 연꽃의 뿌리줄기와 종자(정도는 덜하지만 잎과 꽃 역시 먹음)를 먹는데, 서양은 이 고대의 아름다움이 가진 맛에 이제 서서히 눈뜨고 있다.

Cyamus Nelumbo. D.ʳ SMITH.

$\frac{XIII}{7}$

TAMARA

of India.

대추야자나무

Phoenix dactylifera

사막의 빵

> 야자나무의 몸통을 흔들어 보라. 신선하게 잘 익은 대추야자가 너의 몸 위로 떨어질 것이다. 먹고, 마시고, 눈을 즐겁게 하라!
> — 코란 19:25 – 26

대추야자나무로 둘러싸인 오아시스가 어른거리는 신기루는 갈증에 시달리는 많은 사막여행자를 속여왔다. 실제 대추야자나무는 유용하며 그늘도 제공한다. 서남아시아와 북아프리카의 사막뿐 아니라 노두(露頭)에서도 발견된다. 대추야자는 독특한 오아시스 생태계의 핵심이 되는 식물로서, 뿌리가 닿는 범위 내의 지하수를 통해 성장하며 어느 정도의 염분을 견딘다.

최대 30미터의 길고 가느다란 몸통에, 꼭대기는 길게 갈라진 잎으로 덮여 있는 대추야자나무는 관개된 작은 토지에 캐노피 같은 보호막을 제공한다. 야자나무 아래로 과일, 곡물, 채소 및 다른 유용한 작물을 위한 공간이 있다. 메소포타미아에서 기원전 3,000년경, 청동기시대 전기부터 발견된 이 '대추야자 정원'은 이미 상당한 대추야자를 수확했던 것으로 보인다. 줄기에서 나오는 수액은 갓 채취한 그대로 마시거나 발효시켜 와인으로 만들 수 있다. 야자나무 수(髓)로는 가루를 만들고, 순은 채소처럼 먹는다. 높은 곳에 크게 다발로 매달린 단맛이 강한 열매는 기본 식량이다. 익어서 건조된 대추야자는 보존이 쉽고, 운반이 편하며, 영양가도 높다. 발효된 대추야자를 압착하면 시럽이 되는데, 성경에서 말하는 '젖과 꿀'의 바로 그 꿀이 된다. 나무의 몸통, 잎, 낟알, 오일은 목재, 지붕 재료, 연료, 다목적 섬유질(특히 바구니 세공), 사료, 디카페인 커피, 비누 등으로 쓰인다. 따라서 대추야자나무가 신성한 지위로 승격되고 생명, 풍요, 부의 나무로 인정받은 것은 당연하다.

수메르인은 대추야자를 원통인장에 사용하여 이 상징적인 나무를 기념했다. 이집트인은 야자수 모양의 기둥머리로 된 버팀목을 만들었다. 영원의 신 헤(Heh)는 시간을 기록하기 위해 눈금이 있는 야자나무를 이용하였다. 대추야자나무는 고대 세계의 중요한 모티브가 되었는데, 이는 경작을 할 수 없는 기후 지역에서도 마찬가지였다. 양식화된 형태의 대추야자나무가 기원전 9세기 후반, 아시리아의 아슈르나시르팔 2세를 위해 지어진 님루드 북서궁의 경탄할 만한 저택의 양각 세공에 등장한다. 대추야자와 영생의 오랜 연관성은 불에 피해를 입지 않는 대추야자의 능력(불사조)과 일 년 내내 주기적으로 새 잎이 나는 능력과 관련이 있을 수 있다. 명확하지 않을 수도 있는 것은 줄기세포의 특별한 성질이다. 줄기세포는 영생하지 않지만, 나무의 수명인 약 150년 동안 기본적으로 살아남는다. 대추야자는 모체 식물의 기저에서 싹이 난 새순으로 가장 잘 번식한다. 이 클론들은 수나무보다 열매를 생산할 수 있는 암나무를 선택한다.

우승한 사람의 손에 들린 길게 갈라진 잎은 그리스, 로마의 육상 및 다른 시합에서 승리의 표시였다. 대추야자는 예루살렘 성지의 유일신 신앙에서 중요한 상징이기도 했다. 대추야자의 길게 갈라진 잎은 유대교 축제인 초막절에서 중요한 요소이다. 예수의 예루살렘 입성을 축하하는 사람들이 대추야자 잎을 흔들며 예수를 반겼으며, 초기 기독교 순례자들도 대추야자 잎과 함께 자주 묘사된다. 이슬람교 전통에 따르면, 대추야자는 아담을 창조한 후 남은 흙으로 만들어졌으며, 이 이야기는 이슬람교와 함께 스페인으로 확산된다. 이슬람 군대는 이미 있는 대추야자나무는 파괴하지 말라는 명령을 받았다. 대추야자는 아랍인이 가진 정체성의 고유한 부분이었다. 아라비아 반도의 전통적인 건물들은 지금도 대추야자 잎으로 지어진다. 무엇보다 라마단의 금식 기간 한 달 동안, 매일 저녁 해가 질 때 금식을 잠깐 멈추기에 사막에서 나는 이 소량의 별식보다 자연스러운 것이 무엇이겠는가?

대추야자나무의 길게 갈라진 잎, 꽃, 열매. 페르시아 궁전 정원에 대추야자를 심는 전통이 영원한 봄을 주기 위해 짠 멋진 정원 카펫(페르시아 정원을 모티브로 한 카펫)에서 보여진다.

PHOENIX DACTYLIFERA

유향나무

Boswellia sacra

신성한 향

> 나무들은 저마다 기후가 맞는 지역이 있다. 유향 가지는 사바(아라비아의 옛 왕국)의
> 기후에만 맞는다.
> — 베르길리우스(Virgil), 기원전 1세기

수지는 귀중하고 유용하다. 호박(amber), 타르, 피치, 테레빈유, 로진을 떠올리면 잘 알 수 있다. 많은 수지가 침엽수에서 채취되며 그중 일부는 향 때문에 높이 평가된다. 다른 나무에서도 태핑 작업을 통해 향긋한 수지를 채취하여 향으로 태우거나 의약품에 첨가하거나 향수로 사용했다. 가장 높은 평가를 받는 것은 유향나무속(*Boswellia*)에서 얻는 네 가지 종의 유향이다. 그중 '보스웰리아 사크라'(*Boswellia sacra*)가 가장 귀했다. 놀라운 신비로움이, 이 종이 자라는 사바인들의 땅(예멘, 오만)을 감싸고 있었다. 그리스 역사학자 아가타르키데스에 의하면, 더없이 달콤한 향이 공기에 퍼져 있었다고 한다.

금, 유향, 몰약은 동방박사 세 사람이 예수에게 준 선물로 신성시된다. 사실이든 아니든, 모두 당시 가장 귀한 물건으로 손꼽혔다. 기원전 3,500년 무렵, 유향은 아라비아 반도 남부에서 메소포타미아로 수입되고 있었을 것이다. 육로를 이용한 향의 무역 경로는 짐 운반용 동물로 쓰이던 단일 혹등 낙타의 사육을 활성화시켰을 수 있으며, 확실히 기원전 1,000년 무렵에는 사막 공동체들이 사막을 가로질러 이집트와 레반트, 마침내 멀리 인도와 중국 시장으로 가는 수익성 좋은 향료와 향신료 무역을 지배하고 있었다. 무역길 도중에 있는 마을들은 세금을 통해 수입을 올렸으며, 나바테아인들은 무역으로 부자가 되어 페트라에 수도를 세웠다. 최상급 수지를 공급하고 거래하는 사람들이 자신의 나무가 있는 정확한 위치를 비밀로 할 정도로, 유향은 충분한 가치가 있었다. 역사 저술가들이 상황을 혼동하는 바람에, 일부는 향나무가 유향의 순수한 향을 만든다고 착각했다. 향의 불꽃, 연기, 냄새는 많은 고대 문화의 의식, 제물 봉헌, 헌납에서 중요했다. 이집트와 그리스 인들은 향이 악령으로부터 보호해주고, 당연히 향기로운 존재인 신이 그곳에 있음을 의미한다고 믿었다. 향 자체가 제물이어서 향 성분에 대한 설명이 히브리 성서에 기록되어 있었다. 로마에서는 동물을 제물로 바치는 준비 단계에서 향이 사용되었다. 초기 기독교 교회는 향을 부인했지만 5세기 무렵 다시 사용되었다. 향로에서 타는 향이 목사, 성경, 제단, 성찬식의 요소들 사이로 퍼져나갔다.

오늘날 유향나무는 아라비아 반도 남부의 '유향 지역'에 있는 제한된 생태적

잉겔베르트 캠퍼의 기록에서처럼 향이 퍼져나가는 향로가 물담배 옆에 세워져 있다. 기독교 의식에서 향은 서방교회보다 동방교회에서 더 많이 사용되었으며, 16세기 종교개혁 이후 개신교는 향을 사용하지 않았다.

Burseraceae.

Boswellia Carterii Birdw.

유향 무역이 한창이던 시기.
예멘과 오만은 공기에서 좋은
향이 나는 지역으로 유명했다.
유향나무는 이 두 곳에서 수확되고
태워졌다.
뿐만 아니라 인접한 아프리카
해안과 한때 계절풍이 높이
평가되던 인도에서 온 향료와
향수의 중요한 무역 지대가 되었다.

지위에서 자란다. 해안 지방 내륙에 있는 석회암 급경사면의 갈라진 틈 사이에 자라는 나무들은 자칫 매우 건조했을 이 지역에서 최대한의 수분 공급을 누리고 있다. 몸통이 여러 개인 이 나무들은 얇고 건조해서 잘 벗겨지는 껍질로 덮여 있다. 나무껍질을 벗겨내면 오일이 함유된 고무 수지가 나오는데, 많이 벗겨내지 않는다면 나무는 죽지 않고 계속해서 수지를 생산할 것이다. 최고급 수지는 나무에서 눈물처럼 흘러내릴 수 있으며 수지가 말라서 단단해지면 향이 진한 흰색의 진주 또는 구슬이 된다. 이것은 부드럽게 만들거나 양을 늘릴 수도 있으며, 가루로 만들어 다른 것과 섞을 수도 있다. 향은 대개 유향이나 향이 좋은 다른 수지, 향료로 만들어진다. 점차 건조해지는 기후, 서기 1세기와 2세기 무역 전성기의 집중적인 유향 채취와 그로 인한 가격 하락으로 유향나무의 수가 감소한 것으로 보이며, 오늘날에도 그 수는 줄어들고 있다. 오만 도파르에 있는 유향나무들은 현재 유네스코 세계 문화유산 보호지역인 '유향의 땅'의 일부이다.

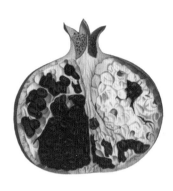

석류

Punica granatum

번식, 풍요, 재생

오랫동안 약용으로 사용되어
온 석류는 오늘날 심장 질환에
효과적이라는 평가를 받는
슈퍼푸드의 하나로 새롭게 인기를
끌고 있다.

> 청색 자색 홍색 실과 가는 베 실로 그 옷 가장자리에 석류를 수 놓고.
> — 출애굽기 30:24

석류의 질긴 껍질을 까서 열어 보면, 안에 보석으로 꽉 찬 상자들이 들어 있는 것 같다. 각각의 작은 씨는 영롱하고 즙이 많은 가종피로 둘러싸여 있다. 가종피는 종피를 한 겹 더 싸고 있는, 즙이 많고 매혹적인 과육이다. 과육의 색은 진한 빨강에서 흐릿한 반투명 분홍에 이르기까지 품종에 따라 다르다. 색과 마찬가지로 석류의 맛 또한 품종에 따라 다르다. 터키 북동부와 카스피해 남부에 위치한 트랜스코카시아(코카서스산맥 남쪽의 코카시아)의 야생 과수원에서 재배된 이후 단맛과 신맛이 균형을 이룬 것이 선택되었고, 모체 나무에서 꺾꽂이용으로 자른 나뭇가지를 이용해 재배되었다. 빛나는 짙은 녹색의 잎과 오래가는 화려한 빨간 꽃을 가진 이 아리따운 나무는 재배자들을 기쁘게 했다.

어느 곳에서 재배되든 석류는 정원뿐 아니라 사람들의 정신 세계에도 영향을 끼쳤다. 각각의 열매에 들어 있는 수많은 씨는 흔히 번식, 재생, 풍요를 상징했다. 이란 고원 중부의 조로아스터교인들은 입회식과 결혼식에 석류를 사용했다. 석류는 히브리 성경에도 자주 등장했는데, 흔히 올리브나무와 포도나무와 함께였다. 석류 모양은 사제와 국왕의 의복에 수 놓아져 있고, 솔로몬 사원을 장식하고 있다. 석유 램프에도 묘사되어 있고, 동전에도 양각으로 새겨져 있다. 석류 씨는 전부 613개라고 하는데, 이는 토라(유대교 율법)의 613개 계명과 통한다. 석류는 나팔절을 기념하는 음식에도 들어간다.

아마 페니키아인들이 북아메리카와 지중해 서부로 석류를 가져갔을 것이다. 그리스 신화에서 석류는 농업과 수확의 여신 데메테르와 그녀의 딸 꽃의 여신 페르세포네와 연관된다. 페르세포네를 납치한 저승의 신 하데스는 그녀를 속여 석류를 먹게 했다. 지하세계의 음식을 먹으면 그 벌로 그곳에 남아야 했으므로, 그녀는 일 년 중 일부를 망자들의 왕국에서 지내야 했다(석류 열매 네 개를 먹었으므로 일 년 중 4개월만큼 저승에 살아야 함). 매년 봄, 페르세포네가 지상으로 돌아오면 숲과 들에서 새 생명이 시작되었다. 번식력의 상징은 여성의 몸에 대한 그리스인의 인식에 녹아 들어 있었다. 핏빛의 수많은 씨가 있는 석류 내부는 여성의 자궁에 비유되었다. 임신을 돕거나 출산 후 열병을 치료하는 히포크라테스의 처방전에는 석류즙이 포함되었다.

역사적으로 석류나무가 중국 한나라 황실에 도착한 것은 기원전 135년경 카불에서 귀국하는 사신 장건과 함께였다고 전해진다. 기원전 168년에 봉인된 한 고분에서 나온 문서에는 석류가 언급되어 있다. 석류는 육조 시대(서기 220~589년)를 거치는 동안 꽃에 대한 평가가 특히 좋았고, 붉은색 아름다움의 정수라며 시에서 칭송되었다. 석류 꽃의 모양과 색은 기녀가 입는 무용복 치마에 비유되었다.

기독교 교회가 석류와 부활의 연관성에 동화되면서 석류의 붉은색 즙은 그리스도가 흘린 피를 상징하게 되었다. 종교 미술에서 성모마리아는 흔히 석류를 손에 쥔 아기 예수를 안고 있다(가령 화가 보티첼리의 〈석류의 마돈나〉, 1487년경). 이 중세의 비유적 표현이 유명한 태피스트리 연작 〈유니콘 사냥〉(1495~1505년)에 수 놓여 있다. 연작의 마지막 장(독립된 작품으로 보는 사람도 있다)에서 붙잡힌 유니콘은 석류나무에 밧줄로 묶여 있다. 이것은 십자가에 매달린 예수와 결혼생활 기념, 둘 다로 해석할 수 있다. 석류는 번식력과 혼인의 불가해소성을 상징하기 때문이다. 1509년 잉글랜드의 헨리 8세와 결혼하면서 아라곤의 캐서린은 자신의 문장에 석류를 넣기로 결정했다. 하지만 이는 아무 효과가 없었다. 헨리 8세는 자신이 원하는 아들을 낳지 못한다는 이유로 1533년 캐서린과의 결혼을 무효화했다.

마리아 지빌라 메리안(Maria Sibylla Merian)은 〈수리남 곤충의 변태〉(1705)에 석류와 석류를 먹고 있는 곤충을 함께 그렸다. 그림 속에서 보는 각도에 따라 색이 변하는 파란색 모르포 메넬라오스 나비(Morpho menelaus)의 애벌레가 석류 잎을 갉아 먹고 있다. 메리안은 남미 수리남에서 2년을 보낸 후 자신의 책을 준비하기 위해 표본과 삽화를 가지고 귀국했다.

TAB. V.

Enkelde Griet.
Octob. Nov.

Witte Platte Appel.
Sept. Octob.

Bloem-Suir.
Sept. Octob.

Brand-Appel.
Dec. Jan.

Heer-Appel.
Nov. Dec.

Eyer-Appel.
Oct. Novemb.

Rode Soete Jopen.
Octob. Novemb.

Pomme-Rose.
Oct. Nov.

Somer Striepeling.
Sept. Octob.

J. H. Knoop ad viv. del.

J. C. Philips sculpsit.

사과

Malus domestica

유혹과 영생의 과일

> 선악을 알게 하는 나무의 열매는 먹지 말라. 네가 먹는 날에는 반드시 죽으리라 하시니라.
> – 창세기 2:17

사과의 고향이 에덴동산일리 없다면 적어도 '천상의 산'은 되어야 맞을 것이다. 성서에서 천국으로 제시된 장소는 나무에서 바로 따서 먹을 수 있는, 그런 달콤한 사과가 자라기에 적당한 환경이 아니기 때문이다. 일정 기간 날씨가 추워야 기온이 상승할 경우 성장을 멈춘 싹이 자라고 꽃을 피우도록 자극할 수 있는데, 성서 속 천국에는 추운 기후가 지속되는 필수 기간이 부족하다. 반면, 중앙아시아의 톈산산맥('천상'을 의미함) 산비탈은 이러한 요건이 충족되었다. 오늘날 식탁용 과일의 조상은 선신세(최대 260만 년 전) 후기 대서양에서 베링 육교에 이르기까지 주기적으로 펼쳐진 광활한 온대림의 일부로 뿌리 내렸을 가능성이 크다.

오늘날 카자흐스탄 알마티 근처에 있는 톈산산맥 산비탈은 여전히 과일 나무들로 우거져 있다(비록 위험에 처해 있기는 하지만). 그러한 풍요로움 덕에 토종 야생사과인 '말루스 시에베르시'(*Malus sieversii*)는 다양한 나무 형태, 열매 크기, 색, 맛, 식감, 성숙 시간을 가질 수 있었다. 이처럼 다양한 종이 기막히게 좋은 변이를 물려받은 재배용 사과 '말루스 도메스티카'(*Malus domestica*)의 조상이다. 초기에 재배된 사과는 원산지 카자흐스탄에서 실크로드를 따라 확산되었으며, 그리스인과 로마인들은 그 사과를 가지고 유럽 전역으로 갔다. 말루스 도메스티카가 야생 능금인 말루스 실베스트리스(*Malus sylvestris*)와 만나 유전자를 교환한 것은 유럽이었다. 이 둘의 교배 자손은 모체와도 유전자를 교환하였으며, 오랜 기간에 걸친 이 교배(유전자 이입으로 알려진)를 통해 우리가 가장 좋아하는 사과 품종이 나올 수 있었다.

한번 발견된 품종은 한 가지 방식으로만 유지될 수 있다. 당신이 가장 좋아하는 사과의 씨를 심어 보라. 다음 세대는 다를 것이다. 하나의 사과에 들어 있는 다섯 개의 씨는 다섯 개의 서로 다른 식물로 자랄 수 있다. 영국의 완벽한 요리용 큰 사과 브램리(대략 1810년대)나 미국의 '뉴타운 피핀'(1750년대), 우크라이나의 '아포르트' 또는 '알렉산더'(대략 1700년대), 독일이나 이탈리아에서 나타났지만 19세기 함부르크 근처에서 매우 인기 있었던 '그라벤슈타인'(대략 1600년대), 또는 호주의 최상품 '그래니스미스'(대략 1860년대) 같은 우연한 발견이 존속된 것은 대목에 어린 가지를 접목(처음 사과에 이용된 것은 약 4,000년 전)함으로써 가능했다.

에덴동산 사과에 대한 생태학적 의혹에 문헌학적 의혹까지 추가되었다. 북유

맞은편 장 헤르만 크누프(Jean Herman Knoop)의 《과일 재배법 또는 가장 좋은 사과와 배 종류에 관한 설명》(1771)에 나오는 다양한 사과 품종. 미화된 그림에서는 종종 무시되는 열매의 자연스러운 흠집에 주목할 것.

아래 익은 열매 수확하기. 마르코 부사토(Marco Bussato)의 《농장》(1592)에서 연간 주기로 건강한 과수원을 유지하는 것을 보여주는 목판화 연작 중 하나. 부사토는 근대 초기에 농경학에 대한 관심이 증가했음을 증명하는 성공적인 연작을 집필하기 전까지 접목으로 생계를 유지했다.

럽 기독교 교회의 초기, 창세기 3장 3절에 나오는 막연한 히브리 '과일'에 이례적인 정확성이 부여되었다. 비슷한 맥락에서 그리스의 멜론은 어떤 나무 열매도 될 수 있었다. 예컨대 '아메리카 멜론'은 살구였고, '페르시아 멜론'은 복숭아였으며, '메디아왕국 멜론'은 시트론이었다. 그로 인해 그리스어를 번역하는 성서학자들과 헤라클레스의 12과업 중 11번째 과업 달성에 필요한 '헤스페리데스 정원'의 황금사과의 정체가 무엇인지 연구하는 이들에게 여러 개의 선택지가 주어졌다. 님프 헤스페리데스가 기르는 나무에 황금사과가 달렸는데, 불로장생을 얻을 수 있는 사과를 얻으려면 라돈의 용을 처치해야 했다. 히포메네스는 아탈란타의 신랑을 정하는 달리기 경주에서 사랑의 여신 아프로디테에게 받은 세 개의 황금사과를 이용해 아탈란타를 꺾고 승리하여 그녀를 신부로 맞이한다. 사과를 차례대로 바닥에 떨어뜨려 아틀란타가 사과를 줍느라 시간을 허비하도록 한 것이다. 트로이의 왕자 파리스(Paris)가 세 여신(헤라, 아테나, 아프로디테) 중 누가 '가장 아름다운 여인에게'라고 새겨진 황금사과를 받을 것인지 결정해달라는 부탁을 받지 않았더라면, 트로이 성벽은 훨씬 더 오래 버틸 수 있었을지 모른다.

사과가 가진 성적인 함축, 최음제 효과, 구애 수단으로서의 믿음이 확산되면서 크고 단맛이 나는 것과 작고 새콤한 야생 능금에도 그 믿음이 적용되었다. 로마시대 이전 켈트족 전통은 야생 능금을 숭배했다. 좋은 사과주를 담글 수 있었고, 말리거나 요리하면 맛이 더 좋아졌기 때문이다. 지금도 맛있는 빨간 야생 능금 젤리를 만드는데, 이 빨간색은 껍질의 타닌에서 나오는 것이다. 야생 능금은 관상용 나무로 인기가 있다. 아담과 이브는 사과를 먹고 언젠가 죽을 운명이 되었지만, 켈트와 북유럽 신화는 사과에 영원히 살 수 있는 능력을 불어넣었다. 아서왕은 불멸의 사과가 자랐던 아발론에 지금도 잠들어 있다. 스칸디나비아 신들은 마법의 사과를 먹고 살았다. 신들이 사는 아스가르드(북유럽 신화에 나오는 아스신족 나라)에서 봄의 여신이자 사과의 수호자인 이둔(청춘의 여신)이 속임수에 넘어가 사과와 함께 거인족에게 납치되자 신들은 늙기 시작한다. 수많은 모험 끝에 이둔은 제자리로 돌아오고, 신들에게 사과를 주어 젊음과 활력을 되찾게 해준다.

로마인들은 훌륭한 과수원 관리자였다. 로마제국이 붕괴된 후, 수도원에서 단편적인 방법으로 그 풍습을 이어갔다. 이베리아 반도에서 과수재배법을 다시 번성시킨 것은 이슬람교도들이었지만 말이다. 사과는 식탁용과 사과주용으로 재배되었다. 사과주는 중요한 음료였다. 19세기 아메리카에서 조니 애플시드가 심은 많은 사과나무들도 사과주를 만들기 위한 것이었다. 농장 노동자들의 임금 일부가 사과주로 지급되는 일이 흔했는데, 이는 영국에서 계속되다가 1878년 불법이 되었다.

디저트용 사과는 빅토리아 시대 영국이 그 전성기였을 것이다. 탐험 항해 이후로 사과는 새로운 별미들과 경쟁해야 했지만, 유벽 텃밭이 딸린 대저택을 짓는 새로운 부유층 증가와 사과를 재배하기에 알맞은 영국의 기후 덕분에 사과 열풍은 심해졌다. 품종의 다양성과 성숙기 연장으로 사과는 새로운 전성기를 맞게 되었

PYRUS MALUS L.
Der Apfelbaum.

말루스 도메스티카(*Malus domestica*)의 꽃과 열매. 사과의 원산지인 톈산산맥은 북유럽과 북미의 많은 식물군에 상처를 입힌 빙하에 피해를 입지 않은 반면, 상당한 지질 활동을 통해 토양이 활성화시키고 새로운 땅이 생겨났다. 이 지역은 또한 산맥을 둘러싸고 있는 대규모의 건조지에 고립되어 있었다. 이 모든 것이 사과의 진화에 도움을 주었음이 입증되었다.

다. 사과는 숭배의 대상이기도 해서, 사과가게가 때맞춰 문을 열고 애호가들의 감탄을 샀다. 하지만 많은 품종이 수확량이 적거나, 붉은 곰팡이병, 부패병, 해충의 잦은 희생양이 되었다. 특히 미국에서 20세기에 대규모 상업용 과수원, 산업화된 수확, 포장, 분류, 까다로운 슈퍼마켓 체인을 통한 판매가 등장했다. 사과 품종의 수가 근본적으로 감소되었으며 대개 맛보다는 운송 가능성을 이유로 새로운 종류의 사과들이 재배되었다. 오늘날, 잊혀진 품종들의 가치가 다시 좋은 평가를 받고 있다. 맛과 유전자 구성의 다양성 때문이다. 막대한 부가 '천상의 산'에서 발견될 것이다. 사과에 대한 인간의 사랑은 아직 끝나지 않았다.

매화

Prunus mume

봄의 전조

〈일본의 유용한 식물〉(1895)에 나오는 매화나무의 한 품종인 '토코 매화'(*Toko mume*)의 꽃과 열매. 일본식 매실양념에는 매실 절임, 매실 양념장 또는 매실액, 그리고 절임에서 남은 '식초'가 포함된다.

> 매화는 가장 먼저 꽃을 피운다,
> 매화만이 봄을 알아보는 재능을 가지고 있다.
> – 소강, 서기 6세기

중국의 매화나무는 수천 년간 사랑을 받아왔다. 중국 매화 또는 일본 살구로 알려진 이 작은 나무는 사실 벚나무속(*Prunus*)의 자두보다는 살구에 더 가깝다. 중국 쓰촨성 서부와 윈난성 서부 산비탈에서 베트남과 라오스 북부를 지나 한국과 일본에 걸쳐 자생하는 흰색, 분홍색, 빨간색, 옅은 녹색의 향기로운 매화는 대지에 여전히 눈이 쌓여 있는 때, 아무것도 없는 줄기에서 피어난다. 그렇기에 매화의 등장은 봄의 도래를 알린다. 대나무, 소나무와 함께 매화는 중국에서 '세한삼우'(추운 겨울의 세 벗)로 알려져 있다. 매화가 처음 재배된 이유는 노란색(또는 녹색)을 띤 과육의 살구를 닮은 열매 때문이다. 그대로 먹기에는 신맛이 강했기 때문에 말리고, 소금을 뿌리고, 식초에 절이고, 퓌레로 만들거나, 와인에 풍미를 더하기 위해 사용되었다. 중국 창사 마왕두이에 있는 서한 초기의 분묘(기원전 2세기)의 내용물 중에는 매실 가공기술에 대한 문서뿐 아니라 매실 씨와 매실 말린 것이 담긴 항아리가 있다. 톡 쏘는 맛의 매실절임은 오랫동안 동양에서 선호하는 음식이었다. 오늘날 동아시아의 매실 양념은 널리 소비되고 있다. 상처에 바르는 연고로서나 전투에서 기력을 보충해주는 매실의 의학적 효과에 대한 믿음도 오랜 역사를 가지고 있다. 붉은색 들깻잎(착색제로 사용)이 결합된 매실절임 고유의 화학 물질(벤즈알데히드와 유기산)은 대장균에 대한 살균작용을 하여 특히 회를 먹을 때 유용한 것으로 드러났다.

한 왕조 초기 과수원들은 매실 생산을 위해 지어졌지만 아름다운 꽃이 피는 재배 품종들이 점점 더 많은 관심을 받게 되었다. 5~6세기 시인들은 매화의 아름다움을 극찬했으며 그 중에서도 꽃잎이 다섯 개인 매화가 큰 의미를 가졌다. 다섯 개의 꽃잎이 전통적인 '오복'으로 일컬어지는 수(壽), 부(富), 강녕(康寧, 건강), 유호덕(攸好德, 덕을 좋아함), 고종명(考終命, 편안한 죽음)과 관련이 있다고 보았기 때문이다. 문인들은 섬세하지만 중국 춘절의 추운 날씨에도 살아 남을 수 있는 매화의 강인한 본성을 찬양했다. 고급 매화나무는 황실과 개인 정원에서 인기가 높았다. 매화의 모양은 선호되는 형태로 만들기 위해 변형되었으며 매화를 감상할 수 있는 정자가 함께 있는 풍경이 조성되었다. 이윽고 매화는 중국의 분경과 일본의 분재 전통에서 축소되고 복제되었다. 꽃이 핀 매화 가지는 꺾어서 실내 장식에 사용되었

PRUNUS MUME

Pres. by W. Robinson, Esq. 7/97.

는데, 그 꽃이 오래가지는 못했다. 꽃의 무상함과 나무의 긴 수명이 대비되었다. 회춘과 활력을 상징하는 매화는 변함없음과 내구성의 실례를 보여주며 오래된 나무에서 피어났다. 화가들은 나뭇가지만 따로 있는 모습을 정교하게 묘사했다. '묵매'(墨梅, 먹으로 그린 매화)는 인정받는 장르가 되었다.

　　송나라(960~1279년)와 원나라(1271~1368년)를 거치는 동안, 매화나무 재배와 매화에 대한 예술적, 시적 감상은 새로운 전성기를 맞으며 새로운 의미를 획득했다. 송백인의 13세기 중반 〈매화희신보〉에는 각각 시를 동반한 100폭의 전면 목판화가 포함되어 있다. 이것은 화첩으로 볼 수도 있고, 원대의 몽골 통치자에게 저항하는 목소리로 읽을 수도 있다. 이런 예술가들의 유물은 무수히 많은 장식적인 패턴과 예술을 통해 표현하는 불만과 매화가 해마다 겨울에 봄을 암시하는 것처럼 계속해서 영감을 준다.

매화나무(*Prunus mume*)를 그린 수채화.
중국 난징에는 수천 그루의 매화나무가 꽃 향기를 풍기는 자금산 공원이 있다. 일본에서는 2월과 3월에 공원, 성지, 사원 등에서 매화 축제를 열고 여전히 이 봄의 전조를 기념한다.

white Rose ; the especiall difference confi-
sieth in the colour and smell of the floures;

위 존 제라드의 〈약초〉(1633)에
수록된 '프로방스 또는
다마스커스 장미'(Rosa
provincialis). 제라드는 장미는
모든 꽃 중에 최고의 자리에 있을
가치가 있다고 말했다.

맞은편 피에르 조제프 르두테의
〈장미〉 1권(1817)에 나오는 '로사
비페라 오피시날리스(Rosa bifera
officinalis). 르두테의 뛰어난
솜씨와 구도는 향을 제외한
장미의 거의 모든 것을 담아냈다.
장미 오일에 가장 많이 들어
있는 성분은 '시트로넬롤'이지만
장미의 매혹적인 향에 가장 큰
기여를 하는 것은 극소량의 다른
성분들이다.

장미

Rosa spp.
사랑의 꽃

> 붉은 장미는 신의 탁월함 중 일부다. 신의 탁월함을 보고 싶은 사람은 장미를 보면 된다.
> – 시라즈의 **루즈비한 바클리**(1209년 시망)

장미는 가장 사랑받는 꽃이자 많은 연관성을 지닌 꽃일 것이다. 세계 최대의 꽃 경매장인 네덜란드 플로라홀랜드(FloraHolland)에서 2013년 발렌타인데이를 앞둔 일주일 동안 1억 송이의 장미가 팔렸다. 장미는 집중적으로 사랑 받는 시기를 누리면서도 한 번도 그 위엄과 신망을 잃은 적이 없고, 다양한 형태로 계속해서 사람들의 마음을 빼앗고 있다. 소형 장미에서부터 제멋대로 지면을 덮고 있는 장미에 이르기까지, 관목 장미부터 덩굴 장미에 이르기까지, 꽃잎이 다섯 개인 장미와 꽃잎이 많은 장미, 흰색, 분홍색, 보라색, 빨간색, 노란색, 주황색, 줄무늬 장미, 한번 개화하는 장미와 개화를 반복하는 장미, 외줄기에 다발로 피는 꽃, 상록 관목에 향이 나는 잎, 천상의 향기 등 경작된 장미의 전경은 소수의 다른 꽃들과 마찬가지로 꽃의 제전을 방불케 한다. 그 광경은 수세기 동안, 일곱 개가 기본인 장미(*Rosa* spp.)의 염색체가 분열하고 재결합하는 거의 유례없이 복잡한 방법에 힘입어 이 꽃을 즐기고 변형시키고자 한 열망을 입증한다.

　　장미의 상징적 의미는 시간이 흐르며 바뀌어 왔고, 유행과 종교가 변하면서 변형되어 왔다. 이를 통해 고대 문명이 발생한 많은 주요 지역에서 저마다 소중히 여기는 그 지역의 장미가 있었다는 사실을 알 수 있다. 장미속(*Rosa*)은 자연발생적으로 북반구에 제한되지만 기본적으로 북위 20도에서 70도 사이 지역에서 자랐다. 장미속은 점신세(3,390만~2,300만 년 전) 동안 번성했던 것으로 보이며 오늘날 지구를 아름답게 꾸미고 있는 야생 장미 약 100~150종(장미의 분류 체계는 복잡하다)으로 분화되고 다양해졌다.

　　이러한 야생 종에서 시작한 장미는 수차례 작물화되었을 것이다. 가까운 친척 및 먼 친척과 교배할 수 있는 장미의 타고난 능력은 인간의 손을 거치면서 엄청난 수의 원예 품종(약 20,000종)을 탄생시켰다. 오랜 역사를 가진 많은 장미가 복잡한 교배를 거쳐 나왔으나, 정확히 언제 어떻게 생겨났는지는 수수께끼로 남아 있다. 흰색과 담홍색의 알바는 로사 갈리카(*R. gallica*)와 로사 카니나(*R. canina*) 사이의 오래된 유럽 교배종이다. 로사 다마스케나(*R. damascena*)는 서로 다른 지역에 분포하는 세 개의 조상을 가지고 있다. 어느 시점에서 야생종인 로사 갈리카와 오랫동안 재배된 로사 모샤타(*R. moschata*)가 새로운 교배종을 생산했다. 이 종이 로사 페드

41.

Rosa bifera officinalis.   *Rosier des Parfumeurs.*

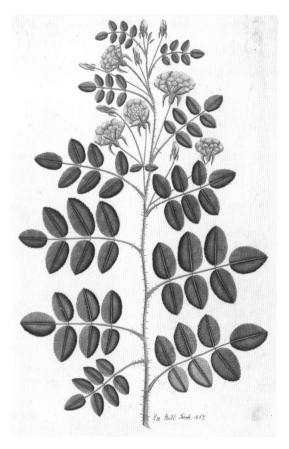

HERB. J. GAY.
Presented by Dr. Hooker, February 1868.
39. *Rosa indica* humilis.

왼쪽 위 19세기 초, 동인도회사를 위해 식물 삽화를 그린 다수의 인도 화가 중 한 명이 그린 것으로 추정되는 수채화로, 익숙하면서도 이국적인 이미지를 만들어내기 위해 전통적인 스타일과 유럽 자연사 삽화에서 요구되는 요소들을 결합했다.

오른쪽 위 큐 왕립식물원의 식물 표본으로 현재는 로사 키넨시스(*Rosa chinensis*)로 알려진 로사 인디카(*Rosa india*). 1868년 조지프 돌턴 후커 증정.

첸코아나(*R. fedtschenkoana*)와 교배되면서 황홀한 향을 가진 다마스케네 또는 다마스크 장미가 탄생했다. 이 장미의 호감도에 관해서는 의문의 여지가 없다. 다마스크가 향수 장미인 이유다. 장미 꽃잎을 증류하면 장미 향유와 부산물인 장미수가 나온다. 장미수는 페르시아 주방의 달고 짭짜름한 요리와 서남아시아 전역의 향이 좋은 당과류에 일상적으로 쓰인다. 조로아스터교인들은 지금도 장미 사탕류로 손님을 대접한다.

그리스인들이 죽음과 사랑의 상징으로 장미에 관해 쓰는 일은 드물었다. 로마인들도 이 연관성을 이어갔지만, 로마에서 많은 것에서 그랬듯이, 로마인들은 장미를 새로운 차원의 과잉 상태로 가져갔다. 장미는 의술과 상류층의 식사에 등장했고, 로마의 지배를 받던 이집트와 이탈리아 남부 캄파니아 등에서의 상당한 재배량은 장식용 화환과 화관의 원자재가 되었다. 로살리아(이탈리아 팔레르모 지방의 수호성인) 기념 행사를 하는 동안 특히 수요가 많았는데, 이때는 5월이 끝나갈 무렵으로 고인을 기념하는 의미에서 장미를 무덤 위에 놓았다.

처음에는 기독교 교회로부터 배척당했다가 중세시대에 귀환한 장미는 교회를 장식하고 종교적인 글에도 등장했다. 클레르보의 성 베르나르(1090~1153년, 12세기 수도자)는 〈강론집 아가〉에서 흰색 장미가 동정녀 마리아의 상징이라고 감탄한 반면, 붉은색 장미를 이루고 있는 다섯 개의 꽃잎은 예수의 5개의 상처로 표현했다. 장미와 십자가는 장미 십자회원의 비밀 결사에서도 서로 결합되었는데, 이는 17세기 개신교의 혼란스러운 성경 해석학에서도 크게 회자되었다.

장미는 페르시아 정원의 전형적인 요소였다. 이슬람교 전통에 마호메트가 계시를 받기 위해 하늘로 올라가면서 그의 땀이 땅에 떨어지자 향기로운 장미가 피어났다는 이야기가 있다. 루즈비한 바클리(Ruzbihan Baqli)와 루미(Rumi) 같은 13세기 수피교 신비주의자들은 장미의 초월적인 특징을 찬양했다. 꽃이 시든 다음에도 오래도록 맡을 수 있는 천상의 향기를 특히 찬양했다.

서로 다른 종류의 장미를 속성 재배하거나 재배하는 것으로 장미철을 늘리는 것이 가능했지만, 다마스크 장미는 일 년에 두 번 꽃을 피웠다. 18세기 후반, 서구 사람들은 중국인들이 훨씬 우수한 재배 역사와 서로 다른 장미 유전자를 가지고 적어도 1,000년은 누려온 기술의 진가를 알아보기 시작했다. 두 번 또는 반복해서 꽃을 피우는 장미였다. 중국 장미종은 분홍색, 진홍색, 담홍색, 노란색의 새로운 색조로, 일부는 신선한 차에서 나는 은은한 향기를 내며 여름 내내 꽃을 피웠다. 특히 네 개의 재배 품종이 잉글랜드의 기후에서 살아 남았으며(잉글랜드가 중국과의 교역을 장악했다) 귀중한 유전자를 유럽과 북미의 애호가들에게 가져다 주는 '종마' 역할을 했다. 중국 장미의 품종 개량 열풍이 시작되었다. 오늘날 장미의 매혹적인 아름다움, 향기, 신뢰성은 점점 더 복잡해지는 교배(그리고 일부 운 좋은 돌연변이)의 결과이다. 장미는 전 세계 동호회와 협회의 애호가들에게 큰 기쁨을 준다.

나폴레옹의 아내인 황후 조제핀은 장미 보급을 장려하고 자신의 말메종 성에 전용 장미 정원의 개념을 정립한 것으로 인정받는다. 상상만 해도 낭만적이다. 하지만 엄밀히 말해 이를 장미 정원이라고 할 수는 없었다. 조제핀은 꽃들이 뒤섞인 정원 둘레에 자신이 듬성듬성 심어 놓은 장미에 확실히 관심이 있기는 했지만, '장미 정원'이 고안된 것은 20세기로 전환되는 시기에 말메종 성을 대중에게 공개하면서부터라고 볼 수 있다.

장미에는 어두운 면도 있다. 로마 황제 엘라가발루스의 짧은 통치기간(218~222년)에 대해 쓰면서, 고대의 역사가 람프리디우스(Lampridius)는 황제가 장미가 흩뿌려진 방들을 지나며 수많은 장미 꽃잎으로 손님들을 질식사시키는 것을 묘사한다. 네덜란드의 화가 앨머 태디마가 그린 19세기 후반의 명화 〈엘라가발루스의 장미〉에서는 '제비꽃과 다른 꽃들'이 장미꽃으로 바뀌어 있다. 오늘날 그런 터무니없는 일을 하려면 콜롬비아, 에콰도르, 케냐로부터 장미를 수송해와야 할 것이다. 이 세 국가는 세계의 장미 시장을 장악하고 있다.

튤립

Tulipa spp.

구근에 대한 열광

> 이 모든 어리석은 자들이 튤립 구근을 원하고 있다/머리와 가슴이 오직 하나의 소원을 기지고 있다. 튤립 구근을 믹어보자. 맛을 보고 얼마나 쓴시 알년 웃음이 나올 것이니.
> — 페트루스 혼디우스(Petrus Hondius), 1621

튤립 구근은 한 손에 들어오는 크기에 보잘것없이 생겼으며, 얇고 건조한 종이 같은 막이 안에 있는 부드러운 조직을 보호하고 있다. 하지만 엄청난 잠재력이 그 안에 있다. 구근 내부의 영양분을 제공하는 아린(싹·봉오리를 보호하는 비늘 모양의 껍질) 중심에 새로운 줄기가 있으며 그 끝에 꽃눈이 있다. 구근을 심어서 뿌리가 형성된 후에 필수적인 저온 기간을 보내고 나면 줄기는 꽃눈이 위쪽으로 자라도록 재촉하고, 그 다음 꽃잎에 색이 입혀지면서 아름다운 꽃이 2주 정도 피어난다.

성장이 멈춘 상태에서 튤립은 쉽게 운송할 수 있어서 다음해 봄 다른 어딘가에서 필히 사람들을 기쁘게 할 것이다. 오스만제국 터키인들이 야생화였던 다양한 종의 튤립을 정원에 꼭 필요한 보배로 바꿀 수 있었던 것도 그 점 때문이었다. 1453년 콘스탄티노플을 정복한 메흐메트 2세는 톱카프 궁전을 짓고, 그 안에 페르시아의 영향을 받은 정원을 만들어 카네이션, 장미, 히아신스, 붓꽃, 노랑수선화, 튤립으로 가득 채웠다. 그의 후계자들이 통치하던 16세기부터 튤립은 오스만제국 문화와 깊은 연관성을 갖게 되는데, 이는 직물과 도자기 그리고 가장 유명했던 화려한 유약 타일에서 잘 드러난다. 터키는 정원에 화려한 야생 튤립이 있는 나라이지만, 원산지가 터키인 튤립 종은 단 네 개로 알려졌다. 현재 더 많은 종이 터키 산간지역에서 자라기는 한다. 튤립 원산지는 아마 훨씬 동쪽에 있는 중앙아시아의 톈산산맥과 파미르 고원 사이일 것이다. 이 지역에서 시작하여 튤립은 자연배수, 겨울추위, 봄비, 뜨거운 여름 태양이 알맞게 조화된 산과 스텝지대로 뻗어 나갔다. 오스만제국 술탄들과 고관들은 제국의 각 지방과 속국에서 많은 양의 튤립 구근을 가져오라고 명령했고, 한편에서 화초재배가들은 튤립을 변형하기 시작했다. 완벽한 이상형에 가깝게 자란 튤립 종자를 선별하고 교배했다. 바로 길이가 같은 여섯 개의 단검 모양 꽃잎으로 구성된, 길고 날씬한 꽃이 우아하지만 튼튼한 줄기 위에 꼿꼿하게 서 있는 것이었다. 유럽인들이 튤립을 보고 첫눈에 반한 것은 아니었다. 1562년 안트베르펜에 도착한 첫 번째 튤립 구근은 상서롭지 못한 운명을 겪었다. 한 상인이 직물더미에 부가물로 따라온 튤립 구근을 양파 요리하듯 오일과 식초를 넣고 구운 다음, 나머지는 정원에 던져버렸다. 대부분의 구근은 시들었지

만, 몇 개는 상인이자 열정적인 원예사 조지 라이(George Rye)에게 귀한 대접을 받았다. 비슷한 화물에 섞인 튤립 구근이 암스테르담에 도착했다. 1593년 레이던대학교 식물원의 새로운 책임자로 카롤루스 클루시우스(Carolus Clusius)가 오면서 튤립 구근이 소개되었다. 그는 자신의 꽃을 나눠주거나 팔지 않고 비축했으나 꽃을 도둑맞았다. 네덜란드의 튤립파동이 가장 유명하지만, 프랑스와 잉글랜드도 광풍의 시기를 겪었고, 독일 같은 나라들은 영향력이 큰 시장이었다.

튤립 열풍은 무역 및 탐험 여행을 통해 들여온 외래 식물에 대한 폭넓은 관심의 일부이자 진귀한 식물을 소유하고, 보여주고 싶은 열망의 일부였다. 튤립파동이 거세지면서, 튤립은 정확한 치수로 정확하게 배치된 화단에서 재배되어야 했다. 튤립의 인기가 정점을 맞이하면서 화단을 구경할 수 있도록 손님이 초대되기도 했다.

유럽인들은 꽃이 좀더 통통한 튤립을 선호했다. 커다란 화관이 길다란 줄기 위에 놓이는 것이었다. 하지만 튤립 재배열의 진짜 원인은 색깔 때문이었다. 오늘날 대량 재배와 꽃가게에서 익숙하게 볼 수 있는 순수한 단색이 아니라 불가사의한 과정에 의해 섬세한 깃털과 불꽃 모양을 띠며 색이 다채로워졌다. 이것을 '브레이킹'(줄무늬)이라고 불렀다. 마치 붓으로 색칠한 것처럼 꽃잎 위에서 하나의 색이 또 다른 색 위에 드러났다. 사람들이 선호하는 세 가지 유형이 있었다. 비자르(bizarre)는 노란색 바탕에 빨간색 무늬가 있었고, 로즈(Rose)는 하얀색 바탕에 빨간색, 비블로멘(Bybloemen)은 하얀색 바탕에 자주색 무늬가 있었다.

이런 아름다움은 바이러스 탓으로 알려졌다. 꽃잎에 특정 색소를 만드는 단백질이 있는데, 이 단백질을 코드화하는 유전자를 바이러스가 방해하기 때문이다. 바이러스는 또한 튤립을 약하게 만들고 작은 구근의 형성을 더디게 한다. 이 작은 구근들이 자라서 줄기의 부피가 커지게 한다(특정 꽃에서 나온 종자는 그것과 똑같은 특징을 가진 꽃으로 자라지 않는다). 시간이 흐르면서 병에 걸린 개개의 식물은 죽지만 그 자손들은 이어진다. 기생 바이러스와 튤립 숙주가 재배가들의 화단에서 공존하면서 새로 선호되는 꽃이 나올 가능성도 있다. 따라서 아이러니하게도 처음에는 애호가들에 의해, 그 다음 1620년대 출현한 전문 묘목업자들에 의해 열정적으로 거래되었던 튤립은 '결함이 있는 것'이었다. 튤립 산업은 구근 가격이 오르면서 수익이 증가하였고, 기업가적인 시장(市長)들이 튤립 선물거래 중개인으로 시장에 들어오면서 계속 번성했다. 이것이 1636년 후반부터 1637년 초까지 터진 거품이었다. 네덜란드인들은 장거리 운송이 가능한 포장법을 고안하는 데 성공했으며, 판매 시장을 만들기 위해 순회 세일즈맨을 이용했다. 튤립 사업에서 네덜란드인은 세계 제일의 구근 및 튤립 재배자가 되었으며 20세기가 되자 아무것도 섞이지 않은 순수한 색의 새로운 품종으로 미국 시장에 진출했다. 현재 네덜란드는 43억 2000만 송이의 튤립을 재배하며, 그 중 23억 송이는 자른 꽃으로 꽃가게와 꽃다발을 채우는 데 사용된다. 오늘날 튤립에는 바이러스가 거의 없다. 한때 화려했던 그 꽃들은 소수의 전문 재배자들 사이에서, 그리고 화가들의 정물화 속에서만 살아 있다.

맞은편 로버트 손튼(Robert Thornton)의 〈꽃의 신전, 자연의 정원〉(1799~1807)에 수록된 판화. 손튼은 실력 있는 화가들과 판화가들을 고용한 후 삽화 제작을 지휘했다. 그는 자연을 배경으로 식물을 배치하였다. 그 결과물은 대단히 아름다웠지만, 이 프로젝트로 인해 파산하게 되었고 결국 가난 속에서 사망했다.

난초

Orchidaceae

낯설면서 아름다운 꽃

> 깊은 산속에 핀 난초는 사람이 몰라준다고 향기를 풍기지 않는 일이 없다. 마찬가지로 군자는 자신의 숭고한 원칙을 지킴에 있어 곤궁함을 이유로 절개를 버리지 않는다.
> — 공자, 기원전 551~479

위 '전갈 모양 착생난'(Angurek katong'ging). 독일인 의사이자 박물학자 엥겔베르트 캠퍼가 〈회국기관〉(1712)에서 처음 묘사한 것으로 착생난(Angurek)과 전갈(katong'ging)을 뜻하는 말레이 단어가 결합된 것이다. 현재는 '청동색 전갈난'으로 알려져 있다. 전갈난 종은 실내용 분재 시장의 교배난 중에서 중요한 상업용 품종이었다.

맞은편 1848년 부탄에서 발견된 심비디움 후커리아눔(Cymbidium hookerianum)은 하인리히 구스타브 라이헨바흐(Heinrich Gustave Reichenbach)가 조지프 돌턴 후커의 이름을 따서 명명한 것이다. 라이헨바흐는 19세기의 주요한 난초 재배가였다. 화가이자 판화가인 월터 후드 피치는 크고 복잡한 모양의 식물을 출간에 필요한 종이 크기에 맞게 작업하는 데 대가였다.

난초는 모든 것을 갖추었다. 아름답고 향기로우며 매혹적인 데다 마음을 끄는 특이한 형태의 꽃들을 다양하게 피운다. 영원히 아름다울 뿐 아니라 오늘날에는 큰 사업이기도 하다. 여성들이 한때 그랬던 것처럼 난초 코르사주를 달지 않을 수도 있고, 신부의 부케에서 장미, 백합과 경쟁도 해야 한다. 하지만 마트에서 화분에 심은 난초가 선반 가득히 있는 것을 흔히 볼 수 있다. 많은 수의 난초가 호접난(*Phalaenopsis*)이다. 곤충 세계의 생물(호랑나비)을 닮은 데서 온 이름이다. 선택의 폭이 넓은 이 이름 없는 대량 판매용 교배종들은 남아시아와 인도네시아 군도의 종에서 교배되고 미소대량증식 기술을 이용하여 재배되었다. 이 교배종들이 난초 순수주의자들의 마음에 들지 않을 수도 있다. 하지만 대개 향기가 나는 이 흰색, 분홍색, 자주색, 노란색, 얼룩무늬, 줄무늬의 꽃에는 이국적인 분위기를 주는 우아함과 기품이 있으며 창턱에 놓으면 습한 열대의 느낌과 함께 이국적인 분위기를 가져다 준다. 오늘날 수십억 달러에 달하는 난초 사업은 매혹적인 고대의 식물이 최근에서야 성장한 것일 뿐이다. 어느 곳에 있든 난초는 높이 평가되어 왔다.

공자는 난초를 순수성 및 도덕성과 연관지었으며, 난초는 후에 몽골(원나라)을 위해 일하기보다는 차라리 공직 생활에서 은퇴한 중국 관료들이 가장 좋아하는 소재가 되었다. 시, 특히 묵화에서 난초는 역경 속의 고결함을 상징했다. 난초화는 중국, 일본, 한국의 중요한 미술 형식으로 발전했고, 중국 약전에 수록되기도 했다. 다양한 종의 석곡속(*Dendrobium*)은 이 난초의 열악한 서식지가 보여주는 특징에서 알 수 있듯 원기 강화로 유명했다. 석곡 또는 '바위에서 사는'이라는 이름을 가지고 비바람에 노출된 바위에 붙어서 번성할 수 있는 식물이라면 틀림없이 회복력이 강하고 튼튼할 것이며 그런 특성을 나누어 줄 것이라고 간주되었다. 다른 중국난과 함께 이 난초는 현재 연구 중에 있는 활성 물질을 함유하고 있다.

식물의 생김새와 의학적 용도 사이에 유사한 연관성이 있다는 약징주의(藥徵主義)가 고대 그리스와 로마에 알려졌다. 유럽은 세계 난초 종 가운데 단 1퍼센트만의 원산지로, 남성의 생식 기관과 닮았다고 여겨지는 한 쌍의 둥그런 뿌리줄기를 가진 난초속(*Orchis*, 그리스어로 고환)과 흑란속(*Ophrys*) 일부가 포함된다. 그리스 신

Cymbidium Hookerianum. C grandiflora
Cfr. C. giganteum. 03. Iu. t. 48hh

존 데이(John Day, 1824~88)의 스크랩북에 있는 교배난, 시프리페디움 모르가니에(*Cypripedium morganiae*). 그는 런던의 묘목원들과 큐 왕립식물원, 열대지방 현지에 있는 난초들을 그렸다

화에서 오르키스는 다양한 성적 모험을 즐기는데 그 끝은 좋지 않았고, 죽어서 환생한 그는 이 감각적인 식물을 세상에 남겼다. 그리스의 식물학자 테오프라스토스(기원전 372~288년), 약학자 디오스코리데스(서기 40~80년), 로마의 의사 갈레노스(서기 129~210년)는 여러 가지 난초를 생식력과 연관지으며 생식 장애에 사용할 것을 권유했다. 최근 들어 다양한 종이 로마 유적지에서 발견되고 있다. 예컨대, 아우구스투스가 세운 평화의 제단과 율리우스 카이사르가 봉헌한 베누스(비너스) 신전의 프리즈에서 그 모습을 볼 수 있다. 민간 전통에서는 난초를 최음제로 권장하였다.

터키인들은 살렙('오르키스 마스쿨라'[*Orchis mascula*]의 뿌리를 건조시킨 후 가루로 만든 것)으로 만든 아이스크림을 즐겨왔으며, 긍정적인 효과에 대해 주장하고 있다.

난초과는 26,000종 이상으로 꽃식물 가운데 규모가 가장 크며, 열대와 아열대 지방에서 주로 서식한다. 많은 난초가 캐노피 높은 곳에서 자라는 착생식물이다. 17세기 동인도 제도의 향신료를 찾으러 가는 발견의 항해는 식물을 채집하는 무역상, 선교사, 관리, 외교사절, 의사들을 이국적인 식물상을 가진 새 영토로 데려다 주었다. 게오르그 에버하르트 럼피우스(Georg Eberhard Rumphius)는 바타비아 '최초의 무역상'으로 12권짜리 〈난초 표본집〉(그가 죽은 후 18세기 중반 출간)을 만들었다. 그는 지생난과 착생난 가운데 새롭고 중요한 종을 책에 담았으며 이중 후자는 '나무 높은 곳에서만 자라고 싶어하는 고결함을 보여주며 야생 식물의 귀족'으로 묘사되었다. 〈난초 표본집〉과 난초가 들어오면서 외래종에 대한 새로운 열기가 퍼졌다. 조셉 뱅크스 경은 호주에서 난들을 가지고 돌아왔다. 팽창 중인 대영제국의 관리들도 생체 표본을 가지고 고국으로 돌아왔지만, 대부분 긴 항해를 견디지 못하고 죽어버렸다. 살아남은 표본은 온실에서 생존을 이어갈 수 있었지만, 이 난초들이 기생식물일 거라는 잘못된 견해 때문에 치명적인 실수가 초래되었고, 난초가 시들거나 꽃을 피우지 못하면서 실망감을 안겨주었다. 그러나 외래식물에 심취해 있던 윌리엄 카틀레이(William Cattley)는 성공했다. 브라질의 오르간산맥에서 가져온 '카틀레야 라비아타'(*Cattleya labiata*)가 1818년 온실에서 아름다운 자태를 드러낸 것이다. 카틀레야는 곧 엄청난 인기를 끌게 되었다.

묘목원들은 모체 식물의 뿌리줄기를 공급 받기 위해 처음에는 식물 애호가들의 비공식적 연결망에 의존했다. 그러다 전문 식물 사냥꾼을 고용하기 시작했다. 19세기 제임스 비치(James Veitch) 같은 묘목업자들이 큰돈을 들여 열대지방에 사람들을 보냈다. 19세기 후반기 영국과 북유럽에서는 난초광들이 증가하면서 자연 서식지에 치명적인 영향을 미쳤다. 서로 경쟁하는 채집가들은 한 장소에 있는 난초를 수천 개씩 싹쓸이해 갔으며, 지표면에 있는 난초를 떼어 가기 위해 숙주 나무를 베어 버리기도 했다. 일단 자신이 가져갈 수 있는 만큼 챙기고 나면, 다른 사람들은 가져가지 못하도록 나머지는 전부 못 쓰게 만들어버렸다.

채집한 난들을 늘리기 위해(그중 많은 수가 도착 즉시 경매에 부쳐졌다) 묘목원들은 또한 번식과 교배에 관한 실험을 했다. 난초는 수년이 지나도록 씨를 뿌리지 못하는 경우가 많았고, 씨를 뿌린다 해도 발아되기가 쉽지 않았다. 난초는 엄청난 양의 먼지 같은 씨를 생산한다. 씨눈보다는 공기에 가까운 난초 씨는 공기 중에, 어쩌면 물 위도 떠다닌다. 크기가 작다는 것은 발아하면서 좀더 커다란 씨에 제공할 수 있는 영양분 저장량이 그만큼 부족하다는 것을 의미한다. 이를 보충하기 위해, 난초는 발아뿐 아니라 계속되는 공생에서 식물을 지원하는 균근균과 종 특유의 관계를 발전시켰다. 그때까지 이 사실을 모른 채, 제임스 비치를 돕던, 끈기와 재능을 겸비한 원예가 존 도미니(John Dominy)가 1856년 최초로 꽃이 피는 교배난

오르키스 마스쿨라(*Orchis mascula*)는 초기의 자주색 난으로 오르키스 모리오(*O. morio*)와 마찬가지로 찰스 다윈의 연구에 사용되었다. 속 이름에 영감을 준 한 쌍의 둥그런 뿌리줄기가 삭과(씨를 싸고 있는 외피)와 함께 보이는데, 각각의 삭은 4,000개의 씨를 함유하고 있다. 오르키스 마르쿨라 서식지(오래된 목초지)의 파괴는 이 정도로 씨가 많아도 21세기를 상대할 수 없다는 것을 의미한다.

TAB.11. G E N E R A .

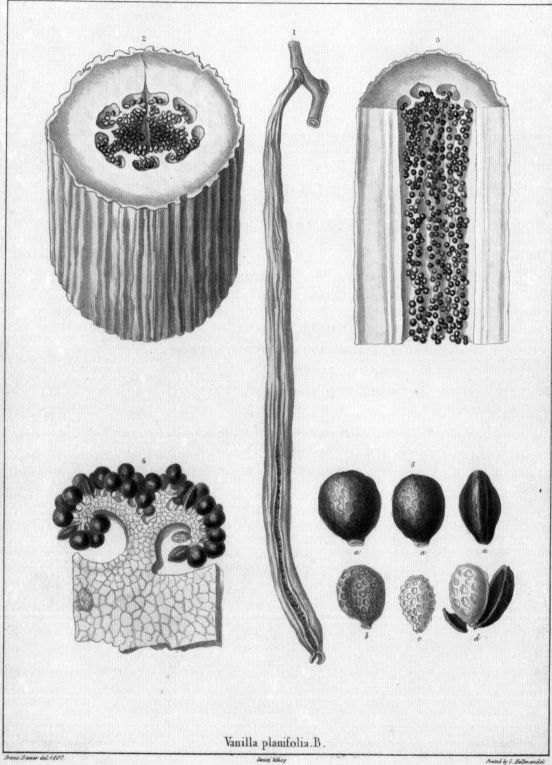

Vanilla planifolia. B.

Franz Bauer del. 1807. Gauci, litho? Printed by C. Hullmandel.

칼란테×도미니(*Calanthe×dominyi*)를 재배했다. 이것은 저명한 화초재배가 존 린들리가 도미니를 기리는 의미에서 붙인 이름으로, 린들리는 이 교배난의 창조자에게 이런 말을 했다. "당신은 식물학자들을 미치게 할 것이다."

　　찰스 다윈은 난초에 미치지는 않았지만 난초와 그 번식 수단에는 매료되었다. 그는 서로 다른 종의 난초와 각각의 수분 매개체인 곤충 사이에서 공동 진화한 엄청난 적응력에 대해 알고자 했다. 처음에는 켄트에 있는 자신의 집, 다운 하우스 주변에서 자라고 있는 영국 자생란을 연구했던 다윈은 수컷 곤충에게 짝짓기를 유도하는 대신 한 식물의 꽃가루를 채취하여 다음 식물에 수정하는 암컷 곤충을 모방하는 난초를 묘사했다. 그는 또한 친구와 특파원을 통해 열대지방의 난초를 충분히 공급받았다. 그는 25센티미터 길이의 밀선을 가진 마다가스카르산의 아름다운 흰색 난초, 앙그레쿰 세스퀴페달레(*Angraecum sesquipedale*)에 감탄했다. 긴 혀를 가진 나방이 수분 매개체라는 그의 말이 옳았을 것이다. 1903년 발견된 나방(*Xanthopan morganii praedicta*)은 실제로 꿀에 닿을 수 있고 계속해서 꽃가루를 채취할 수 있는 혀를 가지고 있지만 1997년까지 이 행동이 실제로 포착된 적은 없었다.

　　식물과 수분 매개체 사이의 특별한 관계로 인해 하나의 난초가 세계적인 호평을 받게 되었다. 바닐라의 복합적이고 향기로운 꽃 향을 좋아하지 않는 사람은 거의 없다. 하지만 대개 리그닌으로 만드는 합성대용물보다 훨씬 좋은 진짜 바닐라 향을 난초에서 얻는다는 사실은 모를 수 있다. 가장 중요한 바닐라 난초는 바닐라 플라니폴리아(*Vanilla planifolia*)이다. 멕시코 동부의 토토낙족이 소중히 여긴 이 난초의 발효된 콩은 아즈텍 문명에 찬사를 바치기 위해, 상류층을 위한 차가운 초콜릿 음료의 풍미를 내기 위해 사용되었으며 군인들은 전투를 하기 전에 먹었다. 토토낙족은 연인과 눈이 맞아 달아난 죄로 목이 잘린 고대 공주의 피에서 자란 첫 번째 식물이 이 난초라고 믿으며 난초를 숭배했다. 바닐라가 오늘날 여전히 비싼 이유는 원산지(자연 수분 매개체가 있는) 외의 지역에서 바닐라 난초는 사람의 손으로 인공수분을 해야 하고, 그 다음에도 손으로 직접 수확, 관리, 분류, 포장을 해야 하기 때문이다. 인도양에 있는 레위니옹 섬에서 해방된 지 얼마 안 된 젊은 노예 에드먼드 알비우스(Edmond Albius)가 1841년 발견한 간단한 인공수분 방법 덕분에 1860년대 이 섬은 멕시코를 제치고 세계 최대의 바닐라 생산국이 되었다. 알비우스의 수분 방법과 바닐라 난초가 퍼져나가면서 오늘날 마다가스카르와 인도네시아는 바닐라 난초의 주요 생산국이 되었다. 마다가스카르와 인도네시아는 다수의 아름다운 자생란의 고향이다. 난초는 오늘날에도 매혹적이며 놀랍다. 2011년 뉴브리튼 섬(파푸아 뉴기니)에서 새로 발견된 불보필룸 녹투르눔(*Bulbophyllum nocturnum*)은 밤 10시에 꽃을 피우는 것이 목격되었다. 이제까지 관찰된 것 중에 처음으로 밤에 꽃을 피우는 난초다. 큐 왕립식물원의 식물학자 앙드레 슈테이만(André Schuiteman)은 변형 균류를 닮았다는 점에서 이 난초의 수분 매개체가 아주 작은 버섯파리일 것이라고 추측한다. 바로 이런 것이 난초 세계의 경이로움이다.

맞은편 바닐라 난초인 바닐라 플라니폴리아(*Vanilla planifolia*) 열매의 여러 부위로, 씨는 200배로 확대한 것이다. 식물학자이자 난초 전문가인 존 린들리와 저명한 화가 프란시스 바우어(Francis Bauer)는 난초에 관한 기초 연구로 묘사되는 〈난초과 식물 삽화〉(1830~38)를 만들기 위해 협력했다.

작약

Paeonia spp.
부와 명예의 꽃

피에르 조제프 르두테의 〈가장
아름다운 꽃 모음〉(1827–33).
목본성인 모란 또는 파에오니아
스프루티코사(*P. suffruticosa*)는
중국에서 기원한 것으로,
그곳에서 오랫동안 열정적으로
재배되어왔다. 당 황제들로부터
높은 평가를 받은 모란은 그
커다란 꽃으로 황궁을 꾸미는 데
사용되었다. 르두테가 19세기 초
모란을 그렸을 당시만 해도 모란은
비교적 새롭고 인기가 매우 많았다.

황제의 접견실 앞에 수천 개의 꽃잎이 달린 모란이 심어졌다. 황제는 한숨을 쉬면서
말했다. "이제껏 이 꽃과 같은 인간은 본 적이 없다."
– 9세기 중국 저자

그리스 전설에서 '파이온'(또는 파이안)은 약초를 이용해 신들의 상처를 치료하는
신들의 의사였다. 그는 하데스(저승의 신)와 아레스(전쟁의 신)의 부상을 치료하였고,
그 보상으로 사후에 '작약'으로 환생했다. 이 이야기는 그리스와 그리스 섬들의 산
비탈을 장식하고 있는 5개 종의 초본성 작약 가운데 하나 또는 그 이상과 관련이
있을 수 있다. 파이아원(Paiawon)은 크노소스와 크레타에서 발견된 선문자 B 점토
판에 적힌 신들의 명단에 언급되어 있는데, 이것은 아마도 순백의 홑잎을 가진 크
레타산 파에오니아 클루시(*Paeonia clusii*)였을 것이다. 작약의 뿌리는 항균작용을
하는 휘발성 페오놀을 높은 수치로 함유하고 있다. 파르나소스산에서 발견되는
짙은 고동색의 파에오니아 파르나시카(*P. parnassica*)는 살리실산메틸(아스피린과 비
슷)을 함유하고 있어 외용하면 통증과 염좌에 효과가 있었을 것이다.

서기 1세기 디오스코리데스는 작약의 다양한 의학적 활용법을 제시하면서
두 종류(수꽃과 암꽃)를 언급했다. 이것은 작약의 번식과는 관계가 없었는데, 당시
에는 이 사실을 알지 못했다(어떤 경우에도 작약은 암수한그루임). 대신 암수 구분은
상대적으로 얼마나 튼튼한가와 관계 있었다. 발칸반도 작약(*P. mascula*)이 수꽃,
파에오니아 오피시날리스(*P. officinalis*)가 암꽃인 것으로 확인되었다. '암꽃'은 의
료 시장을 장악하게 되었고 내한성 원예 식물로 인기를 얻었다. 중세 유럽에서
작약은 '웅장한 정원'에서 꽃을 보충해주는 역할을 했다. 으깬 씨앗은 향신료로
사용되었고 익힌 뿌리는 구운 돼지고기와 함께 먹었는데, 작약이 가진 수렴성이
지방이 많은 고기와 조합이 맞았다. 화려하고 꽃잎이 풍성한 흰색과 빨간색이
섞인 작약이 재배되면서 작약의 미학적 특질은 순조롭게 유지되었다.

초본성인 작약은 스페인에서 일본, 북극권의 콜라 반도(러시아)에서 모로코까지
퍼져 있다(미국 북서부와 멕시코에도 두 개의 초본성 종이 더 있다). 중국은 운 좋게도 8개 종
모란의 원산지이다. 무단 또는 무탄 모란(*P. suffruticosa*)은 키가 크며 특유의 신비로
움과 화려함을 가진 목본성 식물이다. 이 이름은 신화에 나오는 꽃의 황제 무당에
서 온 것이라고 한다. 당 왕조(618~907년) 때 모란은 황궁에서 큰 인기를 얻었으며
시인과 화가들에게 영감을 주었다. 어떤 이들은 금 100온스(약 2.8kg)와 모란을 교환

Paeonia daurica.

하기도 했고, 원예사들은 무려 직경 30센티미터의 꽃을 가꾸는 데 성공하기도 했다. 역시 중국이 원산지인 초본성의 파에오니아 락티플로라(P. lactiflora)는 약용으로 대량 재배되었다. 불교 승려들이 8세기에 모란을 일본으로 가지고 갔다. 이곳에서 원예사들은 황제 모란을 개발하였고 나중에는 수술(수꽃의 일부)이 가늘고 긴 꽃잎 모양을 닮고 꽃받침을 가득 채운 것처럼 보일 때까지 수술을 변형시킨 아네모네형태의 꽃을 개발했다. 18세기가 끝나갈 무렵, 조셉 뱅크스 경에 의해 유입된 모란은 향기로우며 가시가 없는 장미로 불리며 유럽 상류층 정원에서 인기를 얻게 되었다. 파에오니아 오피시날리스와 파에오니아 락티플로라의 교배종은 아름답다고 평가되었다. 식물 사냥꾼들은 유럽에 들여와 재배할 용도로 동양에서 새로운 종을 찾았다. 하지만 중국 국경을 통과하기 어려웠기 때문에 쉬운 일은 아니었으나 마침내 성공했다. 일본인 토이치 이토는 이전에 있었던 목본성과 초본성 모체의 결실 없는 교배를 극복하고, 이중의 노란색이 들어간 꽃을 교배하는 데 성공했다(1963년).

'파에오니아 다우리카'(Paeonia daurica)의 수채화 – 이 작약은 크로아티아에서 터키와 코카서스산맥을 지나 이란까지 분포하고 있다. 과거에는 서기 1세기 디오코리데스의 위대한 초본서에 나오는 '수꽃' 작약인 발칸반도 작약(P. mascula)과 파에오니아 다우리카의 관계가 분명하지 않았으나 최근 연구에서 서로 다른 종이라는 것이 확인되었다.

경이로운 식물들

기이한 식물의 세계

어떤 식물이 매혹적이거나 놀라워서, 심지어 혐오스럽다는 이유로 다른 식물보다 많은 특권을 갖는다면 그것은 부당하지 않은가? 그렇다 해도 세상에는 깜짝 놀랄 수밖에 없는 식물이 있으며, 세계에서 가장 다양한 생물이 사는 지역에 익숙한(그런 곳에 단련되어 대담한) 사람들조차도 어떤 식물 앞에서는 깜짝 놀라곤 했다. 식물계가 경이로운 것은 단지 감각적인 아름다움만은 아니다. 깊이 알 필요도 없다. 식물이 가진 적응력을 통해 지구상에 있는 생명의 역사를 알 수 있을 것이다.

기이하게 거꾸로 선 듯한 바오밥나무는 아프리카의 건조한 지역 마다가스카르와 호주에서 그 위용을 드러내고 있다. 바오밥나무는 거대한 급수탑 역할을 하기 때문에 원주민들은 안에 저장된 물 때문에 부풀어 오른 나무 몸통에 말 그대로 꼭지를 단다. 웰위치아는 계속해서 자라는 잎에서부터 특별한 종류의 신진대사에 이르기까지 다양한 방법으로 제한된 물 공급에 대처한다. 그리고 낮게 웅크린 채, 고향인 나미브 사막의 계절성 가뭄과 모래 폭풍이 끝나기를 기다린다. 웰위치아는 지금보다 따뜻하고 습했던, 공룡이 살던 시대의 종으로 여태껏 살아남았다.

웰위치아가 못생긴 것으로 유명하다면, 남미의 수로에서 자생하는 아마존 수련의 아름다움에 이의를 제기할 사람은 거의 없을 것이다. 파인애플 향이 나는 꽃이 수분 매개체인 딱정벌레의 주의를 끄는 데 반해, 잎의 구조(식물공학의 최상위 수준인)는 1851년 만국박람회 장소인 런던 크리스털 팰리스의 철제 구조에 영감을

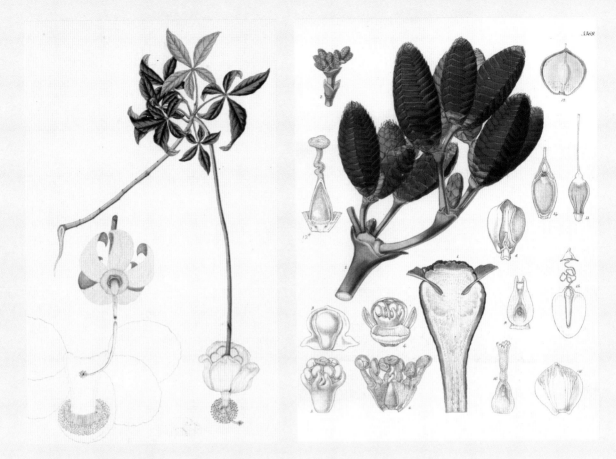

주었다. 진화는 자연계에서 최적의 배열 형태에 가까운 것을 만들어냈다. 해바라기 씨의 특별한 배열과 태양을 쫓는 본연의 능력은 태양열 기술 프로젝트에 영감을 주었다.

네펜테스와 거대한 라플레시아는 필요한 영양분을 특이한 방식으로 찾는다. 네펜테스는 질소가 부족한 지역에서 자라기 때문에 이 결핍을 보충하기 위해 변형이 많이 된 잎 속에 곤충(때로는 더 큰 먹이)을 가둔다. 네펜테스는 산성의 소화 효소로 된 용액을 가지고 있다. 19세기 온실에 꼭 있어야 했던 이 식물에 대한 야생에서의 착취가 위험한 수준에 도달했다. 라플레시아는 세계에서 가장 큰 홑꽃이다. 기생 식물이기도 한 라플레시아는 열대 덩굴식물의 뿌리에 기생하며, 썩은 고기 냄새를 풍기는 것으로 수분 매개체인 시체파리를 유인한다. 숲속 서식지의 파괴로 숙주인 덩굴식물이 사라지게 되면 이 희귀한 식물도 사라질 것이다.

인간이 초래한 서식지 파괴는 제2차 세계대전이 끝날 무렵 일본 히로시마에 떨어진 원자 폭탄보다 가혹하게 들리지 않는다. 폭탄이 떨어진 중심지에서 1마일도 안 되는 곳에서 은행나무가 불탄 나무 잔해로부터 불사조처럼 되살아났다. 식물계와 인간의 관계는 아주 오래되었고, 식물이 우리를 위해 할 수 있는 것은 무한대처럼 보이지만 그 관계는 아직도 진행 중에 있다. 유용성은 둘째치고, 생물망의 일부로 단순히 존재하는 것만으로 당연히 엄청난 칭송을 받아야 한다.

왼쪽 위 펜던트처럼 늘어진 바오밥나무의 특이한 꽃. 이 수채화는 19세기가 될 무렵, 캘커타의 식물원에서 자라고 있는 식물을 그린 것으로 추정된다.

오른쪽 위 웰위치아(*Welwitschia mirabilis*)의 세부 묘사. 이 놀라운 식물의 번식 구조를 이루는 솔방울, 아린, 꽃의 일부와 씨뿐 아니라 박혀 있는 잎(중간 아래)도 묘사하고 있다.

바오밥나무

Adansonia spp.

거꾸로 선 나무

커티스 식물학 잡지(1828)에 나온 바오밥나무의 꽃과 잎. 뒤에는 열매. 서아프리카의 만딩고족 사람들은 이 열매를 거래했다고 한다. 손상된 열매는 태워서 재로 만들어 역한 냄새가 나는 야자유와 함께 끓여 비누로 만들었다. 말린 잎은 음식에 섞기도 하고 약용으로 사용되기도 했다.

> 그들이 나를 데려간 곳에서 나는 한 무리의 영양을 보았다.
> 하지만 두께가 엄청난 나무를 본 순간 그것에 온통 관심이 쏠려
> 기분 전환을 하려던 생각은 일절 버렸다.
>
> — 미셸 아당송(Michel Adanson), 1759

아프리카의 한 창조신화에 의하면 신은 각각의 동물에게 나무를 하나씩 주었다. 하이에나가 마지막으로 자신의 나무를 받았는데, 바로 바오밥나무였다. 기분이 몹시 언짢았던 하이에나는 그 나무를 던져 버렸고, 나무는 거꾸로 땅에 떨어졌다. 바오밥나무는 가지가 근계처럼 생긴 독특한 모양을 하고 있다. 외부 관찰자들에게는 그 모양이 늘 호기심을 불러일으켰지만, 이 나무가 지리적으로 흔하게 분포해 있는 지역에 사는 사람들에게 바오밥은 완벽한 나무였다.

아단소니아속(*Adansonia*)은 1750년경 바오밥나무를 처음 발견한 프랑스 식물학자 미셸 아당송(Michel Adanson)의 이름을 따서 붙인 것이다. 하지만 바오밥나무는 이미 수세기에 걸쳐 이집트와 중동에 알려져 있었으며, 특히 사람들은 그 열매를 높이 평가했다. 열매를 물과 섞으면 원기를 북돋우는 음료가 되었다. 16세기 후반, 베네치아의 한 식물학자가 카이로의 시장에서 팔던 이 열매를 '부호밥'(bu hobab)이라고 부른다는 것을 알게 되었다. 어쩌면 '씨가 많은 열매'라는 뜻의 부히밥(bu hibab)이었을 수도 있지만 말이다. 어떤 지역에서는 나무 전체를 이용하기도 했다. 잎과 꽃은 샐러드로 먹었고, 씨는 커피콩처럼 볶았으며, 유연한 나무껍질은 두드려서 밧줄로 만들거나 껍질의 섬유로 직물을 짜기도 했고, 열매의 딱딱한 바깥 껍질은 훌륭한 접시나 용기가 되었다. 오래된 나무의 어마어마한 몸통은 대량의 물을 저장할 수 있어서 건기에 사용할 수 있었다. 나무의 물을 쉽게 빼내기 위해 꼭지를 다는 경우도 있었다. 나무의 크기가 엄청났고 몸통 중간이 비어 있었기 때문에 술집, 감옥, 식당 등으로 다양하게 이용되었다.

바오밥나무의 엄청난 크기(둘레가 30미터나 되는)로 인해 아단소니아속은 캘리포니아의 거대 삼나무보다 둘레가 컸다. 그 때문에 과거 식물학자들은 바오밥나무의 수명은 대단히 길 것이라 추정했다. 아당송은 15세기와 16세기 여행자들의 이름이 새겨진 두 개의 나무가 그 당시와 자신이 찾아간 시기 사이에 거의 자라지 않았다는 사실에서 이 나무들이 5,000년 이상 되었을 것이라 추론했다. 탐험가이자 선교사인 리빙스턴은 바오밥나무를 칭송했지만, 이 나무가 노아의 홍수에서

살아남았다고 생각하지는 않았다. 단언하기는 어렵지만, 오늘날 이 나무의 최대 수명은 약 2,000년으로 추정하고 있다.

　바오밥나무의 자연발생적 분포 또한 특이하다. 아단소니아속은 여덟 개의 종으로 구성되는데, 그중 아프리카 바오밥나무(*A. digitata*)가 가장 일반적이다. 아프리카 바오밥나무는 해발 450~600미터의 비교적 건조한 사바나 환경을 선호한다. 호주 서부 킴벌리 지역에 자생하는 유일한 호주 종(*A. gibbosa*)도 있다. 나머지 여섯 개의 종은 마다가스카르에서 찾을 수 있는데, 이곳에서 모든 바오밥나무가 기원한 것 같다. 아마 껍질이 단단한 바오밥 열매가 백만 년 전 마다가스카르에서 비교적 가까운 곳에서 멀리 있는 호주까지 떠내려갔다고 추정된다. 시간과 서로 다른 환경 조건이 두 개의 새로운 종을 만든 것이다. 바오밥나무의 이례적인 크기와 형태에 다양한 용도까지 더해져, 원주민에게는 특별한 의미가 있었다. 나무는 영적인 의미를 가지고 있었고 예배 장소로서의 기능을 겸했다. 많은 나무들이 각각 이름을 가지고 있었으며 나무가 죽으면 장례식을 치르기도 했다. 부러진 가지에서 새 나무가 자랄 수 있어서 나무 한 그루가 넓은 지역으로 퍼져나갈 수 있다. 열대의 많은 나라에서 표본목이 자라고 있기는 하지만, 토지 개간과 방치로 인해 마다가스카르에 자생하는 여섯 개 종 가운데 두 종은 현재 멸종 위기에 처해 있다.

〈루 제방 근처의 바오밥나무〉(1858). 토머스 베인스(Thomas Baines)가 그린 유화로 아프리카 잠베지 강 지류에 무리 지어 있는 바오밥나무의 엄청난 나무 둘레를 잘 보여주고 있다. 바오밥나무는 유럽 여행자들에게 매혹적인 대상이었는데, 특히 속이 빈 나무를 아프리카 역사연구자를 위한 무덤으로 사용하는 점에서 그랬다. 이들은 생전에 비술과 관련이 있었기 때문에 그 사체가 토양이나 물을 오염시키거나 건열로 인해 미이라가 될 것을 두려워하여 매장되지 않은 것이다.

웰위치아

Welwitschia mirabilis
사막의 불가사의

> 이 나라에 들여온 것 중 가장 경이로운, 그리고 가장 못생긴 식물임에 틀림없다.
> — 조지프 돌턴 후기, 1862

세계에서 가장 오래된 사막 중 하나인 나미브 사막은 서남아프리카의 대서양 연안 평원에 걸쳐 있다. 이곳의 강우량은 늘 부족하고, 불규칙하다. 하지만 연안 안개가 응결되어 방울방울 떨어지면서 식물과 동물의 삶에 꼭 필요한 물을 제공하고 있다. 이 사막 지역의 북쪽, 작고 좁은 지역에 일명 '세계에서 가장 못생긴 식물'이 살고 있다. 아름답지는 않을지라도 웰위치아(*Welwitschia mirabilis*)는 확실히 특별하다.

웰위치아의 곧은 뿌리(주근)는 물을 찾아서 땅속 깊이 박혀 있다. 뿌리 윗부분에는 흡수성이 좋은 스폰지 같은 망조직이 넓게 펼쳐져 있어 물이 거의 없는 근처의 수로로부터 남아 있는 약간의 지하수라도 흡수한다. 뿌리 위로는 길이가 짧고 윗부분이 오목한 목질의 줄기가 부분적으로 물에 잠겨 있다. 이 줄기의 양쪽에서 잎이 둘씩 나오는데, 어떤 것은 이례적으로 하나의 잎을 가지고 있기도 하다. 잎은 기저로부터 무한대로 자라는데 최소 600년 동안 매년 그 길이가 10~15센티미터 길어진다. 잎을 잃게 되면 웰위치아는 죽는다. 오랜 기간에 걸쳐 모래 폭풍이 이 잎을 가는 띠 모양으로 갈라놓으면서 실제 두 개보다 많아 보이는 착각을 불러일으킨다. 웰위치아는 풀을 뜯는 동물들에게 때때로 먹이가 되기도 하는데, 여기에는 큰 동물(영양, 코뿔소)과 작은 동물(미세절지동물로 알려진 작은 곤충) 모두가 포함된다.

사막은 그 지역의 식물군에 엄청난 부담을 지우기 때문에 이처럼 건조한 환경에서 이렇게 커다란 잎을 보는 것은 매우 특이한 일이다. 웰위치아는 대부분의 식물보다 태양열을 잘 반사하는 반면, 사막 식물의 잎이 일반적으로 가지고 있는 적응력은 부족하다. 사막 식물의 잎은 크기가 작고 특수한 수분 저장 기관을 가지고 있으며 표면이 밀랍 같다. 웰위치아가 진화하면서 한 일은 기공을 열고 닫는 방법, 유기산이 광합성을 할 준비를 하면서 탄소(이산화탄소로부터)를 저장하는 방법에 있어서 유연성을 키운 것이다.

웰위치아는 확실한 고대 식물로, 직계 조상은 종자 식물이 처음으로 주를 이루던 2억 년 전으로 거슬러 올라간다. 화석을 통해 알 수 있는 사실은 웰위치아과가 한때는 현재 자생하고 있는 국한된 지역보다 훨씬 넓은 지역에 분포되었다는 것

과 오늘날보다 훨씬 습한 환경에서 살았다는 것이다. 웰위치아는 아프리카 대륙과 남미 대륙이 분리되면서 번성했을 수도 있고, 공룡이 멸종된 후에도 살아남았을 수 있지만, 이 식물이 현대 식물학의 일부가 된 것은 두 명의 탐험가가 보낸 보고서와 관련 자료가 런던 큐 왕립식물원에 입수된 1860년대 이후였다.

웰위치아라는 이름은 오스트리아 태생의 의사이자 식물학자, 탐험가인 프리드리히 웰위치(Friedrich Welwitsch)의 이름을 따서 붙인 것이다. 웰위치는 포르투갈 정부를 위해 채집 여행을 다니다 포르투갈 식민지인 앙골라의 최남단에서 이 기이한 식물을 발견했다. 웰위치아는 즉시 식물학계의 주목을 받았지만, 웰위치의 상급자들은 실망했다. 웰위치아가 매우 독특한 식물일지는 몰라도, 경제적인 가치는 없었기 때문이다.

영국의 화가이자 탐험가인 토머스 베인스는 나미브 사막을 도보 여행하면서 수집한 자료를 큐 왕립식물원으로 보냈다. 자료를 받은 조지프 돌턴 후커는 현미경 앞에 앉아 고된 시간을 보낸 끝에 이 특이한 식물에 관해 주목할 만한 책을 집필했다. 힘든 작업이었을지 모르나 이는 웰위치가 식물 채집을 위해 한 고생에 비할 바는 아니었다. 탐험가들 사이에 흔히 있는 일이듯, 그도 말라리아와 이질 그리고 괴혈병과 다리에 심각한 궤양이 생겨 고생했다. 모든 것이 하나의 식물을 위해서였다. "그가 할 수 있는 것이라고는 뜨거운 흙바닥에 무릎을 꿇고⋯⋯ 손을 대는 순간 상상의 산물임이 드러나지 않을까 두려워하며 바라보는 것이 전부였다."

웰위치아(Welwitschia mirabilis)의 어린 식물(위)과 좀더 성숙한 식물(아래)(같은 비율은 아니다). 나이가 많은 웰위치아의 잎은 사막의 바람 속에서 오래 살아서 특유의 갈갈이 찢긴 모양을 하고 있다.

아마존 수련

Victoria amazonica

경이로운 식물

> 그 어떤 말로도 이 식물의 위엄과 아름다움을 묘사할 수 없다.
> — 조셉 팩스턴(Joseph Paxton)이 데본셔 공작에게, 1849년 11월 2일

탐험가 로버트 숌버크(Robert Schomburgk)에게 '경이로운 식물'을 찾는 일은 정말 특별했다. 영국 왕립지리학회 대표로 남아프리카 가이아나의 강을 탐험하는 데는 많은 어려움이 있었지만, 1837년 1월 1일 베르비세 강의 얕은 유역에서 숌버크는 잔잔한 물 위에 떠 있는 아마존 수련의 거대한 잎(최대 2.5미터)과 마주하게 되었다. 흰색과 분홍색의 커다란 꽃(직경 30센티미터)을 두껍고 가시로 뒤덮인 줄기가 지탱하고 있었고, 밤이 되자 숌버크는 수련에서 달콤한 파인애플 향이 난다는 것을 알게 되었다. 그가 이 식물을 처음 본 유럽인은 아니었지만(1801년 볼리비아에서 처음 발견되었다) 아마존 수련의 재발견은 널리 알려졌다. 숌버크가 보낸 종자는 왕립식물원 관장인 윌리엄 후커에 의해 성공적으로 발아되었고, 이 식물은 남미 이외의 지역에서 처음으로 꽃을 피웠다.

영국 여왕에게 경의를 표하는 의미에서 '빅토리아 아마조니카'(*Victoria amazonica*)로 명명된 아마존 수련은 채스워스의 데본셔 공작 수석원예사인 조셉 팩스턴이 1849년 11월 큐 왕립식물원에서 받은 것을 성공적으로 가져오자 엄청난 인기를 일으켰다. 팩스턴은 수련용 난방 탱크를 위해 전용 온실을 설계해야 했다. 수련의 일반적인 성장 속도(하루에 15센티미터)가 빨랐고 난방이 필요했던 것이다. 다재다능했던 팩스턴은 1851년 만국박람회가 열릴 크리스털 팰리스를 위한 청사진을 만들기 시작했을 것이다. 수련 온실과 크리스털 팰리스 설계에 팩스턴은 '자연 공학의 걸작'인 아마존 수련에서 영감을 받아 앞 뒷면 구조를 채택했다.

〈일러스트레이티드 런던 뉴스〉의 독자들은 팩스턴의 딸, 애니가 얇은 양철 쟁반 위에 체중을 분산시킨 채 수련 잎 위에 서 있는 기상천외한 이미지를 본 적이 있을 것이다. 팩스턴은 왕립예술협회 모임에서 아마존 수련 잎 한 장을 들고 무거운 잎의 무게를 견디는 능력은 잎 중심에서 가장자리까지 뻗어 있는 외팔보와 튼튼하지만 유연한 갈비살과 가로대의 연결 구조를 본따 두 건물의 혁신적인 '이랑과 고랑' 지붕 디자인을 완성했다고 설명했다.

아마존 수련은 48시간의 경이로움 그 자체이다. 첫날 저녁, 흰색의 향기로운 그리고 열화학 반응으로 온기를 지닌 채 핀 암꽃이 이미 꽃가루가 묻은 수분 매개체, 딱정벌레를 유인한다. 다음으로 꽃은 딱정벌레를 가둔 채 닫히는데, 그 안에서

딱정벌레는 먹이를 먹고 따뜻하게 있으면서 꽃을 수분한다. 그런 다음 흰색에서 분홍색으로 암꽃에서 수꽃으로 변하고 온기와 향이 사라진 꽃이 다음날 저녁 다시 열리면서 딱정벌레를 놓아준다. 이제 새로운 꽃가루로 뒤덮인 딱정벌레는 좀 더 향기롭고 흰색에 온기를 지닌 꽃을 찾아 날아간다. 수분된 꽃이 마지막으로 닫히면서 수면 아래로 사라지면 할 일은 끝난다.

딱정벌레와 수련의 이 시너지 효과는 아주 오랫동안 일어나고 있는 일인지도 모른다. 약 9천만 년 전 마이크로빅토리아 스비트코아나(*Microvictoria svitkoana*) 화석이 수련과의 아마존 수련과 비교되었다. 살아 있는 꽃의 구조와 화석(미국 뉴저지 세어빌의 오래된 점토 채취장에서 발견된)의 구조 사이에 유사성이 있는 것을 보아 이 고대의 꽃 역시 곤충에 의해 수분되었음이 틀림없다. 둘 사이에 다른 점은 크기이다. 마이크로빅토리아는 직경이 1.6밀리미터로 극히 작다. 이 고대 혈통은 우리에게 생명의 역사에서 속씨식물이나 꽃식물의 출현에 대해 우리에게 많은 것을 말해 줄 수 있다. 숌버크가 이 새롭고 화석화된 경이로운 식물을 봤다면 당연히 기뻐했을 것이다.

아마존 수련의 아름다운 꽃과 마찬가지로 인상적인 잎의 일부분. 시간이 지난 후 많은 식물학자들이 일렁거리는 물 속에서 잎을 뒤틀리지 않게 해주는 것이 무엇인지 알기 위해 이 잎의 구조에 관한 조셉 팩스턴의 세심한 연구를 공유했다. 커다란 잎 표면은 또한 물을 빼낼 수 있어야 한다. 약간 우묵한 갈비살이 잎 표면의 물은 두 개의 배수 틈(잎 가장자리의 벽이 갈라진 부분)으로 내보내거나 특별한 구멍을 통해 내보낸다.

네펜데스

Nepenthes spp.
덫에 갇히다

> 나는 지금 보르네오의 몇가지 놀라운 식물에 대해 언급할 수 있다.
> 경이로운 포충엽 식물(벌레잡이 통풀)이…… 이곳에서 최대한 진화하고 있다.
> — 앨프리드 러셀 월리스, 1869

원칙적으로 곤충(다른 동물들도)은 식물을 먹지만, 어떤 식물은 이에 반격을 가한다. 약 650종의 식물(몇 가지 균류 포함)은 동물, 대부분 곤충이지만 가끔은 더 큰 먹이를 유인하여 소화시킨다. 이는 자연계의 일반적인 조화에 너무나 반하는 것처럼 보인다는 이유로, 많은 사례들이 목격되거나 증명되었음에도 불구하고, 위대한 식물학자 린네는 이를 믿지 않으려고 했다. 이 주제를 다룬 1875년 고전의 저자인 찰스 다윈은 이 사실을 세상에 더 널리 알렸으며, 이러한 식물을 '식충성'으로 불렀다. 하지만 동물이 더 많은 먹잇감이 된다는 점에서 '육식성'이 현재 더 선호하는 용어가 되었다.

육식성 식물은 널리 분포되어 있고 몇 개의 식물군에 속하며, 먹이를 덫에 가두기 위해 다양한 능동적, 수동적 메커니즘을 사용한다. 이들 식물은 흔히 습지에 서식하지만 일부는 더 건조한 기후에 적응하고 산다. 파리지옥풀(*Dionaea muscipula*, 다윈은 이것을 '세상에서 가장 경이로운 식물'이라고 불렀다)을 포함한 일부 식물은 먹이를 유인하는 끈끈한 분비물을 생성한 다음, 먹이가 들어오면 재빨리 덫을 닫아버린다. 손잡이 달린 물병처럼 생긴 놀라운 잎 변형으로 인해 '벌레잡이 통풀'이라는 이름이 붙은 '포충엽 식물'은 수동적이며 색이나 향, 꿀에 유인된 곤충이나 동물이 통속 액체에 빠지는 것에 단순히 의존한다. 포충엽은 색, 형태, 크기가 매우 다양하다. 그중 일부는 2리터나 담을 수 있어서 쥐가 그 안에 있는 것이 목격되기도 했다.

포충엽 내부의 액체는 빗물에 종종 희석되기는 하지만, 원래 약간의 산성을 띠고 있다. 많은 종이 빗물이 모이는 양을 제한하기 위해 윗부분에 덮개를 가지고 있다. 포충엽의 내부에는 끈끈한 분비물을 가진 일명 '함정'으로 불리는 공간이 있다. 침입자가 닿으면 표면의 결정체가 떨어지면서 안쪽 표면을 극도로 미끄럽게 만든다. 무엇인가가 갇히면 액체의 산성이 엄청나게 증가하고, 이 산성이 희생양의 조직을 분해하는 소화 효소를 돕는데, 이를 통해 포충엽 식물은 질소와 다른 영양분을 흡수한다. 포충엽의 벽은 얇지만 대단히 질기다

아시아 포충엽 식물은 네펜데스속(*Nepenthes*)에 속한다. 네펜데스속에는 약 110종이 있으며 인도에서 호주 북부에 이르는 열대지방 전역에 분포되어 있으며,

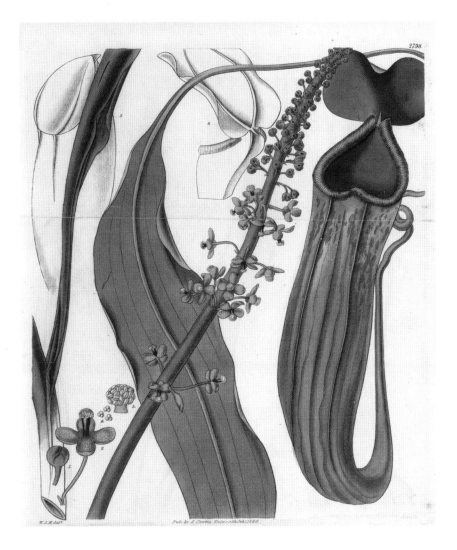

말레이 제도에 가장 많이 집중되어 있다. 네펜데스는 커다란 속이긴 하지만, 각각의 종은 대체로 규모가 상당히 작다. 몇 가지 종은 딱 한 번 발견되었기 때문에 기준 표본을 통해서만 알려져 있다. 하지만 많은 종이 매우 잘 자라며 일부 종은 황무지에서도 잘 자란다. 대부분 덩굴식물로 20미터 길이로 자랄 수 있고, 몇 가지는 관목이다. 이 식물의 적응력이 미치는 범위는 놀랍다. 어떤 것은 나무 몸통을 벗어나서 자라기도 하고, 어떤 것은 건조하고 돌이 많은 땅에서 자라기도 한다.

유럽에서의 본격적인 인기는 표본이 들어왔을 때인 18세기 후반에 시작되었으며 빅토리아 시대에는 많은 포충엽 식물이 온실에서 재배되었다. 원예사의 난관은 자연 서식지에 의존하는 특정 종을 위해 적당한 재배 환경을 재현해주는 것이었다. 현재 모든 네펜데스 종의 거래는 규제되고 있다. 동물을 덫에 가두는 포충엽의 진화는 코브라 릴리(Cobra Lily)와 사라세니아속(Sarracenia)의 몇몇 종을 포함하는 신대륙 식물과에도 존재한다. 이에 대한 맞대응 사례로, 한 종이 가진 소화 효소에 내성이 있는 모기는 포충엽에 있는 액체를 번식 장소로 이용한다.

네펜데스 디스틸라토리아 (*Nepenthes distillatoria*)는 스리랑카가 원산지인 포충엽 식물로 17세기 후반 식물학 문헌에 최초로 기록된 식물 중 하나였다. 스리랑카에서는 이 식물의 줄기를 꼬아 소를 묶는 밧줄로 사용하는 전통이 있었다.

라플레시아

Rafflesia arnoldii

가장 큰 꽃

'라플레시아 파트마'(*Rafflesia patma*)의 꽃봉오리는 오랜 기간에 걸쳐 숙주의 뿌리에서 나온 다음 크게 자란다. 이 식물은 자신의 삼림 서식지에서 피해를 입기 쉽다. 호저와 나무 두더지 같은 포유동물에 먹히고. 곤충을 찾는 까마귀에 다치고. 다양한 동물에 짓밟힌다.

> 나랑 같이 갑시다, 오세요, 선생님! 꽃이 매우 크고 아름답고 멋집니다!
> — 조셉 아놀드, 도슨 터너에게 보내는 편지, 만나강 위의 레바르 섬에서, 수마트라, 1818년 5월

1818년 5월 19일, 조셉 아놀드 박사(Dr. Joseph Arnold)는 수마트라 남부의 열대우림에서 식물 채집을 하다 자신이 보기에 세계에서 가장 큰 꽃을 보았다. 직경이 최대 1미터에 무게가 7킬로그램인 라플레시아 아르놀디(*Rafflesia arnoldii*)는 큰 꽃 무리에서도 상위를 유지해왔다. 하지만 이러한 크기는 라플레시아 아르놀디가 가진 많은 매력적인 속성 중 하나일 뿐이다.

해군 군의관이었던 아놀드는 스탬퍼드 래플스 경(Sir Stamford Raffles)과 친구였다. 래플스는 열정적인 아마추어 식물학자로, 1817년 수마트라 섬 서해안의 붕쿨루 주에서 부총독으로 임명되었다. 래플스는 아놀드가 식물학자 직위를 수락한 것에 기뻐했다. 아놀드와 래플스가 열대우림 현지답사를 위해 해안 상류에서 이틀을 보내고 있을 때, 하인 한 명이 '식물계에서 가장 대단한 것'에 관한 소식을 가지고 달려갔다. 그로부터 단 5주 만에 아놀드는 열병으로 사망했는데, 원인은 아마 말라리아였을 것이다. 이 식물은 후에 두 사람에게 경의를 표하는 의미에서 라플레시아 아르놀디로 명명되었다. 아놀드가 라플레시아를 본 최초의 유럽인은 아니었다. 그 영광은 루이 오거스트 데샹(Louis August Deschamps)에게 주어졌는데, 그는 1797년 좀더 작은 종을 발견하고는 이를 '라플레시아 파트마'(*Rafflesia patma*)라고 불렀다. 현재 약 19개 종이 확인되었으며 수마트라, 자바, 보르네오의 섬들과 필리핀, 말레이 반도, 태국 전역에 산재해 있다. 오늘날 라플레시아는 열대우림의 벌목, 개간으로 인한 서식지 파괴로 멸종 위기에 처한 희귀한 식물이다.

모든 라플레시아는 기생 식물이다. 잎이나 뿌리, 줄기가 없으며 엽록소가 없어서 광합성도 하지 못한다. 살아 있는 동안의 대부분을 사실상 숙주 식물의 조직 내에 숨어 있는 가는 실 모양의 사상체(絲狀體)로 보낸다. 라플레시아의 숙주는 덩굴식물인 테트라스티그마(*Tetrastigma*, 포도과에 속하는)의 일부 종이다. 자라서 양배추 결구를 닮은, 아직 피지 않은 꽃봉오리처럼 기묘하게 생긴 꽃이 숙주인 덩굴식물의 뿌리 껍질을 뚫고 나오면 다섯 개의 두껍고 사마귀처럼(피부에 나는) 생긴 꽃잎이 펼쳐진다. 라플레시아는 암꽃과 수꽃이 따로 있으며 꽃가루는 시체파리에 의해 운반된다. 수명이 짧은(5일간 꽃이 핀다) 이 거대 식물은 썩고 있는 동물의 사체를 닮은 데다 그에 어울리는 냄새가 나서 '시체꽃'이라는 유명한 이름을 갖게 되

었다. 수분을 도운 파리는 그 보답으로 아무런 보상을 받지 못하므로 라플레시아는 이중으로 기생하는 셈이다.

썩은 고기로의 의태(擬態)는 꽃의 거대증과 흔히 관련이 있으며 이 커다란 꽃이 진화한 이유와도 어느 정도 연관성이 있을 것이다. 라플레시아 꽃의 크기가 빠르게 커가는 동안 시체파리나 딱정벌레를 통한 수분으로의 전환 또한 있었다. 일종의 군비 확산 경쟁처럼, 꽃이 크면 클수록 꽃의 매력은 커지고 따라서 더 많은 곤충들이 라플레시아를 찾게 된다. 커다란 시체가 선호될 경우 특히 그렇다. 이것은 또한 서로 다른 종의 라플레시아가 같은 장소에서 교배의 위험 없이 공존하기 위한 방법이었을 수도 있다. 크기가 서로 다르면 수분 메커니즘이 매우 어려워지는데, 라플레시아 종은 작게는 10센티미터부터 가장 커다란 종(라플레시아 아르놀디)에 이르기까지 그 크기가 다양하다. 라플레시아는 화석이 없다. 이 식물은 약 4,600만 년 전에 출현했으며, 당시 숙주 식물로부터 대규모의 유전자 도입을 겪기도 했다. 라플레시아의 서식지가 파괴되어 멸종한다면 무엇이 이 보기 드문 진화를 초래했는지에 대해 좀더 알 수 있는 기회를 영영 놓치게 될 것이다.

시체꽃. '라플레시아 아르놀디'(*Rafflesia arnoldii*)는 세계에서 가장 큰 꽃을 가지고 있지만 뿌리나 잎은 없다. 이 기생식물은 수마트라와 보르네오에서 발견된 덩굴식물 숙주에 기생한다. 꽃봉오리가 껍질을 뚫고 나와 꽃을 피우고 자라며, 수분 매개체인 시체파리를 유인하기 위해 썩은 시체의 악취를 내뿜는다.

RAFFLESIA ARNOLDI R.BROWN

해바라기

Helianthus annuus

자연이 주는 영감

······ 어느 여름, 4월에 뿌린 씨가 14피트(약 4.3m)로 자랐다. 꽃 하나의 무게가 약 3
파운드 2온스(약 1.9kg)였고, 폭은 16인치(약 41cm)였다.

– 존 제라드, 1636

태양에너지를 흡수하여 빠르게 성장하는 해바라기의 능력은 경쟁심을 부추겼다
고 볼 수 있다. 16세기 유럽 초본학자들이 신대륙에서 온 이 새로운 식물에 관해
기록한 특징 중 한 가지는 한 번의 생장기에 상당한 높이로 자란다는 것이었다.
현재 기록은 독일 카르스트에 있는 해바라기가 가지고 있는 8.23미터이다.

북미 동부 지역의 사람들이 가장 키가 큰 해바라기를 재배하려고 경쟁했는지
의 여부를 떠나, 이들은 이 식물이 구대륙에 유입되기 오래전부터 해바라기를 재
배해왔다. 해바라기가 5,000년에서 4,500년 전에 재배되었다는 증거가 있다. 하나
의 커다란 머리가 있는 해바라기는 초창기 작물의 일부였으며 지금도 그렇듯 식
용 오일의 중요한 재료였다. 서부 주에서는 야생 해바라기 역시 계속해서 채집되
고, 식용, 약용, 의식용으로 사용되었다. 해바라기의 경작은 초기 무역로를 통해
아마 멕시코로 유입되었을 것이다. 고고학적 증거가 식용 외에도 다양한 용도로
오랫동안 사용되었음을 분명하게 암시한다. 해바라기는 태양 숭배와 연관된 아즈
텍문명 의식의 일부였다. 멕시코 해바라기는 가운데가 노란색이었는데, 이 해바라
기와 생명을 주는 태양 사이의 연관성을 찾는 것은 어렵지 않다. 스페인의 멕시코
정복 이후, 가톨릭 성직자들은 이러한 추종을 근절하려고 노력했다.

해바라기 머리에는 꽃의 중심에 빽빽이 들어찬 작은 관 모양의 수많은 중심화
가 있으며, 주변화(설상화)가 동그랗게 그 주변을 둘러싸고 있다. 중심화는 나선형
이 복잡하게 교차하고 있는 배열을 하고 있어서, 각각의 꽃이 '씨' 또는 수과(사실상
1열매 1종자)를 생산한 후에 더 잘 보이는 효과가 있다. 이 패턴은 '피보나치수열'로
알려져 있다. 각각의 나선에 있는 수과의 수는 1, 1, 2, 3, 5, 8의 수열을 따르고 있
으며(각 숫자는 바로 앞의 두 숫자를 더한 것) 각각의 씨는 대략 137도의 황금각으로 배
열되어 있다. 이것은 하나의 해바라기 머리에 1,000개 이상의 수과를 채울 수 있
는 가장 경제적인 방법으로, 이렇게 하면 모든 수과가 같은 크기로, 중심이 복잡
해지거나 가장자리에 낭비되는 공간이 생기지 않을 수 있다. 이 패턴은 집광형 태
양열 발전소의 거울 간격을 개선시켜 태양열을 중앙전력타워로 반사시키는 동시
에 쓸모 없는 그늘을 줄이는 데 도움이 될 수 있다. 꽃이 핀 해바라기는 태양을 쫓

클로드 뒤레(Claude Duret)의
〈식물과 허브의 감탄할
만한 역사〉(1605)에 나오는
'모나르데스의 해바라기'. 니콜라스
모나르데스는 한 번도 신대륙을
여행한 적 없지만 세비야에 있는
그의 식물원은 남미산 식물을
보유하고 있었고. 그는 유럽에서
가장 먼저 해바라기에 관한 묘사를
한 사람 중에 한 명이다.

Helianthus giganteus Lin: sp. pl.

지 않고(향일성) 마치 일출을 보려고 하는 것처럼 대개 동쪽을 향한다. 하지만 꽃에서 능동적으로 성장하는 부분(피지 않은 꽃눈, 초록색 포엽, 어린잎)은 태양을 쫓는다. 꽃눈의 기저와 잎꼭지 근처에 있는 특별한 세포가 수압을 조절하여 원하는 방향으로의 성장을 유도한다. 초록색 부분들이 이 식물의 발전소이다. 이 부분이 태양열의 흡수를 극대화할 수 있고, 물, 이산화탄소, 필수 영양분 또한 충분하다면 성장은 최적화될 것이다. 해바라기는 바이오매스 에너지 생산에 직접적으로 사용되기도 하지만, 아마도 해바라기가 하는 가장 큰 기여는 태양열 기술자에게 영감을 주는 것이다. 움직일 수 있고 태양을 쫓을 수 있도록 설치된 태양전지는 고정된 전지보다 전력 생산에 있어 효율적일 수 있다. 하지만 운동에는 에너지가 소비된다. 기술자들은 태양열을 활용하여 전지를 움직일 수 있도록 유연한 지지 장치를 개발함으로써 이 문제를 극복했고, 이와 관련한 특허권이 곧 나올 것이다.

성명 미상의 인도 화가가 캄파니 스타일로 그린 이 수채화 속의 해바라기는 태양 원반의 전형이다. 해바라기가 식물 환경정화에서 중요한 역할을 할 수 있다는 증거가 있다. 식물 환경정화란 식물을 이용하여 토양의 오염 물질을 제거하는 것으로 수경재배하는 식물의 경우에는 수질을 개선한다.

은행나무

Ginkgo biloba

위대한 생존자

동방에서 건너와 내 정원에 뿌리내린 이 나무의 잎,
비밀스러운 의미가 담겨 있어 그 뜻을 아는 이들을 기쁘게 한다오.
– J. W. 폰 괴테, 1815

엥겔베르트 캠퍼의
〈회국기관〉(1712)에 나오는
은행나무 잎. 캠퍼는 은행나무를
묘사한 최초의 외부인이었다.
그리고 그가 이 그림을 직접 그렸을
것으로 추정된다. 일본 나가사키
지역에는 캠퍼가 방문했을 때
자라고 있던 은행나무가 여전히
살아 있다.

은행나무는 아주 오래되었다. 어쩌면 이 나무의 오랜 조상을 공룡들이 뜯어먹었을 수도 있다. 그만큼 오래되었다. 둘로 갈라진(bilobed, 빌로바라는 학명의 출처) 은행나무의 독특한 잎은 약 2억만 년 전 화석에 보존되어 있다. 은행나무의 번식 방법과 내부 구조의 몇몇 측면 또한 이 나무가 얼마나 오래되었는지를 강조하며 나무를 생물 진화의 살아 있는 실험실로 만든다.

각각의 은행나무는 수백 년을 살 수 있다. 큐 왕립식물원에 있는 잉글랜드에서 가장 오래된 은행나무는 조지 3세가 왕위에 있을 때인 1762년에 심은 것이다. 은행나무가 경외의 대상이 되는 중국, 한국, 일본에서는 그보다 오래된 표본도 많다(그중 몇 그루는 수천년을 살았다고 하는데, 그 정도 나이면 전설적이긴 하다). 하지만 일부 나무는 아마 1,000년 이상 살았을 것이며, 중국 남부에 있는 대왕 은행나무는 약 30미터 높이에 5미터가 넘는 폭을 자랑한다. 이처럼 오래된 거목의 다수를 성지와 순례지에서 볼 수 있다. 동양 문화에서 은행나무는 장수와 관련이 있고, 나무의 생산물(씨뿐 아니라 잎도)은 기억 상실과 비뇨기 문제를 포함한 다양한 질환에 의약용으로 사용된다. 은행은 또한 식용으로 소비되며 차로 마시기도 한다.

수백만 년 전, 은행나무는 북미 대부분을 포함하여 전 세계에 널리 확산되었다. 중국에는 원시목으로 추정되는 은행나무 숲이 있는 두 개의 외진 숲이 있다. 하지만 은행나무는 중국에서 너무나 오랫동안 숭배되어 왔기 때문에 이 고대의 숲마저도 인간이 만든 것일지 모른다. 보다 분명한 것은 은행나무가 수세기 전에 일본과 한국으로 전파되어 정원, 사원, 성지에 심어졌다는 것이다. 전설에 의하면 공자는 은행나무 아래 앉아서 책을 읽고, 명상을 하고, 제자들을 가르쳤다고 한다.

독일의 식물학자이자 의사인 엥겔베르트 캠퍼가 1691년 이 나무에 대해 기술하면서 일본식 이름을 음역하여 나무에 이름을 붙인 것은 일본에서였다. 그는 이 나무의 번식과 관련한 생물학적 특성과 암나무 열매에서 나는 썩은 냄새에 흥미를 느끼고 있었다. 그 냄새(막 토한 냄새에 비유되는)가 너무나 강력했기 때문에, 서양에서는 열매를 맺지 않는 수나무를 심는 것이 선호되었다. 종자와 묘목이 다양한 기후와 상황에, 심지어는 오염된 도시에도 적응할 수 있다는 것이 입증되었다. 은행나무는 뉴욕, 베이징을 비롯해 그 밖에 많은 현대적인 도시의 거리와 공원에 익숙한 풍경으로 자리하고 있다. 대략 천년쯤 전에 멸절 직전까지 갔던 은행나무는 현재 안전하며 이는 인간의 힘 덕분이라는 반전이 있다.

은행나무의 노란 단풍은 몇 주간 아름다운 자태를 보여주다가 진다. 은행나무는 이를 수백만 년 동안 해왔기 때문에 위대한 생존자가 될 수 있었다. 일본 히로시마에 있는 여섯 그루의 은행나무가 이를 증명한다. 1945년 8월 6일 원자폭탄이 투하되고 나서 2년 후, 까맣게 탄 여섯 그루의 나무 잔해에서 새싹이 올라왔다. 그중 하나는 폭탄이 떨어진 중심지에서 불과 2킬로미터도 떨어져 있지 않았다.

영국 식물학자 로버트 포춘(Robert Fortune)은 1850년대 마지막으로 중국을 방문하면서 당시 은행나무로 알려진 살리스부리아 아디안티폴리아(*Salisburia adiantifolia*)를 포함한 나무 연작을 의뢰했다. 미상의 수채화 화가가 그린 각각의 나무 옆에는 사람의 모습도 보인다. 화가가 자신의 가족을 그림에 넣을 수 있어야만 의뢰를 수락하겠다고 했던 것 같다.

참고문헌

Arber, Agnes, *Herbals: Their Origin and Evolution* (Cambridge University Press, Cambridge, 1912; repr. The Lost Library, n.d.)

Beerling, David, *The Emerald Planet: How Plants have Changed Earth's History* (Oxford University Press, Oxford & New York, 2007)

Blunt, Wilfrid, *The Art of Botanical Illustration* (3rd ed., Collins, London, 1955)

Blunt, Wilfrid and S. Raphael, *The Illustrated Herbal* (Frances Lincoln, London, 1994)

Campbell-Culver, Maggie, *The Origin of Plants* (Headline, London, 2001)

Davidson, Alan, *The Oxford Companion to Food* (Oxford University Press, Oxford & New York, 1999)

Fry, Carolyn, *The Plant Hunters* (Andre Deutsch, London, 2012)

Goody, Jack, *The Culture of Flowers* (Cambridge University Press, Cambridge & New York, 1993)

Grove, A. T. and Oliver Rackham, *The Nature of Mediterranean Europe* (Yale University Press, New Haven, 2001)

Hora, Bayard (ed.), *The Oxford Encyclopedia of Trees of the World* (Oxford University Press, Oxford & New York, 1981)

Kingsbury, Noël, *Hybrid: The History and Science of Plant Breeding* (University of Chicago Press, Chicago, 2009)

Kiple, Kenneth F., *A Movable Feast: Two Millennia of Food Globalization* (Cambridge University Press, Cambridge, 2007)

Kiple, Kenneth F. and Kriemhild Conceé Ornelas (eds), *The Cambridge World History of Food*, 2 vols (Cambridge University Press, Cambridge & New York, 2000)

Knapp, Sandra, *Potted Histories: An Artistic Voyage through Plant Exploration* (Scriptum, London and Firefly Books, Buffalo, NY, 2003)

Murphy, Denis J., *People, Genes and Plants: The Story of Crops and Humanity* (Oxford University Press, Oxford & New York, 2007)

Musgrave, Toby, Chris Gardner and Will Musgrave, *The Plant Hunters* (Cassell, London, 1999)

Musgrave, Will and Toby Musgrave, *An Empire of Plants: People and Plants that Changed the World* (Cassell, London, 2000)

Newton, John, *The Roots of Civilization: Plants that Changed the World* (Pier 9, Millers Point, NSW, 2009)

North, Marianne, *A Vision of Eden: The Life and Work of Marianne North* (Holt, Rinehart and Winston, New York, 1980)

Prance, Ghillean and Mark Nesbitt (eds), *The Cultural History of Plants* (Routledge, New York & London, 2005)

Radkau, Joachim, *Wood: A History*, trans. Patrick Camiller (Polity, Cambridge, 2012)

Sherwood, Shirley and Martyn Rix, *Treasures of Botanical Art* (Kew Publishing, London, 2008)

Silvertown, Jonathan, *Demons in Eden: The Paradox of Plant Diversity* (University of Chicago Press, Chicago, 2005)

Toussaint-Samat, Maguelonne, *History of Food*, trans. Anthea Bell (2nd ed., Wiley-Blackwell, Chichester and Malden, MA, 2009)

Walker, Timothy, *Plants: A Very Short Introduction* (Oxford University Press, Oxford & New York, 2012)

삶을 바꾼 식물들

Albala, Ken, *Beans: A History* (Berg, New York, 2007)

Alexander, Caroline, *The Bounty: The True Story of the Mutiny on the Bounty* (Viking, New York and HarperCollins, London, 2003)

Besnard, G. et al., 'The complex history of the olive tree: from Late Quaternary diversification of Mediterranean lineages to primary domestication in the northern Levant', *Proceedings of the Royal Society B* (2013), 280: 2012–33

Coe, Sophie D., *America's First Cuisines* (University of Texas Press, Austin, 1994)

Cohen Suarez, Amanda and Jeremy James George, *Handbook to Life in the Inca World* (Facts on File, New York, 2011)

Coursey, David, *Yams: an account of the nature, origins, cultivation and utilisation of the useful members of the Dioscoreaceae* (Longmans, London, 1967)

DuBois, C. M., Chee-Beng Tan and S. Mintz (eds), *The World of Soy* (University of Illinois Press, Champaign, 2008)

Fuller, D. Q. and E. L. Harvey, 'The archaeobotany of Indian pulses: identification, processing and evidence for cultivation', *Environmental Archaeology* 11 (2006), 219–46

Fuller, D. Q., 'Pathways to Asian civilisation: tracing the origins and spread of rice and rice cultures', *Rice* 4(3) (2011), 78–92

Kaniewski, David et al., 'Primary domestication and early uses of the emblematic olive tree: palaeobotanical, historical and molecular evidence from the Middle East', *Biological Reviews* 87(4) (2012), 885–99

Kessler, D. and P. Temin, 'The organization of the grain trade in the early Roman Empire', *Economic History Review* 60(2) (2007), 313–32

Lee, Gyoung-Ah et al., 'Archaeological Soybean (*Glycine max*) in East Asia: Does Size Matter?', *PLoS ONE* 6(11) (2011), e26720

Lotito, Silvia B. and Balz Frei, 'Consumption of flavonoid-rich foods and increased plasma antioxidant capacity in humans: cause, consequence, or epiphenomenon?', *Free Radical Biology & Medicine* 41(12) (2006), 1727–46

Loumou, Angeliki and Christina Giourga, 'Olive groves: "The life and identity of the Mediterranean"', *Agriculture and Human Values* 20(1) (2003), 87–95

McGovern, Patrick E., *Ancient Wine: The Search for the Origins of Viniculture* (Princeton University Press, Princeton, 2003)

McGovern, Patrick E., *Uncorking the Past: the Quest for Wine, Beer, and other Alcoholic Beverages* (University of California Press, Berkeley, 2009)

Mann, Charles C., *1491: New Revelations of the Americas Before Columbus* (Vintage, New York, 2006)

Meyer, Rachel S., Ashley E. DuVal and Helen R. Jensen, 'Patterns and processes in crop domestication: an historical review and quantitative analysis of 203 global food crops', *New Phytologist* 196(1) (2012), 29–48

Molina, Jeanmaire et al., 'Molecular evidence for a single evolutionary origin of domesticated rice', *Proceedings of the National Academy of Sciences* 108(20) (2011), 8351–56

Mueller, Tom, *Extra Virginity: The Sublime and Scandalous World of Olive Oil* (W. W. Norton, New York, 2011)

Muller, M. H. et al., 'Inferences from mitochondrial DNA patterns on the domestication history of alfalfa (*Medicago sativa*)', *Molecular Ecology* 12(8) (2003), 2187–89

Myles, Sean et al., 'Genetic structure and domestication history of the grape', *Proceedings of the National Academy of Sciences* 108(9) (2011), 3530–35

Phillips, Rod, *A Short History of Wine* (Allen Lane, London, and Ecco, New York, 2000)

Reader, John, *Propitious Esculent: The Potato in World History* (William Heinemann, London, and Yale University Press, New Haven, 2009)

Salavert, Aurélie, 'Olive cultivation and oil production in Palestine during the early Bronze Age (3500–2000 BC): the case of Tel Yarmouth, Israel', *Vegetation History and Archaeobotany* (2008) 17/Supplement 1, 53–61

Staller, John E., *Maize Cobs and Cultures: History of Zea mays L.* (Springer, New York, 2009)

Various, 'The Origins of Agriculture: New Data, New Ideas', *Current Anthropology* (Wenner-Gren Symposium Supplement 4) Vol. 52 (October) 2011

Various, 'From collecting to cultivation: transitions to a production economy in the Near East', *Vegetation History and Archaeobotany* (special issue), Vol. 21 (2),

2012

Zeven, A. C. and W. A. Brandenburg, 'Use of paintings from the 16th to 19th centuries to study the history of domesticated plants', *Economic Botany* 40(4) (1986), 397–408

Zhang, Gengyun et al., 'Genome sequence of foxtail millet (*Setaria italica*) provides insights into grass evolution and biofuel potential', *Nature Biotechnology* 30 (2012), 549–54

Zohary, Daniel, Maria Hopf and Ehud Weiss, *Domestication of Plants in the Old World* (4th ed., Oxford University Press, Oxford & New York, 2012)

맛을 바꾼 식물들

Albala, Ken, *Eating Right in the Renaissance* (University of California Press, Berkeley, 2002)

Block, Eric, *Garlic and Other Alliums* (Royal Society of Chemistry, Cambridge, 2010)

Brown, Pete, *Hops and Glory: One Man's Search for the Beer that Built the British Empire* (Pan, London, 2010)

Cornell, Martyn, *Beer: The Story of the Pint: The History of Britain's Most Popular Drink* (Headline, London, 2003)

Cox, D. N. et al., 'Acceptance of health-promoting Brassica vegetables: the influence of taste perception, information and attitudes', *Public Health Nutrition* 15(8) (2012), 1474–82

Dalby, A., *Dangerous Tastes: The Story of Spices* (British Museum Press, London, and University of California Press, Berkeley, 2000)

Fritsch R. and N. Friesen, 'Evolution, domestication, and taxonomy', in H. D. Rabinowitch and L. Currah (eds), *Allium Crop Science – Recent Advances* (CAB International Publishing, Wallingford, 2012), 5–30

Hornsey, Ian S., *A History of Beer and Brewing* (Royal Society of Chemistry, Cambridge, 2003)

Keay, John, *The Spice Route* (John Murray, London, 2005, and University of California Press, Berkeley, 2006)

Li, Hui-Lin, 'The vegetables of ancient China', *Economic Botany*, 23(3) (1969), 253–60

Livarda, Alexandra, 'Spicing up life in north-western Europe: exotic food plant imports in the Roman and medieval world', *Vegetation History and Archaeobotany*, 20 (2011), 143–64

Milton, Giles, *Nathaniel's Nutmeg: How One Man's Courage Changed the Course of History* (Farrar, Strauss and Giroux, New York, 1999)

Mitchell, S. C., 'Food idiosyncrasies: beetroot and asparagus', *Drug Metabolism and Disposition* 29(4) (2001), 539–43

National Onion Association, *Onions – Phytochemical and Health Properties*, http://onions-usa.org/img/site_specific/uploads/phytochemical_brochure.pdf

Ninomiya, Kumiko, 'Umami: a universal taste', *Food Reviews International* 18(1) (2002), 23–38

Pelchat, M. L. et al., 'Excretion and perception of a characteristic odor in urine after asparagus ingestion: a psychophysical and genetic study', *Chemical Senses* 36(1) (2011), 9–17

Schier, Volker, 'Probing the mystery of the use of saffron in medieval nunneries', *The Senses & Society* 5(1) (2010), 57–72

Yilmaz, Emin, 'The chemistry of fresh tomato flavor', *Turkish Journal of Agriculture and Forestry* 25 (2001), 149–55

Zanoli, Paola and Manuela Zavatti, 'Pharmacognostic and pharmacological profile of *Humulus lupulus* L.', *Journal of Ethnopharmacology* 116(3) (2008), 383–96

고통을 바꾼 식물들

Baumeister, A. A., M. F. Hawkins and S. M. Uzelac, 'The myth of reserpine-induced depression: role in the historical development of the monoamine hypothesis', *Journal of the Neurosciences* 12(2) (2003), 207–20

Buckingham, John, *Bitter Nemesis: The Intimate History of Strychnine* (CRC Press, Boca Raton, 2007)

Che-Chia, C., 'Origins of a misunderstanding: the Qianlong Emperor's embargo on rhubarb exports to Russia, the scenario and its consequences', *Asian Medicine: Tradition and Modernity* 1(2) (2005), 335–54

Cousins, S. R. and E. T. F. Witkowski, 'African aloe ecology: A review', *Journal of Arid Environments* 85 (2012), 1–17

Davenport-Hines, Richard, *The Pursuit of Oblivion. A Global History of Narcotics, 1500–2000* (Weidenfeld & Nicolson, London, 2001)

Desai, P. N., 'Traditional knowledge and intellectual property protection: past and future', *Science and Public Policy* 34(3) (2007), 185–97

Duffin, J., 'Poisoning the spindle: serendipity and discovery of the anti-tumor properties of the vinca alkaloids', *Canadian Bulletin of Medical History*, 17(1) (2000), 155–92

Foust, C. M., *Rhubarb: The Wondrous Drug* (Princeton University Press, Princeton, 1992)

Hefferon, Kathleen, *Let Thy Food Be Thy Medicine: Plants and Modern Medicine* (Oxford University Press, Oxford & New York, 2012)

Hodge, W. H., 'The drug aloes of commerce, with special reference to the Cape species', *Economic Botany* 7(2) (1953), 99–129

Honigsbaum, Mark, *The Fever Trail: The Hunt for the Cure for Malaria* (Macmillan, London, 2001)

Hsu, Elisabeth, 'The history of *qing hao* in the Chinese *materia medica*', *Transactions of the Royal Society of Tropical Medicine and Hygiene* 100(6) (2006), 505–08

Jay, Mike, *High Society: Mind Altering Drugs in History and Culture* (Thames & Hudson, London, and Park Street Press, Rochester, VT, 2010)

Jeffreys, Diarmuid, *Aspirin: The Remarkable Story of a Wonder Drug* (Bloomsbury, London & New York, 2004)

Laszlo, Pierre, *Citrus: A History* (University of Chicago Press, Chicago, 2007)

Laveaga, Gabriela Soto, 'Uncommon trajectories: steroid hormones, Mexican peasants, and the search for a wild yam', *Studies in History and Philosophy of Biological and Biomedical Sciences* 36(4) (2005), 743–60

Marks, Lara, *Sexual Chemistry: A History of the Contraceptive Pill* (Yale University Press, New Haven & London, 2001)

Maude, Richard J. et al., 'Artemisinin antimalarials: preserving the "Magic Bullet"', *Drug Development Research* 71(1) (2010), 12–19

Miller. Louis H. and Xinzhuan Su, 'Artemisinin: discovery from the Chinese herbal garden', *Cell* 146(6) (2011), 855–58

Neimark, Benjamin, 'Green grabbing at the 'pharm' gate: rosy periwinkle production in southern Madagascar', *The Journal of Peasant Studies* 39(2) (2012), 423–45

Newsholme, Christopher, *Willows: The Genus 'Salix'* (Batsford, London, 2002)

O'Brien, C., et al., 'Physical and chemical characteristics of *Aloe ferox* leaf gel', *South African Journal of Botany* 77 (2011), 988–95

Rocco, Fiammetta, *The Miraculous Fever-Tree: Malaria, Medicine and the Cure that Changed the World* (HarperCollins, London & New York, 2003)

Smith, Gideon F. and Estrela Figueiredo, 'Did the Romans grow succulents in Iberia?', *Cactus and Succulent Journal* 84(1) (2012), 33–40

Sun, Yongshuai et al., 'Rapid radiation of *Rheum* (Polygonaceae) and parallel evolution of morphological traits', *Molecular Phylogenetics and Evolution* 63(1) (2012), 150–58

Wright, C. W. et al., 'Ancient Chinese methods are remarkably effective for the preparation of artemisinin-rich extracts of qing hao with potent antimalarial activity', *Molecules* 15(2) (2010), 804–12

Woodson, Robert E. et al., *Rauwolfia: Botany, Pharmacognosy, Chemistry & Pharmacology* (Little, Brown, Boston, 1957)

기술을 바꾼 식물들

Barber, Elizabeth Wayland, *Women's Work: The First 20,000 Years; Women, Cloth, and Society in Early Times* (W.W. Norton, New York,

1995)

Bass, George F., *Beneath the Seven Seas* (Thames & Hudson, London & New York, 2005)

Borougerdi, Bradley J., 'Crossing conventional borders: introducing the legacy of hemp into the Atlantic world', *Traversea* 1 (2011), 5–12

Curry, Anne, *Agincourt: A New History* (Tempus, Stroud, 2010)

Farjon, Aljos, *A Natural History of Conifers* (Timber Press, Portland, 2008)

Friedel, Robert, *A Culture of Improvement: Technology and the Western Millennium* (MIT Press, Cambridge, MA, 2007)

Fu, Yong-Bi et al., 'Locus-specific view of flax domestication history', *Ecology and Evolution* 2(1) (2011), 139–52

Goodman, Jordan and Vivien Walsh, *The Story of Taxol: Nature and Politics in the Pursuit of an Anti-cancer Drug* (Cambridge University Press, Cambridge & New York, 2001)

Green, Harvey, *Wood: Craft, Culture, History* (Viking, New York, 2007)

Hageneder, Fred, *Yew: A History* (Sutton, Stroud, 2011)

Hardy, Robert, *The Longbow: A Social and Military History*, (5th ed., J. H. Haynes and Co., Yeovil, 2012)

Isagi, Y. et al., 'Clonal structure and flowering traits of a bamboo [*Phyllostachys pubescens* (Mazel) Ohwi] stand grown from a simultaneous flowering as revealed by AFLP analysis', *Molecular Ecology* 13(7) (2004), 2017–21

Kelchner, Scot A., 'Higher level phylogenetic relationships within bamboos (Poaceae: Bambusoideae) based on five plastid markers', *Molecular Phylogenetics and Evolution* 67(2) (2013), 404–13

Meiggs, Russell, *Trees and Timber of the Ancient World* (Clarendon Press, Oxford, 1982)

Renvoize, Stephen, 'From fishing poles and ski sticks to vegetables and paper: the bamboo genus *Phyllostachys*', *Curtis's Botanical Magazine* 12(1) (1995), 8–15

Tudge, Colin, *The Secret Lives of Trees* (Allen Lane, London & New York, 2006)

Woolmer, M., *Ancient Phoenicia: An Introduction* (Bristol Classical Press, London, 2011)

Yafa, Stephen, *Cotton: The Biography of a Revolutionary Fiber* (Penguin, London, 2005)

Young, Peter, *Oak* (Reaktion Books, London, 2013)

경제를 바꾼 식물들

Abbott, Elizabeth, *Sugar: A Bittersweet History* (Duckworth Overlook, London, 2009)

Balfour-Paul, Jenny, *Indigo: Egyptian Mummies to Blue Jeans* (British Museum Press, London, 2011)

Coe, Sophie D. and Michael D. Coe, *The True History of Chocolate* (3rd ed., Thames & Hudson, London & New York, 2013)

Corley, R. H. V and P. B. H. Tinker, *The Oil Palm* (4th ed., Blackwell Science, Oxford and Malden, MA, 2003)

Davies, Peter, *Fyffes and the Banana* (Athlone Press, London, 1990)

Ellis, M., *The Coffee House: A Cultural History* (Weidenfeld & Nicolson, London, 2004)

Goodman, Jordan, *Tobacco in History: The Cultures of Dependence* (Routledge, London & New York, 1994)

Grandin, Greg, *Fordlandia: The Rise and Fall of Henry Ford's Forgotten Jungle City* (Metropolitan Books, New York, 2009, and Icon Books, London, 2010)

Hobhouse, H., *Seeds of Change: Five Plants that Transformed Mankind* (Sidgwick & Jackson, 1985, and Harper & Row, New York, 1986)

Legrand, Catherine, *Indigo: The Colour that Changed the World* (Thames & Hudson, London & New York, 2013)

Loadman, John, *Tears of the Tree: The Story of Rubber – A Modern Marvel* (Oxford University Press, Oxford & New York, 2014)

Mair, Victor H. and Erling Hoh, *The True History of Tea* (Thames & Hudson, London & New York, 2009)

Mann, Charles C., *1493: How Europe's Discovery of the Americas Revolutionized Trade, Ecology and Life on Earth / Uncovering the New World Columbus Created* (Granta, London, and Knopf, New York, 2011)

Moxham, Roy, *Tea: Addiction, Exploitation and Empire* (Constable, London, and Carroll & Graf, New York, 2003)

Pendergrast, Mark, *Uncommon Grounds: The History of Coffee and how it Transformed the World* (Basic Books, New York, 2010)

Tan, K. T. et al., 'Palm oil: Addressing issues and towards sustainable development', *Renewable & Sustainable Energy Reviews* 13(2) (2009), 420–27

풍경을 바꾼 식물들

Arakaki, Mónica et al., 'Contemporaneous and recent radiations of the world's major succulent plant lineages', *Proceedings of the National Academy of Sciences* 108(20) (2011), 8379–84

Brownsey, Patrick, *New Zealand Ferns and Allied Plants* (2nd ed., David Bateman, Auckland, 2000)

Campbell-Culver, Maggie, *A Passion for Trees: The Legacy of John Evelyn* (Eden Project Books, London, 2006)

Hora, Bayard (ed.), *The Oxford Encyclopedia of Trees of the World* (Oxford University Press, Oxford, 1981)

Johnstone, James A. and Todd E. Dawson, 'Climatic context and ecological implications of summer fog decline in the coast redwood region', *Proceedings of the National Academy of Sciences* 107(10) (2010), 4533–38

Large, M. F. and J. F. Braggins, *Tree Ferns* (Timber Press, Portland, 2004)

McAuliffe, J. R. and T. R. Van Devender, 'A 22,000-year record of vegetation change in the north-central Sonoran Desert', *Palaeogeography, Palaeoclimatology, Palaeoecology* 141(3) (1998), 253–75

Preston, Richard, *The Wild Trees: What if the Last Wilderness is Above our Heads?* (Allen Lane, London, 2007)

Prytherch, David L., 'Selling the eco-entrepreneurial city: natural wonders and urban stratagems in Tucson, Arizona', *Urban Geography* 23(8) (2002), 771–93

Rackham, Oliver, *The Last Forest: The Fascinating Account of Britain's Most Ancient Forest* (Dent, London, 1993)

Thomas, Graham Stuart, *Trees in the Landscape* (Frances Lincoln, London, 2004)

Tuck, Chan Hung et al., 'Mapping mangroves', *Tropical Forest Update* 21(2) (2012), 1–26

Williams, Cameron B. and Stephen C. Sillett, 'Epiphyte communities on redwood (*Sequoia sempervirens*) in northwestern California', *The Bryologist* 110(3) (2007), 420–52

Wolf, B. O. and C. Martinez del Rio, 'How important are columnar cacti as sources of water and nutrients for desert consumers? A review', *Isotopes in Environmental and Health Studies* 39(1) (2003), 53–67

숭배와 흠모의 식물들

Allan, Mea, *Darwin and his Flowers: The Key to Natural Selection* (Faber, London, 1977)

Arditti, Joseph et al., '"Good Heavens what insect can suck it" – Charles Darwin, *Angraecum sesquipedale* and *Xanthopan morganii praedicta*', *Botanical Journal of the Linnean Society* 169(3) (2012), 403–32

Avanzini, Alessandra (ed.), *Profumi d'Arabia* (L'Erma di Bretschneider, Rome, 1997)

Berliocchi, Luigi, *The Orchid in Lore and Legend*, trans. Lenore Rosenberg and Anita Weston (Timber Press, Portland, 2000)

Bennett, Matt, 'The pomegranate: marker of cyclical time, seeds of eternity', *International Journal of Humanities and Social Science* 1(19) (2011), 52–59

Bickford, Maggie, *Bones of Jade, Soul of Ice* (Yale University Art Gallery, New Haven, 1985)

Bickford, Maggie, 'Stirring the pot of state: the Southern Song picture book *Mei-Hua Hsi-Shen P'u* and its implications for Yuan scholar-painting', *Asia Major* 3rd series, 6(2) (1993), 169–236

Bickford, M., *Ink Plum: The Making of a Chinese Scholar-Painting Genre* (Cambridge University

Press, Cambridge & New York, 1996)

Browning, Frank, *Apples. The Story of the Fruit of Temptation* (Penguin, London, 1998)

Chadwick, A. A. and Arthur E. Chadwick, *The Classic Cattleyas* (Timber Press, Portland, 2006)

Cobb, Matthew Adam, 'The reception and consumption of eastern goods in Roman society', *Greece and Rome* (Second Series) 60(1) (2013), 136–52

Cribb, Phillip and Michael Tibbs, *A Very Victorian Passion: The Orchid Paintings of John Day* (Thames & Hudson, London, 2004)

Dash, Mike, *Tulipomania* (Gollancz, London, and Crown Publishers, New York, 1999)

Ecott, Tim, *Vanilla: Travels in Search of the Ice Cream Orchid* (Grove Press, New York, 2004)

Fay, Michael F. and Mark W. Chase, 'Orchid biology: from Linnaeus via Darwin to the 21st century', *Annals of Botany* 104(3) (2009), 359–64

Fearnley-Whittingstall, Jane, *Peonies: The Imperial Flower* (Weidenfeld & Nicolson, London, 1999)

Fisher, John, *The Origins of Garden Plants* (Constable, London, 1989)

Garber, Peter M., 'Tulipmania', *Journal of Political Economy* 97(3) (1989), 535–60

Griffiths, Mark, *The Lotus Quest: In Search of the Sacred Flower* (Chatto & Windus, London, 2009, and St. Martin's Press, New York, 2010)

Hansen, Eric, *Orchid Fever: A Horticultural Tale of Love, Lust and Lunacy* (Methuen, London, and Pantheon Books, New York, 2000)

Hsü, Ginger Cheng-Chi, 'Incarnations of the Blossoming Plum', *Ars Orientalis* 26 (1996), 23–45

Ji, LiJing et al., 'The genetic diversity of *Paeonia* L.', *Scientia Horticulturae* 43 (2012), 62–74

Johnston, Hope, 'Catherine of Aragon's Pomegranate, revisited', *Transactions of the Cambridge Bibliographical Society* 13(2) (2005), 153–73

Juniper, Barrie E., 'The mysterious origin of the sweet apple: on its way to a grocery counter near you, this delicious fruit traversed continents and mastered coevolution', *American Scientist* 95(1) (2007), 44–51

Juniper, B. E. and D. J. Mabberley, *The Story of the Apple* (Timber Press, Portland, 2006)

Nikiforova, Svetlana V. et al., 'Phylogenetic analysis of 47 chloroplast genomes clarifies the contribution of wild species to the domesticated apple maternal line', *Molecular Biology and Evolution* 30(8) (2013), 1751–60

Papandreou, Vasiliki et al., 'Volatiles with antimicrobial activity from the roots of Greek *Paeonia* taxa', *Journal of Ethnopharmacology* 81(1) (2002), 101–04

Pavord, Anna, *The Tulip* (Bloomsbury, London,

2004)

Potter, Jennifer, *The Rose* (Atlantic Books, London, 2012)

Ramírez, Santiago R. et al., 'Dating the origin of the Orchidaceae from a fossil orchid with its pollinator', *Nature* 448 (2007), 1042–45

Robinson, Benedict S., 'Green seraglios: tulips, turbans, and the global market', *Journal for Early Modern Cultural Studies* 9(1) (2009), 93–122

Sanders, Rosanne and Harry Baker, *The Apple Book* (Frances Lincoln, London, 2010)

Sanford, Martin, *The Orchids of Suffolk: An Atlas and History* (Suffolk Naturalists' Society, 1991)

Shen-Miller, J., 'Sacred Lotus, the long-living fruits of China Antique', *Seed Science Research* 12 (2002), 131–43

Shephard, Sue, *Seeds of Fortune: A Gardening Dynasty* (Bloomsbury, London, 2003)

Tengberg, M., 'Beginnings and early history of date palm garden cultivation in the Middle East', *Journal of Arid Environments* 86 (2012), 139–47

Terral, Jean Frédéric et al., 'Insights into the historical biogeography of the date palm (*Phoenix dactylifera* L.) using geometric morphometry of modern and ancient seeds', *Journal of Biogeography* 39(5) (2012), 929–41

Thompson, Earl A., 'The tulipmania: fact or artifact?', *Public Choice* 130(1) (2007), 99–114

Ward, Cheryl, 'Pomegranates in eastern Mediterranean contexts during the Late Bronze Age', *World Archaeology* 34(3) (2003), 529–41

Widrlechner, Mark P., 'History and utilization of *Rosa damascena*', *Economic Botany* 35(1) (1981), 42–58

자연의 경이로운 식물들

Barthlott, Wilhelm et al., *The Curious World of Carnivorous Plants* (Timber Press, Portland, 2008)

Baum, David A. et al., 'Biogeography and floral evolution of baobabs (*Adansonia*, Bombacaceae) as inferred from multiple data sets', *Systematic Biology* 47(2) (1998), 181–207

Blackman, Benjamin K. et al., 'Sunflower domestication alleles support single domestication center in eastern North America', *Proceedings of the National Academy of Sciences* 108(34) (2011), 14,360–65

Colquhoun, Kate, *A Thing in Disguise: The Visionary Life of Joseph Paxton* (Harper Perennial, London, 2009)

Crane, Peter, *Ginkgo* (Yale University Press, New Haven & London, 2013)

Davis, Charles C. et al., 'The evolution of floral gigantism', *Current Opinion in Plant Biology*

11(1) (2008), 49–57

Dilcher, David L. et al., 'Welwitschiaceae from the Lower Cretaceous of northeastern Brazil', *American Journal of Botany* 92(8) (2005), 1294–310

Ervik, F. and Jette T. Knudsen, 'Water lilies and scarabs: faithful partners for 100 million years?', *Biological Journal of the Linnean Society* (2003), 539–43

Gandolfa, M. A., et al., 'Cretaceous flowers of Nymphaeaceae and implications for complex insect entrapment pollination mechanisms in early Angiosperms', *Proceedings of the National Academy of Sciences* 101(21) (2004), 8056–60

Henschel, Joh R. and Mary K. Seely, 'Long-term growth patterns of *Welwitschia mirabilis*, a long-lived plant of the Namib Desert', *Plant Ecology* 150 (2000), 7–26

Hepper, F. Nigel, *Pharaoh's Flowers: The Botanical Treasures of Tutankhamun* (HMSO, London, 1990)

Holway, Tatiana, *The Flower of Empire: The Amazon's Largest Water Lily, the Quest to make it Bloom, and the World It Helped Create* (Oxford University Press, Oxford & New York, 2013)

Huxley, Anthony, *Green Inheritance: Saving the Plants of the World* (University of California Press, Berkeley, 2005)

Jaarsveld, Ernst van and Uschi Pond, *Uncrowned Monarch of Namib (Kronenlose Herrscherin der Namib:* Welwitschia mirabilis*)*, (Penrock Publishers, Cape Town, 2013)

Li, C. et al, 'Direct sun-driven artificial heliotropism for solar energy harvesting based on photo-thermomechanical liquid crystal elastomer nanocomposite', *Advanced Functional Materials* 22(24) (2012), 5166–74

Lloyd, Francis, *The Carnivorous Plants* (Dover Publications, New York, 1976)

Pakenham, Thomas, *The Remarkable Baobab* (Weidenfeld & Nicolson, London, 2004)

Seymour, Roger S. and Philip G. D. Matthews, 'The role of thermogenesis in the pollination biology of the Amazon waterlily *Victoria amazonica*', *Annals of Botany* 98(6) (2006), 1129–35

Smith, Bruce D., 'The cultural context of plant domestication in eastern North America', *Current Anthropology* 52 S4 (2011), 471–84

Swinscow, T. D. V., 'Friedrich Welwitsch, 1806–72, a centennial memoir', *Biological Journal of the Linnean Society* 4(4) (1972), 269–89

Wickens, G. E., *The Baobab: Africa's Upside-Down Tree*, (Royal Botanic Gardens, Kew, University of Chicago Press, Chicago, 1982)

인용문 출처

p. 28 Nina V. Fedoroff, 'Prehistoric GM corn', *Science*, 302 (2003), 1158–59; p. 34 W. H. McNeill, 'How the potato changed the world's history', *Social Research*, 66(1) (1999), 67–83; p. 41 Lindsey Williams, *Neo Soul* (Penguin, New York, 2006), quoted in Ken Albala, *Beans: A History* (Berg, New York, 2007), 125; p. 44 Alfred Russel Wallace, *The Malay Archipelago* (Macmillan & Co., London, 1869), 233; p. 45 Pliny, *Natural History*, 18.43, trans. J. Bostock and H. T. Riley (Bohn, London, 1856); p. 49 Columella, *De Re Rustica*, V, 8; p. 52 Diogenes Laertius, *Lives of Eminent Philosophers*, 1.8, Anacharsis, ed. R. D. Hicks (Harvard University Press, Cambridge, MA, 1925); p. 58 John Gerard, *Herball* (London, 1636), 152; p. 61 John Milton, Paradise Lost II, 639–40; p. 73 Lewis Carroll, *Through the Looking-Glass and What Alice Found There* (Macmillan & Co., London, 1872), 75; p. 76 Pliny, *Natural History*, 19.42, trans. J. Bostock and H. T. Riley (Bohn, London, 1856); p. 78 John Gerard, *Herball* (London, 1636), 884; p. 80 Elizabeth David, *An Omelette and a Glass of Wine* (Penguin, London, 1984); p. 85 George Young, *A Treatise on Opium: Founded Upon Practical Observations* (London, 1753), 77; p. 89 Thomas Sydenham, *On Epidemics (Epistolae responsoriae) (Letters & Replies)*; p. 92 Jurg A. Schneider, in Robert Woodson, Jr., et al., *Rauwolfia: Botany, Pharmacognosy, Chemistry, & Pharmacology* (Little, Brown, Boston, 1955); p. 98 J. D. Hooker, *Illustrations of Himalayan Plants* (Lovell Reeve, London, 1855), Plate XIX; p. 103 quoted in Pierre Laszlo, *Citrus, A History* (University of Chicago Press, Chicago, 2007), 7; p. 108 Margaret Sanger, 'A Parents' Problem or a Woman's?', *The Birth Control Review* (1919), 6; p. 110 Philip Miller, *The Gardener's Dictionary* (London, 1768); p. 125 David Christy, *Cotton is king: or, The culture of cotton, and its relation to agriculture, manufactures and commerce* (Moore, Wilstach, Keys & Co., Cincinnati, 1855); p. 128 Peter Osbeck, *A Voyage to China and the East Indies* (London, 1771), 270; p. 130 Thomas Sheraton, *The Cabinet Dictionary*, 1803; p. 134 Lu Tung, quoted in Roy Moxham, *Tea: Addiction, Exploitation and Empire* (Constable, London, and Carroll & Graf, New York, 2003), 56; p. 138 Jonathan Swift, letter, quoted in Mark Pendergrast, *Uncommon Grounds: The History of Coffee and how it Transformed the World* (Basic Books, New York, 2010), 3; p. 154 *Hymns of the Atharva Veda*, Ralph T. H. Griffith (Luzac and Co., London, 1895); p. 151 King James I of England, *A Counter-blaste to tobacco*, 1604; p. 154 Elijah Bemiss, *The Dyer's Companion* (Evert Duycckinck, New York, 1815), 105; p. 156 quoted in Charles C. Mann, *1493: How Europe's Discovery of the Americas Revolutionized Trade, Ecology and Life on Earth / Uncovering the New World Columbus Created* (Granta, London, and Knopf, New York, 2011), 308; p. 160 Pliny, *Natural History*, 12.12, trans. J. Bostock and H. T. Riley (Bohn, London, 1856); p. 166 Henry David Thoreau, *The Maine Woods* (Tickner and Fields, Boston, 1864), 231; p. 168 John Steinbeck, *Travels with Charley: In Search of America* (Viking Books, New York, 1962); p. 174 Marion Sinclair, 'Kookaburra'; p. 176 J. D. Hooker, letter to Sir William Hooker, 1849, in L. Huxley, *Life and Letters of Sir Joseph Dalton Hooker* (John Murray, London, 1918), I, 256; p. 178 William Dampier, *A New Voyage Round the World*, Vol. 1 (London, 1697), 54; p. 183 D. T. Suzuki, *Mysticism: Christian and Buddhist* (Harper and Brothers, New York, 1957), 121; p. 188 Virgil, *Georgics*, II, trans. H.R. Fairclough (Harvard University Press, Cambridge MA, 1999); p. 198 quoted in Jennifer Potter, *The Rose* (Atlantic Books, London, 2012), 246; p. 202 quoted in Mike Dash, *Tulipomania* (Gollancz, London, and Crown Publishers, New York, 1999), 87; p. 216 Michel Adanson, *A Voyage to Senegal* (London, 1759), 96; p. 218 J. D. Hooker letter to T. H. Huxley, in L. Huxley, *Life and Letters of Sir Joseph Dalton Hooker* (John Murray, London, 1918), II, 25; p. 219 W. P. Hiern, *Catalogue of the African plants collected by Dr. Friedrich Welwitsch in 1853–61* (British Museum, London, 1896), I, xiii; p. 222 Alfred Russel Wallace, *The Malay Archipelago* (Macmillan & Co., London, 1869), 91; p. 226 John Gerard, *Herball* (London, 1636), 751; p. 228 J. W. von Goethe, 'Ginkgo biloba', 1815, from Sigfried Unseld, *Goethe and the Ginkgo: A Tree and a Poem*, trans. Kenneth J. Northcott (University of Chicago Press, Chicago & London, 2003).

그림 출처

All images are © Trustees of the Royal Botanic Gardens, Kew, unless otherwise stated.

CLA&A = Collection of the Library, Art & Archives – © Trustees of the Royal Botanic Gardens, Kew.

Half-title: CLA&A; Frontispiece: CLA&A; Title-page: K000844466 Herbarium Kew; 4a A. H. Church, *Food-grains of India* (1886), fig. 16; 4b E. Benary, *Album Benary* (1876), I, Tab. I; 5al detail, see p. 83; 5ar detail, see p. 102; 5b detail, see p. 111; 6al detail, see p. 147; 6ar detail, see p. 131; 6bl detail, see p. 140; 6br detail, see p. 179; 7a CLA&A; 7bl detail, see p. 189; 7br John Day Scrapbooks, CLA&A; 9 Roxburgh Collection, CLA&A; 10r & l CLA&A; 11 H. van Reede tot Drakestein, *Hortus Malabaricus* (1678) Pars. I, Tab. 37; 12a J.-J. Grandville, *Les fleurs animées* (1847) vol. I; 12b P.-J. Buc'hoz, *Collection precieuse et enluminée des fleurs* (1776), vol. 2, pl. XII; 13 Roxburgh Collection, CLA&A; 14, 15l CLA&A; 15r A. Targioni Tozzetti, *Raccolta di fiori frutti ed agrumi* (1825), Pl. 22; 16 J. Rea, *A Complete Florilege* (1665), frontispiece; 17 E. Benary, *Album Benary* (1879), VI, Tab. XXIII; 18l J. Metzger, *Europaeische Cerealien* (1824), Tab. VI; 18r Vilmorin-Andrieux et cie, *Les meilleurs blés* (1880), p. 135; 19, 20 CLA&A; 23 J. J. Plenck, *Icones Plantarum Medicinalium* (1794) Centuria VI, Tab. 557; 24 CLA&A; 25l J. Metzger, *Europaeische Cerealien* (1824), Tab. XIX; 25r CLA&A; 26 A. H. Church, *Food-grains of India* (1886), fig. 28; 28 A. F. Frézier, *A voyage to the South-sea, and along the coasts of Chili and Peru* (1717), pl. 10; 29 F. G. Hayne, *Getreue Darstellung und Beschreibung der in der Arzneykunde gebräuchlichen Gewächse* (1830), Vol. 11, pl. 45; 30l J. J. Plenck, *Icones Plantarum Medicinalium* (1803), Centuria VII, Tab. 694; 30r E. Benary, *Album Benary* (1876), IV, Tab. XV; 31 CLA&A; 33 K000478459 Herbarium Kew; 35 CLA&A; 36 N. F. Regnault, *La Botanique* (1774), Tome I, pl. 33; 37 W. G. Mortimer, *Peru: History of Coca* (1901), p. 196; 38 M. E. Descourtilz, *Flore pittoresque et médicale des Antilles* (1829) Tome VIII, pl. 545; 39 Curtis's Botanical Magazine (1838–39), vol. 65 (new ser., v. 12), Tab. 3641; 40 CLA&A; 42 H. van Reede tot Drakestein, *Hortus Malabaricus* (1688) Pars. 8, Tab. 41; 43 CLA&A; 44 J. J. Plenck, *Icones Plantarum Medicinalium* (1803), Centuria VII, Tab. 656; 45 H. van Reede tot Drakestein, *Hortus Malabaricus* (1692) Pars. 11, Tab. 22; 46 P. de' Crescenzi, *De omnibus agriculturae partibus* (1548) Liber II, p. 43; 47l W. Harte, *Essays on Husbandry* (1770, 2nd ed.) pl. V; 47r J. Metzger, *Europaeische Cerealien* (1824), Tab. XII; 48 CLA&A; 51 P. d'Aygalliers *L'olivier et l'huile d'olive* (1900), p. 257; 52 P. de' Crescenzi, *De omnibus agriculturae partibus* (1548) Liber IIII, p. 117; 53 P.-J. Redouté, *Choix des plus belles fleurs* (1827–33), pl. 24; 55 J. P. de Tournefort, *A Voyage into the Levant* (1741), p. 396; 56 E. Benary, *Album Benary* (1879), VI, Tab. XXIV; 57l CLA&A; 57r

234

N. F. Regnault, *La Botanique* (1774), Tome 2, pl. 91; 58 Economic Botany Collection, Kew, EBC 78362; 59 F. E. Köhler, *Köhler's Medizinal-Pflanzen* (1887), Band II, Tab. 164; 60, 61 CLA&A; 62, 63 G. T. Burnett, *Medical Botany* (1835 new ed.), Vol. II, Pl. 104 and Pl. 95; 64 H. van Reede tot Drakestein, *Hortus Malabaricus* (1688) Pars. 7, Tab. 12; 65a Economic Botany Collection, Kew, EBC 78869; 65b Marianne North, 119. *Foliage, Flowers and Fruit of the Nutmeg Tree, and Humming Bird, Jamaica*; 66 CLA&A; 67 E. Benary, *Album Benary* (1877), V, Tab. XVII; 69 E. Benary, *Album Benary* (1879), VI, Tab. XXII; 70l&r J. J. Plenck, *Icones Plantarum Medicinalium*, (1789), Centuria III, Tab. 253 and Tab. 254; 72 E. Benary, *Album Benary* (1879), VI, Tab. XXI; 73 CLA&A; 74 E. Benary, *Album Benary* (1876), I, Tab. I; 75l K000914166 Herbarium Kew; 75r Agricultural Society of Japan, *The Useful Plants of Japan* (1895), Chap. XIV, No. 308; 76 J. Gerard, *Herball* (1633), Lib. 2, Chap. 457, p. 1110; 77 E. Blackwell, *A curious herbal* (1739), Vol. II, pl. 332; 79 J. J. Plenck, *Icones Plantarum Medicinalium* (1812), Centuria VIII, fasc. 2, Tab. 707; 80 *Curtis's Botanical Magazine* (1828), vol. 55 (new ser., v. 2), Tab. 2814; 81 E. Benary, *Album Benary* (1879), VI, Tab. XXIV; 82 Economic Botany Collection, Kew, EBC 41265; 83l Roxburgh Collection, CLA&A; 83r G. W. Knorr, *Thesaurus rei herbariæ hortensisque universalis* (1770), Tome 1, Pars. 2, Tab. A14; 84 CLA&A; 85 J.-J. Grandville, *Les fleurs animées* (1847) vol. I; 86 'Poppy Seed Head', © Brigid Edwards, part of the Shirley Sherwood Collection; 87 J. Stephenson, *Medical Botany* (1834–36), Vol. 3, pl. 159; 88 J. J. Plenck, *Icones Plantarum Medicinalium* (1789), Centuria II, Tab. 131; 89 Economic Botany Collection, Kew, EBC 52445; 91 Tanaka Yoshio & Ono Motoyoshi, *Somoku-Dzusetsu; or, an iconography of plants indigenous to, cultivated in, or introduced into Nippon (Japan)* (1874), no. 26; 92 CLA&A; 93 H. van Reede tot Drakestein, *Hortus Malabaricus* (1686) Pars. 6, Tab. 47; 94 W. G. Mortimer, *Peru: History of Coca* (1901), p. 89; 95 K000700870 Herbarium Kew; 96 J. J. Plenck, *Icones Plantarum Medicinalium* (1789), Centuria II, Tab. 117; 97 Economic Botany Collection, Kew, EBC 49120; 98 A. Kircher, *China Illustrata* (1667), p. 184; 99 CLA&A; 101 J. J. Plenck, *Icones Plantarum Medicinalium* (1812), Centuria VIII, Tab. 701; 102 Roxburgh Collection, CLA&A; 104l J. C. Volkamer, *Nürnbergische Hesperides* (1708–14), Vol. I, p. 164 a; 104r T. Moore, *The Florist and Pomologist* (1877), f. p. 205; 106 L. Fuchs, *De Historia Stirpium* (1551) Cap XLIX, p. 143; 107 *Curtis's Botanical Magazine* (1818), vol. 45, Tab. 1975; 109 M. Scheidweiler, *L'Horticulteur Belge* (1837), No. 76; 111 P.-J. Redouté, *Choix des plus belles fleurs* (1827–33), pl. 41; 112 Roxburgh Collection, CLA&A; 113l CLA&A; 113r P. Sonnerat, *Voyage aux Indes orientales et à la Chine* (1782), Tome. 1, pl. 26; 114 CLA&A; 115 F. Antoine, *Die Coniferen* (1841) Vol. V, Tab. XXIII; 116 F. A. Michaux, *The North American Sylva* (1865), Vol. I, Pt. 2; 117 CLA&A; 118 T. Nuttall, *The North American Sylva* (1865), Vol. IV, ii; 119 British Library Public Domain Image, Harley 4425, f. 22, http://molcat1.bl.uk/IllImages/BLCD/mid/c133/c13324-62.jpg; 121 N. F. Regnault, *La Botanique* (1774) Tome II, Pl. 79; 123 J. J. Plenck, *Icones Plantarum Medicinalium* (1812) Centuria VIII, Tab. 706; 124 Roxburgh Collection, CLA&A; 126 Economic Botany Collection, Kew, EBC 73588; 127 Roxburgh Collection, CLA&A; 128 Economic Botany Collection, Kew, EBC 67854; 129 E. M. Satow, *The Cultivation of Bamboos in Japan* (1899); 130 Economic Botany Collection, Kew, EBC 73892; 131 F. G. Hayne, *Getreue Darstellung und Beschreibung der in der Arzneykunde gebräuchlichen Gewächse* (1805), Vol. 1, pl. 19; 132 CLA&A; 133l J. Cowell, *The Curious and Profitable Gardener* (1730), foldout plate; 133r CLA&A; 134 Economic Botany Collection, Kew, EBC 66450; 135 CLA&A; 136l J. C. Volkamer, *Nürnbergische Hesperides* (1708–14), Vol. II, p. 145; 136r S. Ball, *An Account of the Cultivation and Manufacture of Tea in China* (1848), Frontispiece; 137 CLA&A; 138 P. S. Dufour, *Traitez nouveaux & curieux du café, du thé et du chocolate* (1688), p. 15; 139 F. G. Hayne, *Getreue Darstellung und Beschreibung der in der Arzneykunde gebräuchlichen Gewächse* (1825), Vol. 9, Pl. 32; 140 CLA&A; 141 F. Thurber, *Coffee: from Plantation to Cup* (1881); 142 CLA&A; 143 Economic Botany Collection, Kew, EBC 40591; 145 A. H. Church, *Food-grains of India* (1886), fig. 14; 147 B. Hoola van Nooten, *Fleurs Fruits et Feuillages choisis de la flore et de la pomone de l'île de Java* (1863); 148 Economic Botany Collection, Kew, EBC 56321; 150 J. J. Plenck, *Icones Plantarum Medicinalium* (1788) Centuria I, Tab. 99; 151 P. Sonnerat, *Voyage aux Indes orientales et à la Chine* (1782), vol. 1, pl. 8; 153 B. Stella, *Il Tabacco Opera* (1669), p. 204; 154 J. G. Stedman, *Narrative of a five years' expedition against the revolted Negroes of Surinam* (2nd ed., 1806), Vol. II; 155 N. F. Regnault, *La Botanique* (177), Tome II, pl. 47; 157 F. E. Köhler, *Köhler's Medizinal-Pflanzen* (1887), Band III, pl. 8; 158 Economic Botany Collection, Kew, EBC 44097; 160 L. Colla, *Memoria sul Genere Musa e Monografia de Medesimo* (1820), end plate; 161 B. Hoola van Nooten, *Fleurs Fruits et Feuillages choisis de la flore et de la pomone de l'île de Java* (1863); 163 F. E. Köhler, *Köhler's Medizinal-Pflanzen* (1887), Band III, pl. 77; 164 CLA&A; 165l *Curtis's Botanical Magazine* (1859), vol. 85 (ser. 3, v. 15), Tab. 5146; 165r Marianne North, 563. *A Mangrove Swamp in Sarawak, Borneo*; 167 G. T. Burnett, *Medical Botany* (1835) Vol. II, Pl. LXXV (2); 169 Marianne North, 173. *Under the Redwood Trees at Goerneville, California*; 170 Marianne North, 185. *Vegetation of the Desert of Arizona*; 171 *Curtis's Botanical Magazine* (1892), vol. 118 (ser. 3, v. 4), Tab. 7222; 173 *Voyage de la corvette L'astrolabe exécuté pendant les années 1826–1829* (1833) Atlas, Pl. 10; 174 CLA&A; 175 Conrad Loddiges & Sons, *The Botanical Cabinet* (1821), Vol. 6 Tab. 501; 177l J. D. Hooker, *Himalayan Journals* (1854), Vol. II, Pl. VII (Frontispiece); 177r J. D. Hooker, *The Rhododendrons of Sikkim-Himalaya* (1849), Tab. 1; 179 J. J. Plenck, *Icones Plantarum Medicinalium* (1789) Centuria II, Tab. 359; 180 CLA&A; 181l J. J. Plenck, *Icones Plantarum Medicinalium* (1789) Centuria II, Tab. 376; 181r A. Targioni Tozzetti, *Raccolta di fiori frutti ed agrumi* (1825), Pl. 5; 182 CLA&A; 183 A. Kircher, *China Illustrata* (1667), p. 140; 184 Economic Botany Collection, Kew, EBC 41216; 185 R. Duppa, *Illustrations of the Lotus of the Ancients, and Tamara of India* (1816); 186 E. Kaempfer, *Amoenitatum Exoticarum* (1712), Fasc. IV, p. 747; 187 J. J. Plenck, *Icones Plantarum Medicinalium* (1812), Centuria VIII, Tab. 726; 188 E. Kaempfer *Amoenitatum Exoticarum* (1712), Fasc. III, p. 641; 189 F. E. Köhler, *Köhler's Medizinal-Pflanzen* (1890), Band II, Tab. 175; 190 A. Poiteau, *Pomologie française* (1846), Tome II, Grenadier Pl. 1; 191 Maria Sibylla Merian, *Metamorphosis insectorum Surinamensium* (1705), Pl. 9; 192 J. H. Knoop, *Pomologie, ou Description des meilleures sortes de pommes et de poires* (1771), Tab. V; 193 M. Bussato, *Giardino di agricoltura* (1592), Cap. 30; 195 J. J. Plenck, *Icones Plantarum Medicinalium* (1791), Centuria IV, Tab. 394; 196 Agricultural Society of Japan, *The Useful Plants of Japan* (1895), Chap. IX, No. 179; 197 CLA&A; 198 J. Gerard, *Herball* (1633), Lib. 3, p. 1261; 199 P.-J. Redouté, *Les Roses*, (1817), Vol. 1, Pl. 107; 200l CLA&A; 200r K000844514 Herbarium Kew; 202 K000844460 Herbarium Kew; 203 *Tulipa greigii* 1973, © Estate of Mary Grierson; p. 204 Robert Thornton's *Temple of Flora, or Garden of Nature* (1799–1807), Pl. 10; 206 E. Kaempfer *Amoenitatum Exoticarum* (1712), Fasc. V, p. 844; 207 CLA&A; 208 John Day Scrapbooks, volume 44, p. 13; 209 CLA&A; 210 F. Bauer, *Illustrations of Orchidaceous Plants* (1830–38) Part 2, Tab. 11; 212 P.-J. Redouté, *Choix des plus belles fleurs* (1827–33), Pl. 22; 213, 214 CLA&A; 215l Roxburgh Collection, CLA&A; 215r *Curtis's Botanical Magazine* (1863), vol. 89 (ser. 3, v. 19), Tab. 5369; 216 *Curtis's Botanical Magazine* (1828), vol. 55 (new ser., v. 2), Tab. 2791; 217 Thomas Baines Collection, Royal Botanic Gardens, Kew; 219 *Curtis's Botanical Magazine* (1863), vol. 89 (ser. 3, v. 19), Tab. 5368; 221 *Curtis's Botanical Magazine* (1847), vol. 73 (ser. 3, v. 3), Tab. 4276; 223 *Curtis's Botanical Magazine* (1828), vol. 55 (new ser., v. 2), Tab. 2798; 224, 225 CLA&A; 226 C. Duret, *Histoire admirable des plantes et herbes esmerueillables & miraculeuses en nature* (1605), p. 253; 227 CLA&A; 228 E. Kaempfer, *Amoenitatum Exoticarum* (1712), Fasc. V, p. 811; 229 CLA&A.

찾아보기

Remarkable Plants That Shape Our World by Helen & William Bynum

Published by arrangement with Thames & Hudson Ltd, London,
Remarkable Plants That Shape Our World Text and Layout © 2014 Thames & Hudson Ltd, London
Illustrations © 2014 the Board of Trustees of the Royal Botanic Gardens, Kew, unless otherwise stated

This edition first published in Korea in 2017 by Sungkyunkwan University Press, Seoul
Korean edition © 2017 Sungkyunkwan University Press
This translation published under license with the original publisher Thames & Hudson Ltd, London through AMO Agency, Seoul, Korea

그림 설명

1쪽: 수련, 2쪽: 히말라야 대황, 3쪽: 납작하게 말린 튤립, 4쪽: 위-수수, 아래-양배추, 5쪽: 왼쪽 위-마전자나무, 오른쪽 위-라임, 아래-일일초, 6쪽: 왼쪽 위-카카오나무, 오른쪽 위-마호가니, 왼쪽 아래-커피나무, 오른쪽 아래-맹그로브, 7쪽: 위-난초, 가운데-유향나무, 아래-난초

세상을 바꾼 경이로운 식물들

1판 1쇄 발행 2017년 9월 25일
1판 2쇄 발행 2019년 3월 25일

지은이   헬렌&윌리엄 바이넘
옮긴이   김경미
펴낸이   신동렬
책임편집   구남희
편집   현상철 · 신철호
외주디자인   장주원
마케팅   박정수 · 김지현

펴낸곳   성균관대학교 출판부
등록   1975년 5월 21일 제1975-9호
주소   03063 서울특별시 종로구 성균관로 25-2
전화   02)760-1253~4
팩스   02)760-7452
홈페이지   http://press.skku.edu/

ISBN 979-11-5550-223-5 03480

잘못된 책은 구입한 곳에서 교환해 드립니다.